FULTON

GEORGES ET ROBERT STEPHENSON

OU

LES BATEAUX A VAPEUR ET LES CHEMINS DE FER

PAR

ANDRÉ JANIN

MEMBRE DE LA SOCIÉTÉ ASIATIQUE DE PARIS ET DE LA SOCIÉTÉ DES ARTS
DE GENÈVE, ETC.

PARIS

GRASSART, LIBRAIRE-ÉDITEUR

3, RUE DE LA PAIX ET RUE SAINT-ARNAUD, 4

1861

FULTON

GEORGES ET ROBERT STEPHENSON.

STRASBOURG, IMPRIMERIE DE VEUVE BERGER-LEVRAULT.

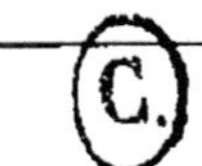

FULTON

GEORGES ET ROBERT STEPHENSON

OU

LES BATEAUX A VAPEUR ET LES CHEMINS DE FER

PAR

ANDRÉ JANIN

MEMBRE DE LA SOCIÉTÉ ASIATIQUE DE PARIS ET DE LA SOCIÉTÉ DES ARTS
DE GENÈVE, ETC.

PARIS

GRASSART, LIBRAIRE-ÉDITEUR

3, RUE DE LA PAIX ET RUE SAINT-ARNAUD, 4

1861

Droits de reproduction et de traduction réservés.

FULTON

ou

LA NAVIGATION PAR LA VAPEUR.

INTRODUCTION.

———

La machine à vapeur, cette âme de l'industrie moderne, est sortie, il n'y a guère plus d'un demi-siècle, des manufactures et des usines pour s'installer à bord des navires et servir aux usages de la navigation sur les fleuves et sur les mers; puis de nouveaux perfectionnements, apportés à son mode d'action, ont permis de l'appliquer aux transports rapides des voyageurs et des marchandises sur les chemins de fer.

De ces trois périodes bien distinctes de l'histoire de *la vapeur,* laissant aux traités spéciaux et scientifiques la partie technique et la période industrielle, nous venons raconter l'histoire de l'invention des bateaux à vapeur et des chemins de fer, c'est-à-dire présenter la biographie des deux grands créateurs des voyages par la vapeur sur terre et sur mer. Puisse l'exemple d'un ROBERT FULTON et d'un GEORGES STEPHENSON qui ont été si distingués l'un et l'autre par leur génie, leur caractère, la droiture de leurs principes et cette persévérance qui est l'apanage des véritables grands hommes, exciter, avec notre intérêt, notre zèle! et puissent les bateaux à vapeur et les chemins de fer nous autoriser à dire que le feu et l'eau rivalisent pour le développement le plus heureux de la civilisation, pour la prospérité des peuples et pour leur fraternisation!

CHAPITRE PREMIER.

CHAPITRE PREMIER.

Denis Papin.

Il y a longtemps qu'on ne s'effraie plus de quitter le port, de s'embarquer sur l'Océan, la Méditerranée ou la Baltique, de ne plus voir que le ciel et l'eau, et qu'on ne répète plus avec le poëte latin[1] : « Il avait sans doute un cœur de fer et une âme d'airain celui qui le premier confia aux flots orageux une barque fragile, et osa affronter sur les eaux les monstres qui les habitent, la tempête des éléments ou la rage des vents déchaînés! » On ne regarde plus un vaisseau comme un type parfait de tout ce qu'il y a de plus précaire et de plus instable ici-bas, et on dirait plutôt avec le poëte moderne[2] :

> Je vois aux plaines de Neptune
> Un vaisseau brillant de beauté,
> Qui, dans sa superbe fortune,
> Va d'un pôle à l'autre porté.
> De voiles au loin ondoyantes,
> De banderoles éclatantes,
> Il se couronne dans les airs;
> Et seul, sur l'humide domaine,
> Avec orgueil il se promène
> Et dit : Je suis le roi des mers.

1. Horace.
2. P. Le Brun.

Des lieux où l'onde sarmatique
Frappe des rivages glacés,
Aux lieux où le pied de l'Afrique
Repousse les flots courroucés,
Et des magnifiques contrées
Que nos pères ont ignorées,
Aux lointains et fertiles bords
Où la vieille nature étale
Avec sa pompe orientale
Toute sa gloire et ses trésors,

Il porte sa vaste espérance.
Héritier des peuples divers,
Il recueille en sa route immense
Les richesses de l'univers :
Il va chercher l'or au Potose,
Aux champs que l'Amazone arrose,
Et jusques aux berceaux du jour,
Et se pare au milieu de l'onde
Des riches tributs de Golconde,
Du Bengale et de Nisapour.

Mais la navigation à voiles sur les mers que sillonnent aujourd'hui dans tous les sens d'innombrables *steam-boats,* c'est pour ainsi dire le voyage à cheval à côté d'un chemin de fer, et ce n'est d'ailleurs ni de bâtiments à voiles ni de poésie que nous avons à occuper nos lecteurs.

En abordant, sans plus tarder, notre sujet, nous devons dire que nous ne songeons point à rappeler ici tous les noms des premiers inventeurs de l'emploi de la vapeur comme force motrice dans l'industrie, nous n'avons pour le moment à faire allusion dans la biographie de Fulton qu'à ceux qui ont voulu appliquer cette force à la navigation.

Or, c'est à Denis Papin, né à Blois en 1647, d'une famille protestante considérée dans le pays, qu'appartient l'honneur d'avoir le premier vu une force motrice dans la seule action de l'eau bouillante ou de la force expansive de la vapeur, comme l'atteste le Mémoire publié au mois d'août 1690 dans les Actes de Leipsick sous le titre de : *Nova methodus ad validissimas vires levi pretio comparandas* (Nouvelle manière de produire à peu de frais des forces extrêmement grandes), et dans lequel, rappelant les essais qu'il avait faits pour perfectionner la machine à poudre, Papin propose pour la première fois l'emploi d'une machine ayant pour principe la force élastique de la vapeur. « Comme l'eau, disait-il, a la propriété, étant par le feu changée en vapeur, de faire ressort comme l'air, et ensuite de se recondenser si bien par le froid qu'il ne reste plus aucune apparence de cette force de ressort, j'ai cru qu'il ne serait pas difficile de faire des machines dans lesquelles, par le moyen d'une chaleur médiocre et à peu de frais, l'eau ferait un vide parfait. »

Déjà en 1672, réfléchissant sur les agents qu'il

serait possible d'employer pour remplacer la poudre à canon comme moyen imaginé par Huyghens (1680) de faire le vide (ou plutôt, par une petite combustion instantanée, de produire un volume énorme de gaz qui chasse l'air) dans un corps de pompe; et travaillant à Paris auprès du célèbre Huyghens de Zullichem (Hollande), avec lequel il logeait à la Bibliothèque du roi, notre jeune médecin et physicien avait eu l'idée hardie et profondément nouvelle d'employer la vapeur d'eau à cet usage. « J'avais alors, nous dit-il lui-même, l'honneur de vivre à la Bibliothèque du roi et d'aider Huyghens dans un grand nombre de ses expériences. J'avais beaucoup à faire touchant la machine pour appliquer la poudre à canon à lever des poids considérables, et j'en fis l'essai moi-même quand on la présenta à M. de Colbert. »

Papin publia son premier ouvrage à Paris en 1674 sous le titre de : *Nouvelles expériences du vuide, avec description des machines qui servent à le faire;* mais quand la carrière semblait s'ouvrir pour lui sous les plus heureux auspices, avec la protection de l'Académie des Sciences et l'appui du Journal des Savants, Papin quitta subitement la France, vers la fin de l'année 1675, pour passer en Angleterre. Là, du moins, il eut l'heureuse inspiration de se présenter à R. Boyle, l'illustre fondateur, sous Charles II (1660), de la Société royale de Londres, lequel résolut de l'associer à ses travaux. Boyle s'était occupé avec un grand succès de continuer les recherches encore récentes d'Otto de Guericke sur le vide, la nature de l'air et la pression atmosphérique, cette pression que les Toricelli et les Pascal avaient reconnue égale à une colonne de 32 pieds d'eau, ou de 28 pouces de mercure. « Plusieurs des machines dont nous faisons usage, dit R. Boyle en parlant de Papin, particulièrement la machine pneumatique à deux corps de pompe et le fusil à vent sont de son invention, et en partie fabriqués de sa main. » L'amitié de l'illustre savant et le mérite de ses travaux ouvrirent à Papin les portes de la Société royale de Londres. C'est peu de temps après, en 1681, qu'il fit paraître dans un ouvrage écrit en anglais, sous le titre de *New Digester*[1], l'appareil qui a reçu en France le nom vulgaire de *marmite de Papin*, et dont à cause de sa haute importance dans l'histoire de la vapeur, il nous semble convenable de donner ici la description.

La marmite de Papin est un vase cylindrique de bronze fort épais; lorsqu'il est rempli d'eau, on le recouvre d'une feuille de carton imprégnée d'huile sur laquelle on presse fortement le couvercle, à l'aide d'une vis mobile dans un écrou de fer lié invariablement à l'appareil: par cette disposition, les joints se trouvent hermétiquement fermés; une petite ou-

---

1. Une traduction française de cet ouvrage parut en 1682 à Paris, sous le titre de *La manière d'amollir les os*.

verture pratiquée dans la partie supérieure de l'appareil est bouchée par une soupape, qu'un levier chargé de poids convenables presse contre cette ouverture.

Or «il est facile de comprendre, dit M. F. Marcet, qu'en échauffant le liquide dans un vase clos, on peut porter sa température fort au-dessus de celle de l'ébullition; c'est ainsi que M. Perkins, en chauffant de l'eau dans une petite chaudière de fer battu de 2 pieds de hauteur et 15 pouces de diamètre, hermétiquement fermée, est parvenu à donner à la vapeur une pression de plus de trois mille livres sur chaque pouce carré de la chaudière. A cette pression, l'eau devait avoir une température suffisante pour fondre le plomb, l'étain et généralement tous les métaux fusibles à une température qui ne dépasse pas celle du rouge mat. Au moyen seul de la marmite de Papin, on peut chauffer l'eau à une température suffisante pour convertir les ossements, cornes et cartilages en une espèce de gelée et même pour opérer la fusion de l'étain.» La charge de la soupape étant arbitraire, on en dispose pour limiter la tension finale de la vapeur, et par suite la température *maxima* de l'appareil; on peut ainsi éviter sa rupture, et c'est par cette raison qu'on donne au mécanisme dont il s'agit le nom de *soupape de sûreté.* — Lorsqu'on enlève la soupape, la vapeur s'échappe avec sifflement comme dans la machine à vapeur, la température baisse jusqu'à 100°, et le phénomène se réduit à celui de l'ébullition ordinaire de l'eau.

La marmite de Papin prend le nom *d'autoclave* (qui se ferme de soi-même), appareil qui n'en est qu'un perfectionnement, lorsque la soupape, au lieu d'être vissée, est disposée de telle manière que la force expansive de la vapeur la presse elle-même contre la marmite, et la tient ainsi fermée. On l'emploie sous cette forme dans les arts et pour la cuisson des aliments au couvent du Saint-Bernard par exemple, et dans quelques autres lieux très-élevés, où la température de l'eau bouillante, obtenue à moins de 100° parce que la pression atmosphérique diminue avec la hauteur à laquelle on s'élève, ne suffit pas pour opérer la cuisson de la viande d'une manière convenable. Lorsqu'on retire la marmite du feu, il faut, pour éviter une rupture, prendre soin d'attendre avant de l'ouvrir que la vapeur ait perdu la plus grande partie de sa chaleur, ou la lui faire perdre en la plongeant dans de l'eau froide.

Le *Digesteur de Papin*, avec sa soupape de sûreté qui constitue l'un des organes les plus importants des machines à vapeur modernes, contenait en germe le principe de découvertes excessivement importantes. Mais l'humeur vagabonde de Papin allait lui faire déserter le sol hospitalier de l'Angleterre pour l'Italie. Le chevalier Sarotti, secrétaire du sénat de Venise,

venait de fonder dans cette ville une société en vue
du perfectionnement des sciences et des lettres; il y
offrit au physicien français une position, et Papin accepta un peu à l'étourdie (1681). Il séjourna plus de
deux ans à Venise, et ses travaux lui acquirent chez
les Italiens une grande réputation. Mais en même
temps que sa renommée grandissait, il voyait chaque
jour s'amoindrir ses ressources, et laissant à leurs
travaux le chevalier Sarotti et ses académiciens, il
revint en Angleterre. Malheureusement ses pérégrinations avaient refroidi le zèle de ses amis, et tout
ce qu'il put obtenir, ce fut d'entrer en qualité de pen-
sionnaire à la Société Royale, comme chargé d'exécuter les expériences ordonnées par l'Académie, et
de copier sa correspondance; il recevait pour toute
rétribution la somme de 62 fr. par mois.

C'est pendant ce second séjour en Angleterre que
Papin conçut et exécuta sa première machine qui devait le mettre sur la trace de sa découverte des applications de la vapeur. Cette machine pneumatique ou
atmosphérique « destinée à transporter au loin la
force des rivières » qu'il présenta en 1687 à la Société
Royale, et qui est le principe des chemins de fer
atmosphériques, ne répondit point à tout ce qu'il en
espérait, et la rétribution qu'il recevait de la Société
Royale étant insuffisante pour ses besoins, il reporta
ses pensées vers la France; mais la révocation de

l'édit de Nantes lui fermant les portes de sa patrie, il accepta l'offre d'une chaire de mathématiques en Allemagne, à Marbourg (Hesse). Arrivé dans cette ville, Papin y commença, non sans quelques difficultés, ses leçons publiques de mathématiques, tout en reprenant bientôt la suite de ses travaux accoutumés.

La machine à poudre qu'il fit connaître en 1688 et dont nous avons déjà parlé, n'était pas sa propre invention, ni même celle de Huyghens. Le principe en avait été conçu en France par l'abbé Jean de Hautefeuille, à l'époque où Louis XIV voulait élever les eaux de la Seine pour les employer à l'embellissement du château de Versailles ; les difficultés extraordinaires et l'importance de ce projet avaient tenu en haleine tous les mécaniciens français. « Il y a trois ou quatre ans, écrivait en 1682 Jean de Hautefeuille, que je proposai une force qui me semblait devoir être de quelque utilité : c'est la poudre à canon qui produit l'effet de la pompe aspirante par la raréfaction de l'air, et celui de la pompe foulante par son effet. J'ai appris depuis ce temps-là que l'on avait fait une expérience à l'Académie royale des sciences qui en approchait, et que l'on avait essayé ce principe pour l'élévation des corps solides.... On m'a assuré qu'un gros[1] de poudre à canon avait enlevé en l'air sept ou huit laquais qui retenaient le bout de la

---

1. $\frac{1}{8}$ d'once, $\frac{1}{128}$ de l'ancienne livre française de 16 onces.

corde » (première manière de faire l'expérience ; voici
la seconde :) « et qu'ayant attaché des poids à son
extrémité, ce gros de poudre à canon avait enlevé
1000 ou 1200 livres pesant. » Une petite quantité de
poudre était placée au bas d'un corps de pompe vertical dans une chambre à ce destinée. On mettait le
feu à la poudre ; l'explosion soulevait jusqu'au haut du
corps de pompe un piston équilibré par un contre-
poids, et chassait en même temps l'air et les gaz
contenus dans ce corps de pompe, à travers deux
tuyaux latéraux en cuir flexible, faisant l'office de
soupapes de sûreté. Ce vide une fois fait à l'intérieur,
le piston pressé par le poids de l'atmosphère redes-
cendait, en soulevant une certaine charge additionnelle
au contre-poids. — Ce n'était pas l'Académie qui avait
exécuté l'expérience, mais bien Huyghens qui avait
substitué à un grossier mécanisme cet appareil beaucoup plus parfait, et qui consistait essentiellement
dans l'emploi d'un corps de pompe parcouru par un
piston mobile à frottement doux. Mais comme l'avait
démontré le physicien anglais R. Hooke, et comme
Papin le reconnut en cherchant à perfectionner la
nouvelle *force mouvante par le moyen de la poudre
à canon et de l'air,* il restait toujours dans l'appareil
assez d'air pour annuler la plus grande partie des
effets de la pression atmosphérique. — C'est alors que
Papin eut l'immortelle idée d'employer la vapeur
d'eau comme moyen de faire le vide par l'effet d'une

combustion instantanée ; mais il ne parvint pas toutefois à réaliser un appareil bien satisfaisant. Celui dont se servit l'auteur pour essayer son invention était remarquable par l'exiguïté de ses proportions. Le corps de la pompe n'avait que 2 pouces et demi de diamètre, et ne pesait que 5 onces ; cependant telle était sa force qu'il élevait l'eau à une hauteur considérable.

Plus tard, dans un voyage que Leibnitz fit en Angleterre en 1705, ce philosophe eut l'occasion de voir fonctionner la machine à vapeur de Savery, et en envoya le dessin à Papin, qui montra à son tour et la lettre et cette esquisse à l'électeur de Hesse. C'est à l'instigation de ce prince éclairé que Papin reprit l'examen de ce sujet depuis longtemps abandonné, et qu'il fit construire le modèle d'une machine à vapeur pour l'appliquer à un bateau qu'il fit essayer sur la Fulda, et qui naviguait à l'aide de rames tournantes, dont Papin avait emprunté l'idée à un petit bateau à manége appartenant au prince Rupert[1], et qu'il avait vu fonctionner à Londres. Enfin, à la suite de dissentiments entre lui et des personnages puissants de Marbourg, Papin prit la résolution de quitter l'Allemagne, et de faire transporter son bateau en Angleterre pour y continuer ses expériences : c'est ce que démontre

---

1. Le prince Robert de Bavière, dit le prince Rupert, fils de l'électeur palatin Fréderic V, avait épousé la fille aînée de Jacques II, roi d'Angleterre, et était neveu de Charles I.

cette curieuse lettre à Leibnitz dont nous extrayons quelques passages :

Cassel, 7 juillet 1707.

Monsieur,

« Vous savez qu'il y a longtemps que je me plains d'avoir ici beaucoup d'ennemis trop puissants. Je prenais pourtant patience, mais... il est important que ma nouvelle construction soit mise à l'épreuve, dans un port de mer, comme Londres.... mon dessein est de faire le voyage dans ce même bateau, mais... il se trouve une difficulté, c'est que ce ne sont point les bateaux de Cassel qui vont à Brême, et quand les marchandises de Cassel sont arrivées à Minden, il faut les débarquer pour les transporter dans des bateaux qui descendent à Brême. J'en ai été assuré par un batelier de Minden qui m'a dit qu'il faut une permission expresse pour faire passer un bateau de la Fulda dans le Weser. Cela m'a fait résoudre de prendre la liberté d'avoir recours à vous pour cela. Comme ceci est une affaire particulière et *sans conséquence pour le négoce*, je suis persuadé que vous aurez la bonté de me procurer ce qu'il faut pour faire passer mon bateau à Minden, vu surtout que vous m'avez déjà fait connaître combien vous espérez de *la machine à feu pour les voitures par eau*. On m'a aussi averti qu'à Hamel il y a un courant extrêmement rapide, et qu'il s'y perd des bateaux. Cela me ferait souhaiter de savoir à peu près de combien de degrés ce canal est incliné sur l'horizon. Ainsi, Monsieur, si vous avez eu la curiosité de faire cette observation, je vous supplie d'avoir aussi la bonté de me dire ce qu'il en est.....»

Toutefois, et malgré l'intervention de Leibnitz, ne recevant pas la permission qu'il avait demandée à l'électeur du Hanovre pour entrer dans les eaux du Weser, Papin crut pouvoir passer outre. Le 25 septembre 1707, s'étant embarqué à Cassel sur la Fulda, il arriva à Minden le même jour : il comptait continuer sa route sur le Weser, et arriver ainsi à Brême, d'où un vaisseau l'aurait conduit à Londres, en remorquant son bateau. Mais les mariniers lui refusèrent l'entrée du Weser, et comme il insistait, sans doute pour réclamer avec force contre un procédé si rigoureux, ils avaient mis sa machine en pièces! c'est ce que confirme une lettre datée du 20 octobre 1707, adressée à Leibnitz par un certain Hattembach, et qui contient ces deux lignes: «Le pauvre Papin a été obligé de laisser son bateau à Minden, n'ayant jamais pu obtenir de l'amener.....» Papin, arrivé à Londres sans son bateau, fut réduit à se remettre tristement aux gages de la Société Royale et dut renoncer à poursuivre les expériences de sa seconde machine à vapeur, commencées en Allemagne. «Je suis maintenant obligé, dit-il dans une de ses lettres, de mettre mes machines dans le coin de ma pauvre cheminée.» Cette ardeur d'invention et de recherches qui avait été comme l'aliment de son existence, persistait cependant encore dans l'âme du noble et courageux huguenot : « Je propose humblement à la Société Royale, écrivait-il le 16 mai 1709 , de faire un nouveau fourneau qui épargnera plus de la moitié des combustibles.... je désire seulement que la Société Royale me donne 10 L. st. (250 fr.), et après cela il sera facile d'essayer une chose qui peut être utile à la respiration, la végétation, la cuisine, etc. » On lit encore dans une lettre adressée à M. Sloane, secrétaire de la Société : « Certainement, Monsieur, je suis dans une triste position, puisque même en faisant bien je soulève des ennemis contre moi; cependant malgré tout cela , je ne crains rien, parce que je me confie au Dieu Tout-puissant. » La pauvreté et l'abandon dans lesquels notre philosophe cosmopolite traîna le poids de ses derniers jours, devaient lui être d'autant plus douloureux qu'il était chargé de famille. C'est ce qui semble résulter d'une lettre qu'il adressa au comte de Zinzendorf, lorsque ce gentilhomme l'invitait à aller visiter en Bohême une de ses mines abandonnée à cause de l'envahissement des eaux. « Je souhaiterais extrêmement, dit Papin, de témoigner à votre Excellence l'ardeur de mon zèle à lui rendre mes très-humbles services, n'était que les pays que nous voyons ruinés dans notre voisinage et l'incertitude des événements de la guerre m'avertissent que je ne dois pas abandonner ma famille, de si loin, dans un temps comme celui-ci. » Papin vivait encore en 1714, et quelques personnes ont voulu expliquer le mystère qui couvre les derniers temps de sa vie par son secret retour aux bords de la Loire où il voulut mourir.

Les dispositions vicieuses de sa machine à vapeur hydraulique et l'imperfection de son appareil, comme moyen de propulsion, rendaient tout succès *pratique* impossible ; toutefois Papin avait doté la mécanique de l'idée la plus grande et la plus neuve que l'histoire de cette science eût jamais jusqu'alors enregistrée : ainsi, l'impitoyable et impolitique révocation de l'Édit de Nantes (18 octobre 1685), cette offense de Louis XIV ou des Louvois, des Jésuites et de Mme de Maintenon aux lois éternelles de la morale, de la justice, de la conscience et de la liberté n'eut pas uniquement pour effet l'exil d'un million d'hommes et le transport à l'étranger d'une grande partie de l'industrie nationale, elle devait encore priver la France de la découverte qui a le plus activement contribué aux progrès de la civilisation moderne.

Si nous voulons suivre l'ordre des découvertes relatives à la navigation par la vapeur, nous devrons mentionner, après Papin, le nom de Jonathan Hulls qui proposa de se servir de la machine de Newcomen pour remorquer les navires, à l'entrée ou à la sortie des ports. Voici l'annonce par lui-même de son ouvrage, aujourd'hui fort peu connu, et l'explication de son principe : *Description et dessin d'une machine nouvelle pour conduire les vaisseaux dedans ou dehors d'un port ou d'une rivière, contre vent et marée ou par un temps calme. Par J. Hulls, de Londres, 1737, Prix 6 pence.* On y lit ce qui suit, traduit mot pour mot : «On place dans quelque endroit convenable du bateau destiné à touer les navires, un vase rempli aux deux tiers d'eau qu'on maintient bouillante dans le vase après l'avoir fermé. L'eau se raréfie en vapeur, laquelle est conduite par un gros tuyau dans un vase cylindrique, où elle est condensée et occasionne un vide qui donne lieu à la pression de l'atmosphère de s'exercer sur le piston qui se meut dans le vase cylindrique, tout comme dans la machine de Newcomen. On a déjà démontré que sur un vase de trente pouces de diamètre, lorsqu'on en soutire l'air, l'atmosphère exerce une pression équivalente à un poids de quatre tonnes et seize quintaux au moins. Or si on applique à cette force des moyens d'action convenables, elle pourra facilement faire mouvoir un navire.» C'est uniquement l'application du principe de la pression atmosphérique et de la pompe de Newcomen ou de la machine à simple effet.

Mais c'est aux bateaux à vapeur proprement dits que nous conduit notre sujet, et, avant Fulton, aux Perrier et aux Jouffroy.

CHAPITRE II.

CHAPITRE II.

Perrier. Jouffroy. — Fitch et Rumsey.

Vers la fin de l'année 1775 un jeune gentilhomme
de la Franche-Comté, le marquis Claude Jouffroy d'Ab-
bans vint pour la première fois à Paris. Depuis que
l'Académie des sciences avait mis au concours en 1753
la question des moyens de suppléer pour la navigation à l'action du vent, et couronné le mémoire présenté à cet effet par Daniel Bernoulli, de cette illustre
famille des Bernoulli de Bâle, qui remporta dix fois le
prix de mathématiques à Paris, on s'occupait en France
avec beaucoup d'ardeur des perfectionnements à introduire dans les procédés de navigation jusqu'alors
en usage. M. de Jouffroy avait abordé le genre de recherches qui avait ainsi le privilége de fixer d'une
manière presque exclusive l'attention des savants. Pendant le cours de ses études, il fut frappé de cette idée
que la machine à vapeur pourrait s'appliquer avec
avantage à la propulsion des navires, mais l'élément
essentiel manquait à ses calculs pour les contrôler ou
les expérimenter, car la machine de Watt était à cette
époque fort peu connue en France, elle n'avait point
encore passé le Détroit, et l'industrie britannique n'était
pas pressée de la faire connaître.

Cependant après plusieurs voyages en Angleterre, les frères Perrier avaient réussi à établir la pompe à feu de Chaillot, laquelle n'était qu'une imitation de la machine de Watt à simple effet, qu'ils avaient étudiée dans leurs voyages, et importée de Birmingham en France. La pompe à feu des frères Perrier était alors pour les Parisiens le sujet d'une juste et enthousiaste curiosité, et à son tour le marquis de Jouffroy, à peine arrivé du fond de la Provence à Paris, courait à Chaillot pour se mêler à la foule des visiteurs, et tandis que le mécanisme de l'appareil n'était pour la masse des assistants que l'objet d'une stérile curiosité et le refrain de la chanson un peu triviale :

> Ici vois par un sort nouveau
> Le feu devenu porteur d'eau,

cette action du feu et de l'eau devenait pour le jeune officier le texte des plus fructueuses études ; et bientôt ne concevant plus de doutes sur la possibilité pratique de la navigation par la vapeur, M. de Jouffroy ne s'occupa plus que des moyens de mettre ses idées à exécution. Il avait eu l'occasion de rencontrer à Paris deux de ses compatriotes, le comte d'Auxiron et le marquis Ducrest, engagés comme lui dans la carrière militaire et dans celle des sciences. M. Ducrest était plus particulièrement en mesure de servir les projets de Jouffroy. Colonel en second au régiment d'Auvergne, frère de madame de Genlis, le marquis était un des hommes les plus répandus dans la société du temps de Louis XVI ; il tenait à tout et s'occupait de tout, et son imagination, en ce temps de fermentation sociale, s'allumait au contact de chaque idée nouvelle. Une réunion fut tenue chez le marquis dans le but de s'entendre sur les moyens d'exécution, et quoiqu'elle n'eût pas abouti par quelque opposition d'idées des frères Perrier ; que la société financière qui s'était formée eût abandonné l'entreprise, et que M. de Jouffroy fût retourné dans sa province, il n'en était pas moins plein de confiance et impatient de mettre à exécution le plan qu'il avait formé.

Il y a dans la Franche-Comté, à cent lieues de Paris, entre Montbéliard et Besançon une très-petite ville, nommée Baume-les-Dames, sur la rive droite du Doubs : c'est là que le hardi inventeur entreprit de réaliser le projet qui venait d'échouer entre les mains de Constantin Perrier, c'est-à-dire du plus riche et du plus habile manufacturier de la capitale, dont le bateau, mu par une machine de la *force seulement d'un cheval*, n'avait pas même pu surmonter le faible courant de la Seine. Ce n'était pas une pensée sans courage que de tenter l'exécution d'un projet du genre de celui de Jouffroy, au fond d'une province reculée et dans un lieu dénué de toute espèce de ressources de fabrication. A cette époque où l'art de construire des machines à vapeur était à peine en France dans son enfance, il était impossible de souger à se procurer dans la Franche-Comté un cylindre alésé, ou bien cylindrique et régulièrement fait; il n'y avait dans Baume-les-Dames qu'un simple chaudronnier : c'est à lui que M. de Jouffroy dut s'adresser. Ce cylindre, ouvrage d'art et de grande patience, fut fait de cuivre battu; il était poli au marteau à l'intérieur; le dehors était soutenu par des bandes de fer reliées par des anneaux de même métal; il ressemblait aux canons de bois fortifiés par des cercles métalliques, dont on fit usage dans les premiers temps de l'artillerie.

Le bateau qui fut construit sur les bords du Doubs n'était pas de grandes dimensions, il n'était long que de 40 pieds sur 6 de large. Quant à l'appareil moteur destiné à tenir lieu de rames et à la machine de Jouffroy, nous n'avons pas à les décrire. Le petit bateau du marquis navigua sur le Doubs pendant les mois de juin et de juillet 1776, mais Jouffroy ayant reconnu le vice du système palmipède, l'abandonna entièrement pour adopter celui des roues à aubes ou à palettes; et, après avoir modifié sa machine et ses roues, il fit construire chez MM. frères Jean à Lyon, 1780, la machine à vapeur dont il avait besoin et qui présentait des dimensions considérables, puisque le piston avait vingt et un pouces de diamètre et une course de cinq pieds. Le bateau qui devait la recevoir avait aussi de très-grandes proportions. Il avait 46 mètres de long sur 5 de large : il atteignait donc à peu près les dimensions ordinaires des paquebots qui naviguent aujourd'hui sur le Rhône ou sur le Rhin. Les roues avaient 14 pieds de diamètre ; les aubes étaient de 6 pieds de long et plongeaient de 2 pieds dans la rivière ; le tirant d'eau était de 3 pieds et le poids total du bateau de 327 milliers, 27 pour le navire et 300 de charge. C'est dans la ville même de Lyon sur les eaux de la Saône, que le marquis de Jouffroy exécuta les intéressants essais de ce premier *pyroscaphe*. Le courant très-peu rapide de la Saône que César nomme pour cette raison *lentissimus Arar,* convenait parfaitement pour des expériences de ce genre, c'est-à-dire avec une force de vapeur encore bien faible. Le succès fut d'ailleurs complet. De Lyon à l'île Barbe, le courant fut remonté plusieurs fois en présence de milliers de témoins, étonnés de voir cet énorme bateau se mouvoir sur la rivière sans qu'un seul homme apparût sur le pont. Le 15 juillet 1783, en présence de dix mille spectateurs qui se pressaient sur les quais, et sous les yeux des membres de l'Académie de Lyon, le bateau du marquis remonta « sans le secours d'aucune force animale, pendant un quart d'heure environ, et par l'effet seul de sa pompe à feu, le cours de la Saône qui dépassait alors la hauteur des moyennes eaux ; après quoi M. de Jouffroy mit fin à son expérience.» Le procès-verbal de l'événement et un acte de notoriété furent dressés par les soins de l'Académie de Lyon.

Comment une expérience aussi solennelle, aussi décisive demeura-t-elle sans fruits pour l'inventeur et sans résultat pour le pays qui en avait été le théâtre? Faut-il en accuser la légèreté des ministres, tels qu'un M. de Calonne qui répondait si facilement aux demandes de la reine Marie-Antoinette : « Si c'est possible, c'est fait; si c'est impossible, ça se fera », l'Académie des sciences de Paris, ou l'antagonisme d'un Jacques et Constantin Perrier? ou faut-il s'en prendre d'avoir enterré cette découverte à la noblesse de province qui faisait alors plus de cas de ses traditions et de ses préjugés que des sciences et de l'industrie, ou d'inventions utiles au progrès de l'humanité? L'ignorance très-populaire alors et grossière lançait aussi contre Jouffroy les traits du ridicule, cette arme si dangereuse en France; on ne le désignait plus que sous le nom de *Jouffroy-la-Pompe;* et quand le bruit de ses essais parvint jusqu'à Versailles, on se disait à la cour en s'abordant : Connaissez-vous ce gentilhomme de la Franche-Comté qui embarque des pompes à feu sur les rivières, ce fou qui prétend faire accorder le feu et l'eau? — Survinrent les premiers événements de la Révolution française, cette autre machine à vapeur qui avait éclaté en France, et qui ne tarda pas à lancer ce pays dans l'anarchie. Le marquis de Jouffroy nourrissait d'ardentes convictions royalistes; il fut des premiers à embrasser le parti de l'émigration, il quitta la France

en 1790 pour entrer dans l'armée de Condé, et, une
fois à l'étranger, il se trouva placé au milieu de circonstances qui le détournèrent de ses travaux. Finalement la France qui, au temps de Papin, avait laissé
tomber de ses mains la découverte de la vapeur par
suite de ses discussions religieuses, perdit peut-être
cette fois, par l'effet de ses discordes politiques, l'honneur de la priorité dans l'une des plus importantes applications de cette invention si féconde en prodiges.

Au reste, cette application si éminemment utile de
la puissance de la vapeur ne devait pas non plus s'accomplir en Angleterre, mais sur le sol de la jeune
Amérique, dans ces immenses et heureuses régions
(nous parlons de l'Amérique du nord) qui venaient
d'éclore au soleil des sciences et de la liberté. Fran-
chissons donc les mers pour suivre, sur les fleuves
du Nouveau-Monde, le développement historique de
la grande invention que nous essayons de raconter,
et consacrons la seconde partie de ce chapitre aux
Fitch et aux Rumsey, ces prédécesseurs immédiats de
Fulton.

Après huit ans de guerre, l'acte du 5 septembre
1783 venait de proclamer l'affranchissement de l'Amérique. L'habile politique des Madison, des Hamilton,

des Jefferson, d'un J. Jay (l'un de ces huguenots que le rappel de l'édit de Nantes avait expulsé de sa patrie), la bravoure d'un Washington, et la sagesse d'un Franklin avaient fondé cette indépendance des États de l'Union que la Déclaration solennelle du 4 juillet 1776 avait proclamée, et que l'Angleterre avait elle-même reconnue et acceptée le 24 septembre 1782; et les arts de la paix, les bienfaits de l'industrie devaient bientôt rendre fructueuse la grande tâche accomplie par le succès des armées américaines et l'épée d'un La Fayette. Mais la situation topographique de ces contrées offrait de grands obstacles à l'établissement des relations de commerce et des moyens ordinaires de locomotion sur l'eau.

Avec leur territoire immense dont l'étendue surpasse de beaucoup l'Europe entière, avec leur population très-faible encore et disséminée sur tous les points, dépourvus de tout système de bonnes routes, et sillonnés par de grands fleuves dont les rives couvertes de forêts épaisses sont inaccessibles au halage, les États-Unis ne pouvaient s'accommoder des moyens de transport usités alors en Europe. L'essor du commerce menaçait donc de s'y trouver promptement arrêté par l'insuffisance des moyens de communication, soit avec l'intérieur, soit avec les autres parties du monde par l'Océan. Les fleuves qui traversent ce vaste pays, la série des lacs immenses qui le bordent au nord, les plus vastes du monde entier, tels que le lac Supérieur qui a 125 lieues de long sur 60 de large, les golfes, les baies abritées et les détroits qui dessinent ses côtes méridionales auraient pu, sans doute, fournir des moyens peu coûteux de communication; mais, enfermés dans les terres et protégés contre l'action des vents, les golfes de l'Amérique et ses bras de mer, libres du roulis de l'Océan et ressemblant à des lacs paisibles, n'offrent qu'un moyen assez lent de navigation par l'absence de cet élément auquel les voiles et les manœuvres d'un vaisseau doivent leur effet; et les bords vaseux de ses fleuves, les forêts qui les hérissent rendaient impraticables, avons-nous dit, les procédés du halage. En outre, le gigantesque Mississipi avec ses branches innombrables, du lac Supérieur au golfe du Mexique, est inaccessible, dans une grande partie de son cours, à toute espèce de navires à voiles ou à rames, en raison de la rapidité des courants; c'est ainsi que des 94 affluents du fleuve, 29 seulement sont navigables, et que les bateaux plats qui descendent ses 770 lieues de navigation intérieure employaient plus d'un mois pour se rendre de l'Ouest à la Nouvelle-Orléans; là ils étaient tous démolis et employés comme bois, faute de pouvoir, même avec des voiles, retourner par la remonte à leur point de départ. Il est donc facile de comprendre de quelle importance devait être pour l'Amérique la navigation par la vapeur qui, sur les fleuves, dispense de tout moyen de halage en triomphant de la rapidité des cours d'eau, et qui, sur les mers, n'ayant pas d'impulsion à demander aux vents, ni de retards à essuyer du calme, lutte heureusement, avançant toujours, même contre la tempête. La vapeur, eût-elle été inutile au reste du globe, il aurait fallu l'inventer tout exprès pour ces contrées! Aussi la machine de Watt à double effet était à peine employée en Angleterre qu'on essayait aux États-Unis de l'appliquer à la navigation.

La machine à double effet fut connue en 1781, et ce fut en 1784 qu'elle reçut les perfectionnements qui la rendirent susceptible de transmettre un mouvement de rotation régulier. Or dans cette année même, deux constructeurs américains, John Fitch et James Rumsey exposèrent au général Washington le résultat de leurs travaux sur la vapeur. Rumsey se présenta le premier, mais Fitch se trouva avant lui en état de faire l'essai de son système sur une échelle d'une grandeur suffisante.

L'appareil que Fitch mit en usage était un simple mécanisme de roues en forme de palettes verticales. Mais sa machine trop faible put à peine imprimer au bateau une vitesse de deux nœuds et demi à l'heure (à peu près 5 kilomètres). Il construisit cependant en 1787 un second bateau à vapeur qui fit plusieurs courses sur la Delaware (Pensylvanie), et qui filait, s'il faut en croire les adversaires de Fulton, jusqu'à

cinq ou six nœuds à l'heure. En 1788, Fitch et Rumsey obtinrent un brevet pour perfectionnements à un
bateau à vapeur qui fit 80 milles, a-t-on dit, en un
jour. Mais les dérangements continuels du mécanisme,
et plus encore le découragement des actionnaires qui
avaient avancé sans résultat des sommes importantes,
firent abandonner l'entreprise. Fitch vint en France
en 1791. Il se mit en rapport à Lorient (dép. du Mor-
bihan) avec le consul américain dans ce port, M. Vail,
père de M. A. Vail, de New-York, dont le fils aîné a
eu la bonté, sur notre demande, de nous remettre la
Note suivante :

« Monsieur,

Voici quelques renseignements que j'ai pu obtenir
de mon père. Vers l'an 1796, un Yankee du nom de
Fitch vint à Lorient, où mon grand-père était consul,
dans le but de prendre un brevet auprès du gouvernement pour son invention de bateau à vapeur. Il
avait en effet, en 1781, réussi à faire mouvoir un
bateau par la vapeur. Au lieu de roues, il avait placé
à l'arrière de son bateau trois espèces de rames qui
entraient et sortaient alternativement de l'eau. Ces
rames étaient mises en mouvement par une machine
à vapeur. Mon grand-père le reçut chez lui, et réussit
à lui faire accorder son brevet d'invention. Il avait
aussi imaginé un moyen de faciliter le calcul de la
latitude et de la longitude. Mon père se souvient par-

faitement d'avoir, quoique alors un enfant, vu les dessins du bateau de Fitch. Celui-ci était alors très-pauvre. Peu après il s'en retourna aux États-Unis, où il gagna de l'argent et mourut dans l'aisance.»

D'autres renseignements peu sûrs, il est vrai, sur Fitch, nous disent qu'il fut réduit à la pauvreté par son projet et qu'il termina ses jours en se noyant dans l'Alleghany (États-Unis).

Le second constructeur américain, James Rumsey avait inventé un appareil moteur assez différent de celui de Fitch, et dans le détail duquel nous n'entrerons point. Ayant à l'exemple de son prédécesseur, et après des refus ou des échecs avec lui, quitté le Nouveau-Monde et étant venu en Angleterre pour y faire connaître ses idées, Rumsey fut bien accueilli à Londres ; mais ses expériences ne donnèrent que des résultats insuffisants, et il mourut avant d'avoir pu faire marcher son bateau à vapeur sur la Tamise. Cependant s'il échoua dans ses efforts pour créer lui-même la navigation par la vapeur, il contribua par une autre voie à ses succès futurs, car c'est à lui que revient l'honneur d'avoir dirigé sur ce sujet l'attention de l'ingénieur illustre auquel l'univers doit ce bienfait. Rumsey eut occasion de rencontrer à Londres son compatriote Robert Fulton, alors âgé de vingt-quatre ans. La conformité de leurs goûts établit entre eux une grande intimité, et c'est par les conseils et à l'instigation de Rumsey que Fulton fut amené à s'occuper pour la première fois de la navigation par la vapeur.

Avant de nous occuper, selon notre programme, spécialement de Fulton, rappelons, pour la justice, qu'en 1791 John Stevens de Hoboken avait commencé des expériences sur la navigation à la vapeur, et qu'il les continua, pendant six années consécutives, à New-York avec le secours de Livingston et de Roosevelt. Ces expérimentateurs étaient alors aidés par les conseils de Brunel, si célèbre depuis par l'invention de la machine à faire les poulies et surtout par la construction du fameux tunnel sous la Tamise; mais la nomination de Livingston comme ministre américain à Paris, sous le gouvernement consulaire, interrompit leurs expériences.

CHAPITRE III.

FULTON.

CHAPITRE III.

R. Fulton. 1765-1801.

Robert Fulton naquit en 1765 dans le bourg de Little-Britain au comté de Lancastre en Pensylvanie. Ses parents étaient de pauvres émigrés (protestants, quoique irlandais), qui vivaient dans un état voisin de la misère, et le petit Robert n'avait encore que trois ans lorsqu'il perdit son père qui ne laissait qu'un bien modique héritage à partager entre sa femme et ses cinq enfants! aussi Fulton ne reçut-il qu'une éducation fort incomplète; il n'apprit pour toute instruction qu'à lire et à écrire à l'école de son village. Néanmoins son génie ou son ardeur de caractère se développa de très-bonne heure; il passait le temps de ses récréations à étudier, et les jours de congé il visitait les ateliers, dessinait ou travaillait à quelque ouvrage de mécanique. Arrivé à l'âge de treize ans, sa mère, toujours fort gênée, crut devoir lui donner un état et le fit entrer chez un bijoutier de Philadel-

phie pour y apprendre cette profession. Là encore,
malgré le dénuement pour ainsi dire le plus complet,
les occupations ou les devoirs de son apprentissage
ne l'empêchèrent pas de cultiver les dispositions remarquables qu'il avait pour le dessin, la peinture et
la mécanique. Ses progrès dans la peinture furent
même tels qu'avant l'âge de dix-sept ans il était parvenu à se créer des ressources avec son pinceau : il
allait d'auberge en auberge et jusque dans les rues
vendre ses tableaux et faire des portraits, et il finit
par s'établir comme peintre en miniature au coin de
la rue, dite *Walnut Street* à Philadelphie. Étant parvenu à amasser une somme assez considérable, il
acheta de ses économies de quatre années une petite
ferme que sa mère faisait valoir dans le comté de Washington, où il l'établit sans plus redouter pour elle
les besoins de la vie. En revenant de là à Philadelphie,
il s'arrêta aux eaux thermales de Pensylvanie, et s'y
lia avec quelques personnages distingués, entre autres
avec M. Samuel Scorbitt. Frappé des dispositions qu'il
montrait pour la peinture, M. Scorbitt l'engagea à se
rendre à Londres, où son compatriote, le peintre
d'histoire, Benjamin West, qui avait acquis en Angleterre une certaine célébrité, serait fier d'encourager
ses talents naissants. Franklin qui avait connu le jeune
artiste à Philadelphie, lui avait donné le même conseil. Fulton résolut donc de partir pour l'Angleterre,
et M. Scorbitt lui ayant généreusement fourni les

moyens d'entreprendre ce voyage, il s'embarqua à New-York en 1786.

Ses espérances ne furent point trompées. West le reçut comme un ami, il en fit son commensal et son disciple. Cependant Fulton ne devait pas exercer long-temps la profession de peintre : désespérant d'atteindre à quelque perfection dans cet art, entraîné d'ailleurs par la prédominance de ses goûts, il posa un jour le pinceau pour s'adonner entièrement à l'étude de la mécanique (1787). Il séjourna quelque temps à Exeter dans le Devonshire, et résida ensuite deux années dans la grande cité manufacturière de Birmingham, pour se familiariser avec les procédés pratiques de l'industrie; il s'y attira, avec l'attention du comte de Stanhope, le patronage du duc de Bridgewater qui faisait alors construire le fameux canal qui a reçu son nom.

En 1789, décidé à tirer parti des connaissances qu'il avait acquises, Fulton revint à Londres, et c'est là que le hasard, s'il est permis de parler ainsi, le mit en rapport avec son compatriote Rumsey. Ce dernier n'eut pas de peine à lui faire comprendre tous les avantages que devait amener en Amérique la création de la navigation par la vapeur, et Fulton s'occupa aussitôt de corriger les vices manifestes du système mécanique qui avait été adopté par Rumsey; il était persuadé dès cette époque de la supériorité que présentent les roues à aubes sur tout autre système de propulsion, ét il voulait les faire adopter par son compatriote lorsque la mort de Rumsey vint arrêter leurs projets communs.

‹ Le comte de Stanhope, bien connu en Angleterre par son goût passionné pour les arts mécaniques, faisait accomplir vers le même temps quelques tentatives de navigation par la vapeur, et des essais du même genre avaient été exécutés par Miller de Dalswington et par Symington, sur le canal de Forth-and-Clyde, entre Édimbourg et Glascow. Fulton n'hésita pas à écrire au comte de Stanhope; mais la négligence du comte à lui répondre détourna quelque temps le jeune ingénieur de ses projets relatifs à la navigation. On a cependant un manuscrit de lui, daté de 1793, où il expose déjà avec confiance ses idées sur l'application de la vapeur à la navigation. — Ce fut en 1794 que Fulton obtint du gouvernement britannique un brevet pour un projet d'amélioration pour les canaux, dans lequel les écluses sont remplacées par des plans inclinés sur lesquels montent et descendent des bateaux à roulettes. A cette idée, pratiquée déjà en Chine depuis un temps immémorial et reproduite en Angleterre par l'ingénieur anglais Reynold, Fulton ajouta beaucoup d'autres perfectionnements de routes, d'aqueducs et de ponts en fonte; mais ce fut en vain qu'il s'adressa au Gouvernement et à des sociétés particulières pour l'exécution de ses projets. Afin de les faire apprécier, il fut obligé de les décrire

dans un livre. A la fin de cet ouvrage se trouve une
lettre à M. François de Neufchâteau, alors ministre de
l'intérieur en France, relative à un projet de canalisation de ce pays. Fulton y démontrait qu'en appelant
aux travaux de la canalisation cent mille soldats à raison de 200 fr. par an, outre leur solde, le Gouvernement, pour 50 millions, ferait creuser 700 lieues de
canaux par année, d'où résultait qu'après 25 ans il n'y
aurait pas en France un arpent de terre éloigné d'un
canal de plus de deux lieues. D'après ses observations
le revenu annuel qu'en retirerait le Gouvernement,
outre les droits de péage, etc., se trouverait porté à
la somme de 163 millions. — Tout en s'occupant ainsi
de canaux, Fulton imagina des espèces de charrues
pour les creuser; il perfectionna à la même époque
des moulins pour scier et polir le marbre; il inventa
ensuite une machine à filer le chanvre et le lin, et
une autre pour faire des cordes. Il fut reçu ingénieur-
civil en 1795, et continua à s'occuper beaucoup de
canalisation. Son système consistait à construire les
canaux sur une échelle moins grande, et à substituer
aux écluses des plans inclinés sur lesquels des bateaux
jaugeant de huit à dix tonneaux sont élevés et descen-
dus, ainsi que leur chargement, d'un niveau à l'autre,
au moyen de machines fixes mues par la vapeur ou
par l'eau. Cet art de canaliser ou de rendre les rivières
navigables, nonobstant les rapides et les courants,
devait recevoir une grande extension, particulière-

ment en Amérique. — Quelques lettres de remercîments de la part de sociétés savantes, une médaille
d'honneur et trois ou quatre brevets d'invention furent
tout ce que Fulton obtint dans la Grande-Bretagne.

Espérant trouver plus d'encouragement en France,
vers la fin de l'année 1796, et sur l'invitation du ministre des États-Unis, M. Joel Barlow, Fulton passa
en France pour y proposer aussi l'application de son
système de canaux. Ambassadeur des États-Unis près
la République française, M. Joel Barlow accueillit Fulton de la manière la plus généreuse : il ne voulut pas
qu'il eût d'autre demeure que son hôtel, et dès lors
se cimenta entre le plus illustre des poëtes américains
et le premier ingénieur du Nouveau-Monde cette amitié
qui devait durer autant que leur vie. En 1797 parurent
les lettres de Fulton au comte de Stanhope sur *la liberté du commerce et l'instruction du peuple*. Pendant
les sept années que nôtre héros passa à Paris, il résida constamment chez le diplomate et poëte américain qui lui dédia son grand poème épique de « la
Colombiade[1]. » Fulton profita de ce temps pour se livrer à l'étude du français, de l'italien et de l'allemand,
des mathématiques, de la physique, de la chimie et
de la perspective, et il composa plusieurs traités qui
n'ont pas été publiés.

---

1. Cet ouvrage fut publié pour la première fois à Paris en 1784
et réimprimé avec luxe en 1807 à Philadelphie.

A l'époque où Fulton était arrivé à Paris, la découverte des Panoramas, récemment faite par le peintre Robert Barker d'Édimbourg, occupait tous les esprits. Bientôt une association se forma pour faire jouir la capitale de la France d'un de ces tableaux, vrai triomphe de la perspective. Cette entreprise à laquelle Fulton prit part, non-seulement comme artiste, mais comme intéressé, lui procura des bénéfices assez considérables pour le mettre à même de continuer ses études de mathématiques. En même temps il entrait en relation avec des savants de l'Institut, des ingénieurs civils et militaires dont la conversation et les écrits étendirent le cercle de ses idées.

A cette époque le commerce des États-Unis éprouvait les plus graves dommages des longues guerres qui agitaient l'Europe depuis la Révolution française. Avec les ressources immenses de sa marine, l'Angleterre exerçait sur le monde entier un empire tyrannique, en arrêtant les productions importées en France par les nations étrangères, et en s'arrogeant le droit de soumettre à une visite, malgré la protection de leurs pavillons, tous les navires qui parcouraient l'Océan. Les États-Unis souffraient particulièrement de cet asservissement prolongé, et Fulton était tourmenté du désir d'assurer, surtout en faveur de son pays, la liberté des mers. *The liberty of the seas will be the happiness of the world* (la liberté des mers fera la prospérité des nations), telle était la sentence qui était souvent dans sa bouche. Dans l'espoir de détruire le système de guerre maritime des Européens, il s'attacha longtemps à découvrir un moyen d'affranchir les nations les plus faibles de la domination britannique. C'est cette considération qui lui aurait suggéré l'idée de son système d'attaques *sous-marines*, qui, dès ce moment, ne cessa de l'occuper jusqu'à la fin de sa vie. En 1797, comme la France et l'Angleterre songeaient à la paix, Fulton avait cru devoir donner ses idées sur la liberté des mers et du commerce, et il était entré à cet égard en correspondance avec le célèbre Carnot, qui l'affectionnait particulièrement; mais la révolution du 18 fructidor (4 septembre 1797) ayant forcé Carnot à s'expatrier, Fulton présenta vainement ses projets aux nouveaux membres du Directoire. Entrons dans quelques détails.

Au mois de décembre 1797 il commença à Paris une série d'expériences sur la manière de diriger entre deux eaux et de faire éclater, à un point donné, des boîtes remplies de poudre destinées à faire sauter les vaisseaux. C'est là que s'étaient arrêtées en 1777 les expériences d'un Américain, nommé Bushnell, qui avait le premier imaginé les *bateaux-plongeurs*. Mais les ressources manquaient à Fulton pour poursuivre des essais coûteux; il s'adressa donc au Directoire qui renvoya sa pétition au ministre de la guerre.

Les plans imaginés furent jugés impraticables. Sans se décourager, il exécuta, en acajou, un très-beau, quoique fort petit modèle, de son bateau sous-marin, et muni de cet argument qui parlait aux yeux, il se présenta de nouveau au Directoire. Il fut mieux accueilli cette fois, une commission fut nommée pour examiner son bateau, et le rapport de cette commission se montra favorable; aussi ce ne fut pas sans surprise qu'après de très-longs délais, il reçut du ministre de la marine l'avis que ses plans étaient définitivement rejetés!

Trois années s'étaient écoulées dans ces travaux et ces sollicitations inutiles. Ne conservant plus d'espoir auprès du Gouvernement français, Fulton s'était adressé à la Hollande; mais le Directoire de la république batave n'avait pas mieux accueilli ses projets sur l'idée de la guerre sous-marine, à l'exception cependant d'un de ses membres, M. Vanstaphast, lequel fournit à notre ingénieur de l'argent pour exécuter plusieurs machines. En même temps, l'amitié de M. Barlow et le succès de l'entreprise des Panoramas donnaient à Fulton les moyens de continuer en quelque mesure ses expériences.

Mais Bonaparte venait d'être revêtu de la dignité de consul à vie. Fulton espérant trouver auprès de lui des encouragements efficaces lui écrivit pour lui faire connaître ses travaux, et pour demander qu'une commission examinât son bateau-plongeur et ses appareils sous-marins. Sa requête eut d'abord un plein succès. Des fonds lui furent accordés pour continuer ses expériences : Volney, Monge et Laplace, nommés commissaires, approuvèrent ses vues. En 1800, sur leur invitation et avec les fonds accordés par le ministère, Fulton construisit un grand bateau sous-marin qui fut soumis à Rouen et au Havre à différents essais ; ils ne répondirent cependant point complétement aux promesses de l'inventeur. Ayant entrepris d'aller à Brest, il ne put achever la traversée, et son bateau sous-marin échoua aux environs de Cherbourg. Un second fut construit dans les ateliers de MM. Perrier, à Paris, et essayé en 1801, sur la Seine, vis-à-vis des Invalides. L'ingénieur, enfermé dans son bateau avec un matelot et une bougie allumée, s'enfonça dans l'eau, y resta 18 à 20 minutes et revint à la surface après avoir parcouru une assez grande distance, puis, disparaissant de nouveau il regagna le point de départ. Témoin de cette expérience, Guyton-Morveau remit à Fulton un mémoire sur les moyens de prolonger la respiration des hommes et la combustion des lumières à bord des navires sous-marins, en restituant de l'air vital et absorbant le gaz carbonique. Pendant l'été de cette année 1801, Fulton se rendit à Brest avec le même bateau, et il exécuta dans ce port plusieurs expériences remarquables, à la suite desquelles un rapport des plus favorables fut.

dressé par des officiers de marine. Le 17 août 1801 il resta plus de quatre heures sous l'eau, et ressortit à cinq lieues de son point d'immersion. Au commencement du XVIIe siècle, vers 1640, le hollandais Leeghwater qui donna le premier l'idée de dessécher le lac de Harlem et qui dut peut-être son nom à ce qu'on regardait comme sa faculté de demeurer sous l'eau, avait suivant la tradition populaire, la faculté en effet de rester sous l'eau, d'y manger, d'y écrire et même d'y faire de la musique.

Les divers appareils de guerre sous-marins qui tous reposent sur le principe de l'air comprimé, ont aujourd'hui perdu peut-être de leur intérêt, soit que l'expérience n'ait pas confirmé tous les résultats promis, soit que les circonstances qui rendaient leur secours désirable aient maintenant en grande partie disparu : il ne sera toutefois pas hors de propos d'ajouter ici quelques mots propres à rappeler l'idée de Fulton. L'instrument ou *pétard*, destiné à produire les explosions sous-marines, et que notre héros désignait sous le nom de *torpedo* ou *torpille* consistait en une boîte de cuivre, pouvant contenir de 80 à 100 livres de poudre ; cette boîte était armée d'une platine de fusil qui pouvait faire feu à un moment donné ; le tout était attaché à l'extrémité d'une corde longue de 60 pieds que l'on passait dans une poulie fixée sous l'eau contre le flanc du petit bateau qui portait la torpille. Pour attaquer et faire sauter une embarcation ennemie, Fulton attachait une sorte de harpon à l'extrémité de la corde qui flottait sur l'eau, et quand on dirigeait le bateau contre le navire, le mouvement de l'eau suffisait pour entraîner l'extrémité de la corde et l'élever de manière à la fixer à la quille par son harpon. Au bout d'un temps réglé par le jeu d'un mécanisme d'horlogerie qui communiquait à la platine du fusil, l'explosion se faisait, et en raison de l'incompressibilité de l'eau tout l'effet explosif se portait contre le navire. Quelquefois la torpille était lancée contre des bâtiments à l'ancre; le mouvement du courant devait alors suffire pour l'attirer contre eux; d'autres fois enfin on plongeait la torpille à douze ou quatorze pieds au-dessous de la surface de l'eau, en l'armant d'une détente qui devait partir et enflammer la poudre dès que le navire toucherait légèrement la détente. Quant au bateau-plongeur que Fulton désignait sous le nom de *Nautilus* et qui lui servait à submerger ses torpilles ou à s'enfoncer inopinément dans l'eau pour échapper à l'observation de l'ennemi, il ressemblait assez aux différents bateaux de ce genre qu'on a vus de nos jours manœuvrer dans les ports : les bateaux ou *cloches à plongeurs* rentrent dans cette catégorie. — A son tour le *Nautilus* de M. Sam. Hallet, des États-Unis, ou sa nouvelle cloche submersive rappelle l'ancienne cloche à plongeur de Halley, 1717, perfectionnée d'abord par le suédois Martin Triewald. — On sait qu'à Londres, à l'établissement

de la société polytechnique de Regent Street, on peut
descendre, moyennant la rétribution seulement d'un
shelling, au fond d'un bassin plein d'eau, après avoir
revêtu le harnachement nécessaire. On appelle cloche
à plongeur une machine en bois ou en fonte, ayant
ordinairement la forme d'une pyramide tronquée, et
qui sert à descendre au fond de l'eau, soit pour y
exécuter des travaux de tout genre, soit pour y recueillir des objets submergés. L'air contenu dans la
cloche empêche l'eau d'y pénétrer, et un système de
tuyaux qui communiquent à l'extérieur permet de renouveler l'air à mesure qu'il se comprime, et d'en
débiter du dehors au fur et à mesure des besoins du
plongeur. Quelques-uns attribuent la première invention de la cloche à plongeur à un Américain nommé
Will. Philips. Pendant tout l'été de 1858 on a vu sur
la Seine le Nautilus de M. Halley, dans l'intérieur
duquel, à certains jours, les curieux étaient admis à
descendre pour en visiter le mécanisme et s'enfoncer
à son aide dans les profondeurs de l'eau : la correspondance établie par un tuyau à l'extérieur avertit
soit de donner plus ou moins d'air, soit de remonter
hors de l'eau la cloche. — Enfin, sous le harnachement nouveau du *Scaphandre*, le plongeur marche
librement au fond de l'eau.

/Fulton réussit au moyen de ses appareils à faire
sauter dans la rade de Brest une chaloupe qui s'y
trouvait à l'ancre. A la distance de 200 mètres il lança

son torpedo contre la chaloupe, qui, au bout d'un quart d'heure, sauta en l'air au milieu d'une colonne d'eau soulevée à plus de cent pieds. Cette expérience qui excita à Brest beaucoup d'intérêt, eut lieu en présence de l'amiral Villaret-Joyeuse et d'un millier de spectateurs. Fulton essaya ensuite de s'approcher de quelques-uns des navires anglais qui croisaient sur les côtes et s'avançaient fréquemment dans les parages de Berthaume et de Camaret. Il fut sur le point, dans les environs du Havre, de joindre un vaisseau de 74 canons, mais celui-ci, peu curieux à ce qu'il paraît des expériences de Fulton, changea subitement de direction et s'éloigna du Nautilus; et plusieurs mois s'écoulèrent depuis, sans qu'aucun bâtiment ennemi s'approchât assez du rivage pour permettre de renouveler la tentative.

Bonaparte chez qui le goût des inventions diminuait à mesure que sa puissance s'accroissait, s'impatienta de ces retards : fatigué de ces lenteurs, il retira sa protection à Fulton, regardant son invention comme d'un emploi impraticable, et notre héros fut définitivement informé que le Gouvernement n'entendait plus donner suite à aucun essai de ce genre.

Forcé de renoncer aux projets qu'il poursuivait depuis six ans avec une si grande ardeur, Fulton se disposait à retourner en Amérique lorsque, vers la fin de 1801, et au moment où il s'occupait des préparatifs de son départ, il rencontra à Paris M. Livingston, ambassadeur des États-Unis, frère du célèbre législateur américain. Robert Livingston, né en 1746 de l'une des familles les plus distinguées et les plus riches de New-York, qui avait rempli pendant vingt-cinq ans dans l'État de New-York les fonctions de chancelier, et qui conclut avec la France le traité de cession de la Louisiane si avantageux à sa patrie (1803), ne s'était pas seulement occupé à New-York de travaux diplomatiques. Versé dans l'industrie et les arts, il s'était consacré avec beaucoup de zèle à l'étude de la question des bateaux à vapeur. En 1797 avec l'aide d'un Anglais nommé Nisbett et de Francis Brunel (plus tard sir Mark Isambard) le célèbre ingénieur qui construisit le *Thames Tunnel*, il avait établi sur l'Hudson des modèles de bateaux à vapeur destinés à des expériences, et apporté en Europe un très-vif espoir de succès pour la navigation par la vapeur. A peine eut-il établi quelques relations avec Fulton qu'il comprit tout le parti qu'il pourrait tirer de l'activité, des talents et des études spéciales de ce remarquable ingénieur. Aussi, lorsque au moment de s'embarquer pour l'Amérique Fulton se présenta à l'ambassade des États-Unis pour y prendre congé du représentant de son pays, Livingston fit tous ses efforts pour le dissuader de son projet; il l'engagea à différer son départ pour s'occuper avec lui de la grande question des bateaux à vapeur, qui importait à un si haut degré à la prospérité de leur commune patrie:

il se chargeait de fournir tous les fonds nécessaires à
l'entreprise. Fulton, on le comprend, se remit à l'œuvre; mais ici s'ouvre une nouvelle phase, celle qui est
la plus connue de la vie de Fulton; et c'est cette
phase qui semble la plus importante dans sa carrière,
qui fera pour nous l'objet du chapitre suivant.

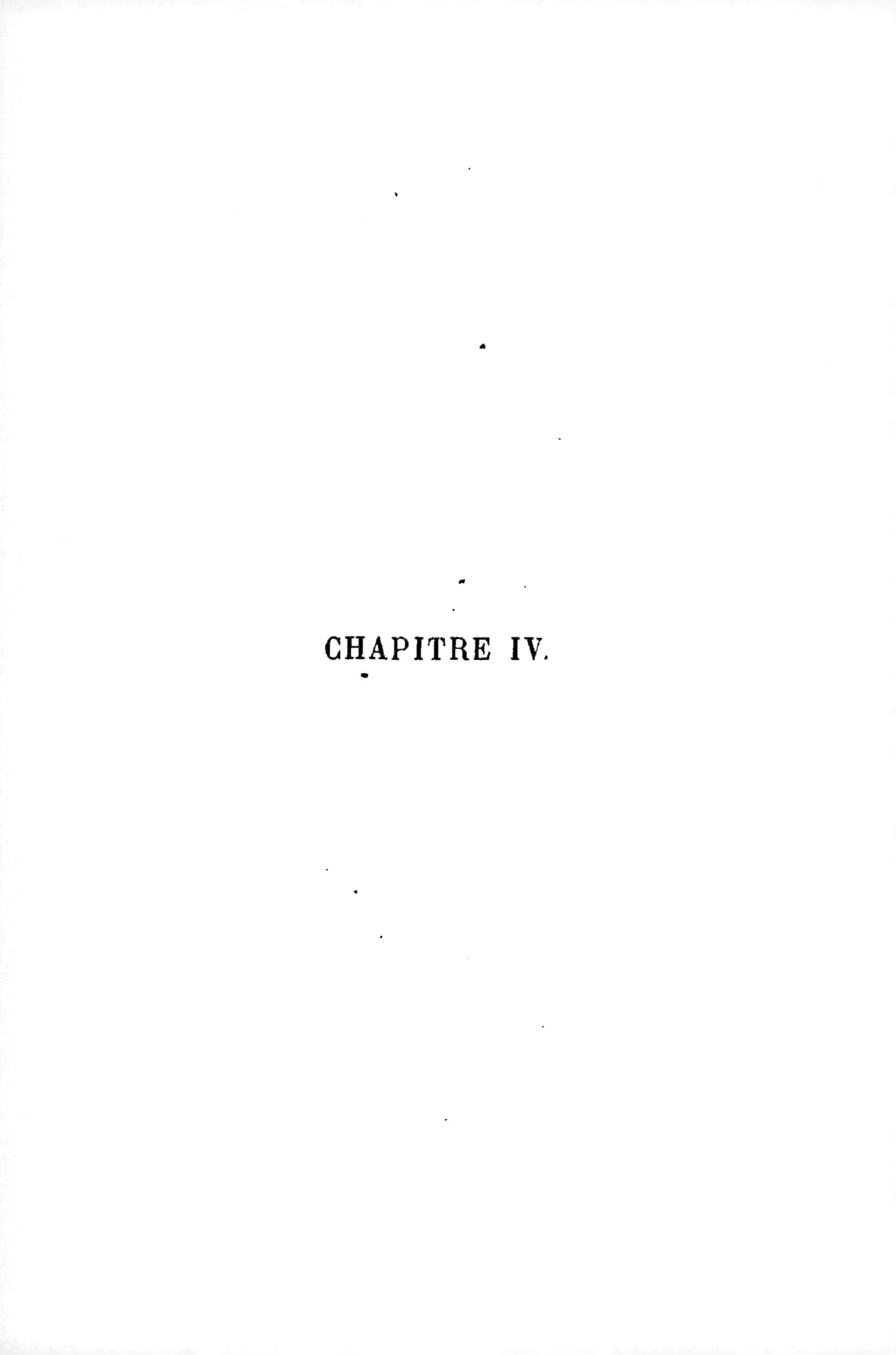

CHAPITRE IV.

CHAPITRE IV.

R. Fulton. 1801-1815.

A cette époque de fermentation sociale et de gravitation par les sciences pratiques vers tout ce qui peut contribuer au bien-être des masses, ou à ce qu'on est généralement convenu d'appeler le progrès, en ce temps de développement extraordinaire d'activité industrielle, où les découvertes, les inventions et les expositions universelles se succèdent et se multiplient; comment les hommes qui pensent, qui ne pensent pas seulement à eux, ne mettraient-ils pas de l'importance aux questions industrielles?

Nous ne venons certes pas dire que l'industrie soit la reine des sociétés et du monde : comme le commerce et moins que l'art, elle n'est qu'un moyen et non le but. Les agents mécaniques, ou les machines, quelque ingénieuses que soient les mains qui les fabriquent, et même les produits à bon marché ne sont pas tout pour l'humanité; nous n'en sommes pas venu non plus, grâce à Dieu, à résumer la science sociale par des aphorismes aussi creux et secs que ces deux-ci : *Qu'est-ce que je te dois?* et *qu'est-ce que tu me dois?* nous savons même que l'excès du développement industriel, lorsqu'il se produirait chez un peuple sans principes solides et sans convictions dans les consciences, risquerait fort de. n'engendrer que le luxe, la vanité, l'orgueil et le dégoût des choses sérieuses, la passion des jouissances, et par suite toute espèce de désordres; nous ne sympathisons pas tout à fait avec le grand poëte Gœthe quand il s'écrie qu'il ne voit rien de plus POÉTIQUE qu'*une manufacture de coton*, ni avec ceux qui nous affirment que la poésie n'est plus maintenant que sur la proue des bateaux à vapeur ou sur les rails des chemins de fer; nous croyons au contraire que la véritable civilisation gît dans le cœur de l'homme, qu'elle réside dans le développement des individualités, qu'elle est au fond plus intérieure qu'extérieure, que le bonheur et la durée des sociétés humaines se rattachent essentiellement à leur degré de moralité; nous savons qu'une nation ne s'élève réellement que par la justice, la charité et la connaissance du *saint nom du Seigneur;* que ce sont les relations d'homme à homme qu'il faut améliorer, que c'est l'âme surtout qu'il faut fortifier; mais il y a dix-huit siècles que l'on sait tout cela, et que l'on ne cesse d'enseigner ces vérités éternelles qui sont les bases immuables de l'ordre universel ou de la vie des individus et des peuples. Et, ceci dit ou ces réserves faites, en regard d'un côté de l'industrie, et de l'autre de l'Évangile, nous espérons ne point faire fausse route en venant étudier et transporter les faits matériels et les questions d'industrie sur le terrain des intérêts et des besoins moraux, sous la dépendance desquels ils seront finalement toujours, et en racontant dans cette idée la vie d'un Georges et d'un Robert Stephenson et d'un Fulton qui par leurs vertus, leurs talents et leur génie ont bien mérité de toutes les classes de l'humanité, en ont élevé par leur exemple le niveau intellectuel et moral, et, tout en donnant à l'humanité un moteur gigantesque qui ne demande qu'un peu d'eau et de charbon pour accomplir des ouvrages auxquels l'antiquité païenne aurait employé des milliers d'esclaves, ont appelé partout des hommes au travail et fourni du travail aux hommes.

Après cette digression, hâtons-nous de retourner directement à notre sujet et à Fulton.

Tous les systèmes essayés pour la création de la navigation par la vapeur avaient échoué jusqu'à ce jour. Fulton attribuait ces échecs au vice des appareils de propulsion jusqu'alors mis en usage. Il jugea donc nécessaire de recourir au calcul pour comparer et apprécier exactement les effets produits par les divers mécanismes employés jusqu'à cette époque, tels que le système de Rumsey, refoulement de l'eau sous la quille du bateau qu'il abandonna, le système palmipède, qu'il perfectionna et avec lequel il fit quelques essais sur la petite rivière de l'Eaugronne près Plombières où il avait accompagné Mme Barlow, l'épouse du diplomate son ami, pour s'y livrer avec plus de tranquillité et de solitude à ses expériences; enfin il abandonna aussi le système palmipède pour en revenir à l'emploi des roues à aubes, qu'il avait proposées à lord Stanhope dès l'année 1793.

. Mais avant de retrouver Fulton à Paris, il est de notre devoir, pour n'être accusé d'aucune omission, de rappeler qu'il aurait été fait, suivant certains auteurs et bien antérieurement à Papin et à Jouffroy, un essai de navigation par la vapeur en Espagne sous Charles-Quint. On a prétendu que la première tentative pour appliquer la vapeur à la navigation serait due à un Espagnol, Blasco de Garay, capitaine de vaisseau, qui aurait fait, dans le port de Barcelone, en 1543, sur la Trinité, bâtiment de 200 tonneaux, l'expérience à laquelle des historiens font allusion, c'est-à-dire qu'il aurait le premier imaginé une machine pour faire mouvoir les vaisseaux sans rames ni voiles. Tout ce que l'on sait de cette prétendue expérience, c'est que la machine ou l'appareil se composait d'un vase bouilleur plein d'eau; que des roues dont la révolution le faisait avancer, étaient ajustées à chaque côté du bâtiment, et qu'après l'expérience Blasco de Garay aurait enlevé son mécanisme, n'en laissant que le cadre qui serait conservé dans l'arsenal de Barcelone. Mais il est probable que l'expérience de Garay, qui est d'ailleurs formellement contredite et niée par M. Mac-

Grégor n'était autre chose, si elle a eu lieu, que l'application du principe bien connu de Héron d'Alexandrie (121 ans avant Jésus-Christ) qui faisait tourner sur son axe une petite sphère au moyen d'un jet de vapeur s'échappant du vase bouilleur par des tubes mobiles recourbés symétriquement par rapport à l'axe, à leurs deux extrémités, à droite et à gauche : ce procédé, dit l'éolipyle (ou boule d'Éole) à réaction, peut faire mouvoir des turbines et même des roues de bateaux, mais avec une dépense considérable de combustible. Au reste, nous le répétons, cette expérience controversée est assez généralement contredite aujourd'hui. — Irons-nous alors, à défaut de l'Espagne, chercher en Chine la première application de la vapeur à la navigation, ou bien dans les écrits d'un Scaliger, 1558, dans Bournes, 1588, dans Roger Bacon, 1597 ? ou recourrons - nous à David Ramsey, un des pages du roi Jacques Ier, qui obtint une patente *pour naviguer contre le vent et la marée*[1], ou au marquis de Worcester sous les derniers Stuarts, et à ses très-peu claires inventions (*Century of Inventions*, 1663).

Revenons plutôt directement à Fulton.

[1] Après quelques expériences, avec un petit bateau en cuivre, qui furent exécutées pendant l'hiver de 1802 à

---

1. *To make boats, ships and bages to go against the wind and tyde.*

1803 sur la Seine, à l'île des Cygnes, Fulton se mit à construire le grand bateau qui devait servir à juger définitivement la question pratique de la navigation par la vapeur : son bateau fut terminé au commencement de l'année 1803. Tout était prêt pour l'essayer sur la Seine au milieu de Paris, lorsqu'un matin Fulton qu'une anxiété et une impatience bien naturelles, à la veille d'une épreuve aussi solennelle, avaient empêché de goûter un instant de repos, vit entrer dans sa chambre un de ses ouvriers dont les traits bouleversés annonçaient une catastrophe. Un grand malheur venait en effet d'arriver. Le bateau s'était trouvé trop faible pour supporter le poids de la machine qu'on y avait installée quelques jours auparavant, et par suite de l'agitation de la rivière provenant d'une bourrasque survenue pendant la nuit, il s'était rompu en deux et avait coulé à fond. Nous verrons plus loin si cette explication de ce grave accident en était bien la cause réelle ! — Jamais homme ne ressentit désespoir plus violent que celui qu'éprouva Fulton en voyant ainsi s'anéantir en un clin d'œil le fruit de tant de travaux, de calculs et de veilles, au moment même où il touchait au but si ardemment désiré. Cependant il n'était pas homme à se laisser longtemps abattre, il courut aussitôt à l'île des Cygnes pour essayer de réparer le désastre. Pendant vingt-quatre heures consécutives, et sans prendre ni repos ni nourriture, il travailla de ses propres mains à retirer de la Seine la machine et les fragments submergés du bateau. La machine n'avait point souffert, mais il fallait construire un bateau nouveau. Fulton s'établit donc à l'île des Cygnes, et à la fin du mois de juin 1803 un nouveau bateau, construit avec les soins et la solidité convenables, était prêt à naviguer. Il avait 33 mètres de long sur 2 mètres et demi de large. Le 9 août 1803, soit *21 thermidor de l'an XI de la République*, ce bateau navigua sur la Seine en présence d'un nombre considérable de spectateurs. Fulton avait écrit la veille à l'Académie des sciences pour l'inviter à assister à l'expérience, et l'Académie avait envoyé dans ce but MM. les commissaires Bossut, Carnot et Perrier. Le bateau mis en mouvement à diverses reprises, marcha contre le courant avec une vitesse de $1^m,6$, par seconde : ce qui représente près d'une lieue et demie par heure.

Un témoin oculaire a consigné dans un journal scientifique de l'époque, *Revue polytechnique des ponts et chaussées*, les détails malheureusement incomplets de cette expérience remarquable. Voici quelques lignes tirées de ce document peu connu.

« Le 21 thermidor, an XI de la République une et indivisible » (c'est-à-dire le 9 août 1803, le calendrier républicain ayant été adopté et inauguré le 20 septembre 1792); « le 21 thermidor on a fait l'épreuve d'une invention nouvelle dont le succès complet et brillant aura les suites les plus utiles pour le commerce et la navigation intérieure de France. Depuis deux ou trois mois on voyait au pied du quai de la Pompe à feu un bateau d'une apparence bizarre, puisqu'il était armé de deux grandes roues posées sur un essieu comme pour un chariot, et que derrière ces roues était une espèce de *grand poële* que l'on disait être une *petite pompe à feu*, destinée à mouvoir les roues ou le bateau. Des malveillants avaient, il y a quelques semaines, fait couler bas cette construction», voilà donc quelle avait été la cause véritable du malheur arrivé au bateau de Fulton. «L'auteur ayant réparé le dommage obtint la plus flatteuse récompense de ses soins et de son talent.

«A six heures du soir, aidé seulement de trois personnes, il mit en mouvement son bateau et deux autres attachés derrière, et pendant une heure et demie il procura aux curieux le spectacle étrange d'un bateau mu par des roues comme un chariot; ces roues armées de volants ou rames plates, mues elles-mêmes par une pompe à feu.

«En le suivant le long du quai, sa vitesse nous a paru égale à celle d'un piéton pressé, c'est-à-dire de 2,400 toises par heure; en descendant elle fut bien plus considérable. Il monta et descendit quatre fois, depuis les Bons-Hommes (ancien monastère du côté de la barrière de Passy) jusque vers la pompe de Chaillot; il manœuvra à droite et à gauche avec facilité, s'établit à l'ancre, repartit et passa devant l'École de natation. L'un des bateliers vint prendre au quai plusieurs savants et commissaires de l'Institut, parmi lesquels étaient les citoyens Bossut, Carnot, Prony, Volney. Sans doute ils feront un rapport qui donnera à cette découverte tout l'éclat qu'elle mérite; car ce mécanisme, appliqué à nos rivières de Saône, de Loire et de Rhône, aurait les conséquences les plus avantageuses pour notre navigation intérieure. Les trains de bateaux qui emploient *quatre mois* à venir de Nantes à Paris arriveraient exactement en dix à quinze jours. L'auteur de cette invention est M. Fulton, américain et célèbre mécanicien. »

Cette expérience ne manqua pas, comme on le voit, d'exciter l'attention des hommes pratiques, mais le public s'y intéressa fort peu. La pensée suivait alors en France une tout autre direction. On était au milieu de l'enivrement causé par les victoires militaires qui allaient faire monter le premier consul à l'empire, et en présence des bulletins qui arrivaient chaque jour de toutes les capitales de l'Europe, on se préoccupait fort médiocrement des progrès de la science ou de l'industrie. Les Parisiens qui traversaient le pont Louis XVI, aujourd'hui de la Concorde, regardaient d'un œil indifférent le petit bateau de Fulton, qui resta assez longtemps amarré sur la Seine vis-à-vis du palais Bourbon.

Nous avons été curieux d'ouvrir le Moniteur de cette époque, afin de voir s'il y était rendu compte de l'expérience de Fulton; or voici quelques-unes des nouvelles du 21 thermidor et des jours les plus rapprochés. Les colonnes du *Moniteur universel* ou *Gazette nationale* nous racontent, comme choses toutes naturelles, des prises réciproques de bâtiments anglais et français, par des corsaires des deux nations, avec évaluation des prises; tel bâtiment dont il nous annonce la capture était assuré au Lloyd pour 100,000 L. st. Le numéro même du 21 thermidor mentionne une attaque à Boulogne par une bombarde anglaise et autres bâtiments que l'amiral Brueys a forcés de se retirer; un numéro suivant ou précédent nous dit que la goëlette du roi d'Angleterre, le Redbridge, armée de 14 canons de 22 et de 60 hommes d'équipage, et le brick la Caroline armé de 6 canons, ont été pris par une frégate française. Le numéro du 16 nous dit : *Notre corps d'armée est dans la situation la plus satisfaisante, nous envoyons en France trente drapeaux;* mais si la France faisait la guerre aux Anglais dans le Hanovre, les loups déclaraient la guerre à la France... Le *3 fructidor*, dit toujours le Moniteur (21 août), *une bande de loups désole le département du Gers,* et nous lisons encore, le 10 fructidor (28 août), ce détail de mœurs assez piquant : «*Lady Jerningham, de Cossey, dans le comté de Norfolk, a proposé de lever et de commander un corps de six cents femmes pour éloigner les bateaux de la côte dans le cas d'une invasion.*» D'autre part le Moniteur universel n'est rempli que d'adresses, de toutes les parties de l'empire, au citoyen premier consul et président, empereur en 1804. Il n'est point de sacrifices que les villes ne soient disposées à faire pour soutenir la guerre, elles offrent même d'équiper, de construire à leurs frais des vaisseaux ; il ne reste guère de place, au milieu de tout ce bruit, pour Fulton. Cependant le numéro du 26 thermidor (24 août) 1803, quinze jours par conséquent après l'expérience, relate en abrégé à sa 4e page, sous le titre d'*Arts mécaniques* et d'après le Journal de Paris, l'expérience que nous avons racontée, et ajoute avec ce journal dont il reproduit tout l'article que cette invention est due à M. Fulton «déjà célèbre dans les sciences mécaniques par plusieurs inventions ingénieuses, toujours appliquées à des objets d'utilité majeure. Son but est, dit-on, d'aller établir celle-ci dans sa patrie, sur les rivières le Mississipi, l'Ohio, Delaware.» Et cependant Fulton ayant demandé au premier consul que son bateau fût soumis à un examen sérieux, et exprimé le désir que l'Académie des Sciences fût appelée à exposer son avis sur sa découverte, offrant même, si elle était favorablement jugée, d'en faire hommage à la France, Bonaparte accueillit mal sa requête et refusa de saisir l'Académie de la question. Fulton avait fini par lui déplaire : ses longs essais sur la guerre sous-marine et ses continuelles demandes d'argent avaient laissé une impression défavorable dans l'esprit du premier consul ; et lorsque Louis Costaz, homme éclairé et esprit pénétrant, alors président du Tribunat, qui avait assisté à l'expérience de Fulton, et qui avait été pendant l'expédition d'Égypte (1798) le compagnon de tente de Bonaparte, crut pouvoir introduire auprès de lui et lui soumettre la demande en question, Bonaparte lui répondit : « Il y a dans toutes les capitales de l'Europe une foule d'aventuriers et d'hommes à projets, offrant à tous les souverains de, prétendues découvertes qui n'existent que dans leur imagination. Ce sont autant de charlatans ou d'imposteurs qui n'ont d'autre but que d'attraper de l'argent. Cet Américain est du nombre, ne m'en parlez pas davantage.» Ainsi pour la 3ᵉ fois la France laissait échapper l'invention de la navigation par la vapeur ! — On le sait, Bonaparte n'aimait pas ceux qu'il appelait des *idéologues ;* il ne voyait plus dans Fulton un homme qui pouvait *changer la face du monde* ; et, quoiqu'il songeât encore à son expédition de Boulogne, lorsque Fulton avait essayé de lui expliquer les avantages qu'il pourrait retirer de l'application de la vapeur à la navigation pour opérer une descente en Angleterre, Bonaparte lui avait tourné brusquement le dos, le traitant de « rêve-creux.» Il ne prévoyait pas que les merveilles de cette puissance qu'il s'obstinait à méconnaître, allaient ouvrir une ère nouvelle ; et son cercueil n'a-t-il pas été ramené de Sainte-Hélène par le prince de Joinville en 1840, époque qui allait devenir l'ère des bateaux à vapeur et des chemins de fer?

Au reste, Fulton prit sans trop de peine son parti de cet échec. — Au début de ses travaux il ne s'était point proposé d'intéresser la France à sa découverte; il n'avait entrepris ses recherches qu'avec le projet d'en appliquer les résultats aux États-Unis. Il s'occupa donc de prendre les dispositions nécessaires pour établir en Amérique le système de transport dont l'expérience venait de démontrer la valeur. Livingston adressa à cet effet une lettre aux membres de la législature de l'État de New-York, pour faire connaître les résultats qui venaient d'être obtenus à Paris. La législature dressa alors un acte public aux termes duquel le privilége exclusif de naviguer sur toutes les eaux de cet État au moyen de la vapeur, concédé à Livingston par le traité de 1793, était prorogé en faveur de Fulton et de Livingston pour un espace de vingt ans à partir de l'année 1803. On imposait seulement aux associés la condition de produire dans l'espace de deux ans un bateau à vapeur faisant 4 milles (6 kil. 400 m.) à l'heure contre le courant ordinaire de l'Hudson. — Rappelons ici, pour être juste, qu'en 1804 John Stevens, de Hoboken près New-York, essaya à son tour un petit bateau de 22 pieds de long, qui atteignit pendant de courts trajets la vitesse, dit-on, de sept à huit milles par heure. — De Hoboken sur le continent la distance était autrefois jusqu'à New-York de trois quarts d'heure, elle n'est plus que de 5 à 6 minutes. — Dès la réception de l'acte qui conférait le privilége, Livingston écrivit en Angleterre à Boulton et à Watt, pour commander une machine à vapeur dont il donna le plan et les dimensions, sans spécifier à quel objet il la destinait. On s'occupa aussitôt de construire dans les ateliers de Soho près Glascow la machine demandée par le chancelier, et Fulton qui, peu de temps après se rendit en Angleterre, put en surveiller l'exécution.

Notre héros se trouvait en effet sur le point de quitter la France. Son séjour à Paris, les expériences auxquelles il continuait de se livrer sur les bateaux-plongeurs, et ses appareils d'attaques sous-marines excitaient à Londres une vive sollicitude. On s'effrayait à l'idée de voir diriger contre la marine britannique les terribles agents de destruction que l'ingénieur américain s'appliquait·à perfectionner. Lord Stanhope en parla avec anxiété à la chambre des lords, et à la suite de ces communications une association de riches particuliers se forma, qui se donnèrent pour mission de surveiller les travaux de Fulton. Cette association adressa, quelques années après, un long rapport au premier ministre, lord Sydmouth : les faits qu'il contenait engagèrent ce ministre à attirer l'inventeur en Angleterre ; on dépêcha de Londres un agent secret qui se mit en rapport avec Fulton, et lui parla d'une récompense de 15,000 dollars (78,000 fr.) en cas de succès. Fulton, un peu las de la France et attiré en Angleterre par sa machine à vapeur, se laissa prendre à l'appât de cette offre avantageuse, et il se décida à quitter Paris. Il se trompait du reste grandement sur les vues du gouvernement britannique : on ne pouvait nullement en Angleterre s'intéresser au succès d'un genre d'invention qui était destiné, s'il pouvait réussir, à anéantir toute suprématie maritime. Le but du ministère anglais était donc simplement de juger d'une manière positive la valeur des inventions de Fulton, et de lui en acheter le secret pour l'anéantir. C'est ce qu'il finit par comprendre aux délais, aux obstacles, à la mauvaise volonté qu'il rencontra partout en Angleterre : une commission nommée pour examiner son bateau-plongeur en déclara l'usage impraticable. Quant à ses appareils sous-marins d'explosion, on exigea qu'il en démontrât l'efficacité en les dirigeant contre des embarcations ennemies. De nombreuses expéditions s'exécutaient à cette époque contre la flottille française, et les bateaux plats de débarquement, embusqués dans la rade de Boulogne. Le 1er octobre 1805, Fulton s'embarqua sur un navire anglais et vint joindre l'escadre de cette nation en station devant ce port; peut-être n'était-il pas fâché d'essayer contre la France les machines maritimes dont elle avait dédaigné l'usage. A la faveur de la nuit, il lança deux canots munis de torpilles contre deux chaloupes canonnières, mais l'explosion des torpilles ne fit aucun mal à ces embarcations; seulement au bruit de la détonation, les matelots français se crurent attaqués par un vaisseau de guerre ennemi, et voyant que l'affaire en restait là, ils rentrèrent dans le port, sans pouvoir se rendre compte des moyens que l'on avait employés pour opérer cette attaque au milieu de l'obscurité de la nuit.

Fulton se plaignit hautement que l'échec qu'il venait d'éprouver avait été concerté par les Anglais eux-mêmes, et il demanda instamment à en fournir la preuve. Le 15 octobre 1805, en présence de M. Pitt, premier ministre, et de ses collègues, il fit sauter à l'aide de ses torpilles un vieux brick danois, du port de 200 tonneaux, amarré à cet effet dans la rade de Walmer, près de Deal, comté de Kent, à une petite distance du château de Walmer, résidence de M. Pitt. La torpille contenait 170 livres de poudre; un quart d'heure après que l'on eut fixé le harpon, la charge éclata et partagea en deux le brick dont il ne resta au bout d'une minute que quelques fragments flottant à la surface.

Malgré ce succès, ou peut-être à cause même de ce succès, le ministère anglais refusa de s'occuper davantage des inventions de Fulton. On lui offrit seulement d'en acheter le secret, à condition qu'il s'engagerait à ne jamais les mettre en pratique. Mais c'était se tromper étrangement sur le caractère de notre héros; il repoussa bien loin cette proposition, on peut s'en convaincre par la fermeté de sa réponse

aux agents du gouvernement chargés de lui faire
cette ouverture : « Soyez assurés, leur dit-il, quels
que puissent être vos desseins, que je ne consentirai
jamais à anéantir une découverte qui peut être utile
à ma patrie. Son indépendance et sa sûreté me sont
trop chères pour que, lors même que vous m'offririez
20,000 l. st. par an, je me dessaisisse jamais de mon
secret.» Sur ces entrefaites, Livingston qui était rentré
en Amérique où il s'occupait avec ardeur de mettre à
profit le privilége que lui avait accordé la législature
de l'État de New-York, écrivait à Fulton pour presser
son retour, et celui-ci en conséquence s'embarqua à
Falmouth au mois d'octobre 1806 : il arriva le 13 décembre à New-York. La machine à vapeur qu'il avait
commandée à Watt et dont l'exécution avait souffert
différents retards, fut expédiée à la même époque
pour New-York où elle était arrivée en même temps
que notre héros.

Quant à M. Joel Barlow, l'auteur de la Colombiade, cet ami
si fidèle, ce protecteur de Fulton qui, né dans le Connecticut
en 1775, avait d'abord pris part comme aumônier de brigade
à la guerre de l'indépendance, puis était entré dans le barreau,
et avait été à la fin du dernier siècle, comme nous l'avons vu,
ministre des États-Unis à Paris, il fut nommé en 1811 ministre
plénipotentiaire des États-Unis en France; mais appelé, au
mois d'octobre 1812, comme envoyé extraordinaire auprès de
l'empereur Napoléon à Wilna en Lithuanie, il tomba malade en
route et mourut dans un misérable village près de Cracovie :
« à Zarnovice, dit M. Eugène Vail dans son Histoire de la lit-

térature des États-Unis, ville obscure de la Pologne, qui sera désormais remarquée par les voyageurs et les géographes, puisqu'elle renferme les cendres d'un des hommes les plus illustres de l'Amérique. »

Lorsque Fulton arriva à New-York, tout faisait présager une rupture prochaine entre les États-Unis et l'Angleterre ; l'attaque en 1807 de la frégate américaine *the Chesapeake* par le vaisseau anglais le *Léopard*, en violation du droit de neutralité, en devint un indice certain, et semblait le prélude d'une collision entre les deux peuples : Fulton s'empressa de faire connaître à ses compatriotes et de perfectionner son système de *torpedo*, et il fit aux frais du gouvernement central plusieurs expériences dans le port de New-York qui réussirent parfaitement ; il ajouta à son système de guerre un appareil au moyen duquel il parvenait à couper le câble d'un bâtiment à l'ancre. — En 1810 le Congrès vota une somme de 25,000 fr. pour continuer ces recherches.

En même temps, convaincu de plus en plus des avantages incalculables qu'un pays nouveau et vaste comme les États-Unis, coupé de lacs et de fleuves navigables, et abondant en combustibles devait retirer de la navigation à la vapeur, Fulton s'occupait activement, depuis son retour, avec le concours de M. Livingston de donner suite à ses travaux sur l'emploi de la vapeur comme moteur dans la marine ;

c'est-à-dire qu'il faisait construire le bateau qui devait leur assurer le privilége promis ou conféré par la législature des États-Unis. Ce premier vapeur que l'on nomma le *Clermont*, et aussi le *North-River*, fut construit à New-York dans les chantiers de M. Charles Browne; il avait 50 mètres de long, sur 5 de large, et jaugeait 150 tonneaux. Le diamètre des roues à aubes était de cinq mètres; la machine à double effet qui les faisait tourner était de la force de 18 chevaux: on sait que la force d'un cheval ou l'unité de force, et le *cheval-vapeur* peut travailler sans relâche, s'évalue par 75 kilog. élevés à 1 mètre dans une seconde, soit 75 kilogramètres.

Cependant les travaux de Fulton qui avaient été si mal appréciés en Europe n'étaient guère mieux accueillis dans son propre pays. L'opinion condamnait ouvertement son entreprise. L'Amérique n'avait pas encore adopté sa devise: *Go a head*, *En avant!* Il n'y avait pas à New-York dix personnes croyant au succès du Clermont, et l'on ne désignait ce bateau que sous le nom de la Folie-Fulton (Folly-Fulton). Comme les dépenses de construction avaient de beaucoup excédé leurs calculs, Livingston et Fulton proposèrent de céder le tiers de leurs droits à ceux qui voudraient entrer pour une part proportionnelle dans les dépenses; personne ne profita de cette offre qui fut regardée comme la crainte ou l'aveu d'une prochaine défaite.

Au mois d'août 1807, le Clermont était terminé ; il sortit le 10 de ce mois des chantiers de Charles Browne, et le lendemain à l'heure fixée pour son essai public, il fut lancé sur la rivière de l'Est, bras de mer ou canal qui sépare Long-Island de l'île sur laquelle New-York est bâtie. Fulton monta sur le pont au milieu des rires et des huées d'une multitude ignorante. Mais les sentiments de la foule qui couvrait les quais ne tardèrent pas à changer, et au signal du départ, lorsque, à l'ordre de Fulton, la machine fut mise en mouvement, et que le bateau se mit en marche et sortit du port, des cris d'étonnement et d'admiration de ce peuple tout à l'heure si insolent, des acclamations d'enthousiasme s'élevèrent, et vengèrent l'illustre ingénieur des indignes outrages qu'il venait à l'instant de recevoir. Le triomphe qu'il éprouva dans ce moment dut le consoler des intrigues, des dégoûts, des obstacles de tout genre qu'il avait rencontrés dans l'exécution de sa glorieuse entreprise. — Ce jour-là, 11 août 1807, fut le plus beau de sa vie !

« Rien ne saurait surpasser, dit un écrivain américain, la surprise et l'admiration de tous ceux qui furent témoins de cette mémorable expérience. Les plus incrédules changèrent de façon de penser en quelques instants, et furent totalement convertis avant que le bateau eût fait un quart de mille. Tel qui, à la vue de cette coûteuse embarcation, avait remercié le ciel d'avoir été assez sage pour ne pas dépenser son argent à poursuivre un projet si fou, montrait une physionomie différente à mesure que le bateau s'éloignait du quai et accélérait sa course; les railleries, comme les sourires d'approbation, étaient insensiblement remplacées par une vive expression d'étonnement, et le triomphe du génie arracha à la multitude des acclamations et des applaudissements immodérés.» Fulton, qui était demeuré insensible aux marques de mépris de ses compatriotes, ne se laissait pas non plus détourner dans ce moment par les bruyants témoignages de leur admiration. Il était tout entier à l'observation de son bateau, afin d'en reconnaître les défauts, et de découvrir le moyen de les corriger. Il jugea que les roues avaient un trop grand diamètre, et que les aubes s'enfonçaient trop dans l'eau. Il modifia donc leurs dispositions, et il obtint un accroissement de vitesse.

Cette réparation qui dura quelques jours étant terminée, Livingston et Fulton firent annoncer par les journaux que leur bateau, destiné à établir un transport régulier de New-York à Albany, partirait le lendemain pour cette dernière ville. Cette annonce causa beaucoup de surprise à New-York. Bien que tout le monde eût été témoin de l'essai sans réplique exécuté peu de jours auparavant, on ne pouvait croire encore à la possibilité d'employer un bateau à vapeur à un service de transport. Aucun passager ne se présenta pour monter de New-York à Albany dans l'intérieur, et ce ne fut qu'au retour qu'un habitant de New-York osa tenter l'aventure, et eut le courage de vouloir retourner chez lui sur le Clermont, qui allait depuis Albany redescendre le fleuve.

Un recueil anglais a récemment fourni quelques renseignements sur cet épisode du premier voyage du Clermont. Ce recueil raconte qu'étant entré dans le bateau pour y régler le prix de son passage, l'habitant de New-York n'y trouva qu'un homme occupé à écrire dans la cabine : c'était Fulton.

— N'allez-vous pas, lui dit-il, redescendre à New-York avec votre bateau ?

— Oui, répondit Fulton, je vais essayer d'y parvenir.

— Pouvez-vous me donner passage à votre bord ?

— Assurément, si vous êtes décidé à courir les mêmes chances que nous.

L'habitant de New-York demanda alors le prix du passage, et six dollars furent comptés pour ce prix. Fulton demeurait immobile et silencieux, contemplant, comme absorbé dans ses pensées, l'argent, les six dollars déposés dans sa main. Le passager craignit d'avoir commis quelque méprise.

— Mais, dit-il, n'est-ce pas là ce que vous m'avez demandé ?

A ces mots Fulton, sortant de sa rêverie, porta ses regards sur l'étranger, et celui-ci put remarquer une grosse larme qui roulait dans ses yeux.

— Excusez-moi, lui dit Fulton, d'une voix très-émue, je songeais que ces six dollars sont le premier salaire qu'aient obtenu mes longs travaux sur la navigation par la vapeur. Je voudrais bien, ajouta-t-il en prenant la main du passager, consacrer le souvenir de ce moment en vous priant de partager avec moi une bouteille de vin, mais je suis trop pauvre pour vous l'offrir. J'espère cependant être en état de me dédommager la première fois que nous nous rencontrerons de nouveau. »

Ils se rencontrèrent en effet, quatre ans après, et cette fois, le bon vin ne manqua pas pour célébrer un bon souvenir.

Le trajet de New-York à Albany ne laissa plus de doutes sur les conséquences de la navigation par la vapeur. Situées toutes les deux sur les bords de l'Hudson, New-York et Albany sont distantes l'une de l'autre d'environ 60 lieues. Le Clermont accomplit le voyage en trente-deux heures, et revint en trente heures. Il marcha le jour et la nuit, ayant constamment le vent contraire, et ne pouvant se servir un seul moment des voiles dont il était aussi muni. Parti de New-York le lundi, à 1 heure de l'après-midi, il était arrivé le lendemain à la même heure à Clermont, maison de campagne du chancelier Livingston, sur les bords du fleuve. Reparti de Clermont le mercredi à neuf heures du matin, il toucha à Albany à cinq heures de l'après-midi. Le trajet total avait donc été accompli en trente-deux heures, ce qui donne une vitesse de 2 lieues environ par heure, plus de cinq milles : la condition de 4 milles par heure, imposée par l'État de New-York, avait bien été remplie !

Pendant la partie nocturne de son voyage, le Clermont répandit la terreur sur les bords solitaires de l'Hudson. Les journaux américains publièrent beaucoup de récits de sa première traversée ; ces relations étaient sans doute empreintes de quelque exagération; elles se rapportent toutefois à des sentiments trop naturels pour pouvoir être contestées. — On se servait sur le bateau de Fulton, pour alimenter la chaudière, de branches de pin ramassées sur les rives du fleuve, et la combustion de ce bois résineux produisait une fumée abondante, à demi embrasée, qui s'élevait de plusieurs pieds au-dessus de la cheminée du Clermont. Cette lumière inaccoutumée, brillant sur les eaux au milieu de la nuit, attirait de loin les regards des mariniers qui naviguaient sur le fleuve ; on voyait avec surprise marcher contre le vent, les courants et la marée cette longue colonne de feu étincelant dans les airs. Lorsque les bateliers furent en même temps assez rapprochés pour entendre le bruit de la machine et le choc des roues qui frappaient l'eau à coups redoublés, ils furent saisis de la plus vive terreur : les uns, laissant aller leurs embarcations à la dérive, se précipitaient à fond de cale pour échapper à cette effrayante apparition , tandis que d'autres se prosternaient sur le pont de leurs sloops, en implorant la Providence contre l'horrible monstre qui s'avançait en dévorant l'espace et en vomissant le feu. «Il s'avance sur les eaux comme un être animé, .

She walks the waters like a thing of life, a dit Byron. « *Ils passent comme des barques de poste, avec la rapidité de l'aigle qui s'élance après sa proie*», avait dit Job dans son langage prophétique.

Plusieurs mois s'écoulèrent avant que ces frayeurs puériles eussent disparu ; toutefois la cause de la vapeur appliquée à la navigation était désormais gagnée.

· Après son voyage, le Clermont fut employé à un service ordinaire et régulier entre New-York et Albany, et le service des dépêches lui fut confié. Ce ne fut pas cependant sans diverses difficultés que ce nouveau système de navigation parvint à s'établir sur l'Hudson. On prétendait qu'il serait préjudiciable aux intérêts du pays en nuisant au développement des constructions navales, et les bâtiments à voiles qui naviguaient sur l'Hudson endommagèrent souvent le Clermont, en le heurtant ou l'accostant violemment avec l'intention de le couler. La législature de l'État de New-York fut même obligée pour mettre un terme à ces atteintes, de les considérer comme des offenses publiques, punissables d'emprisonnement et d'amendes. Mais malgré ces obstacles inévitables que ren-

contre toute invention nouvelle, quand elle surgit au
milieu d'intérêts contraires, depuis longtemps établis,
l'entreprise de Fulton et de Livingston acquit rapidement un haut degré de prospérité.

> Fulton, laisse gronder l'envie,
> C'est l'hommage de sa terreur;
> Que peut sur l'éclat de ta vie
> Son obscure et lâche fureur?
> Hélas! tu dois payer la gloire :
> Tu dois expier ta mémoire
> Par les orages de tes jours;
> Mais ce torrent qui dans ton onde
> Vomit sa fange vagabonde,
> N'en saurait arrêter le cours.

Mais avons-nous besoin pour louer Fulton d'em-
prunter au poëte Le Brun quelques vers de sa fameuse
ode à Buffon? Tenons-nous-en à l'histoire toute
simple.

Le 11 février 1809, Fulton obtint du gouvernement de New-York un brevet qui lui assurait le privilége de ses découvertes concernant la navigation
par la vapeur. Pendant l'année 1811 il construisit
quatre magnifiques bateaux : le premier qui prit le
nom du chancelier Livingston était du port de 526
tonneaux; il était destiné, comme le Clermont, au service de New-York à Albany. — En 1812, Fulton établit deux bateaux-bacs, mus par la vapeur, l'un pour

traverser l'Hudson, et l'autre la rivière de l'Est. Il construisit en même temps divers autres bateaux pour le compte de quelques compagnies, auxquelles il remettait une partie des droits concédés dans son privilége. C'est ainsi que la navigation par la vapeur put s'établir en quelques années sur les diverses branches du Mississipi et de l'Ohio.

La création aux États-Unis de la marine à vapeur était l'événement le plus considérable qui se fût accompli depuis la guerre, ou la proclamation d'un Jefferson et des cinquante-cinq signataires, délégués, de la *Déclaration de l'Indépendance*. Les travaux de Fulton imprimèrent une activité nouvelle au génie américain. Les divers États virent bientôt se resserrer les liens qui les unissaient, et des nations entières, pour ainsi dire, allèrent s'établir sur les bords de plusieurs fleuves jusqu'alors déserts, pour y défricher les terres et y fonder des villes. Les bateaux à vapeur portèrent ainsi la vie et le mouvement du commerce sur une foule de points où l'on comptait à peine auparavant quelques habitations disséminées : il est reconnu que la culture des districts si importants de l'Ohio, du Missouri, de l'Illinois et d'Indiana fut, par cette invention, avancée de plus d'un siècle, et que sans les relations produites par ce système de navigation, ces États seraient encore de nos jours comme inconnus.

Jusqu'en 1814, Fulton, tout en s'occupant de quelques autres recherches, se consacra à suivre les perfectionnements de ses bateaux. Il parvint à faire entrer dans ses vues de marine militaire à vapeur le gouvernement américain, et sa carrière se termina par la création d'un véritable monument en ce genre. En 1814, dans l'éventualité d'une guerre que pourraient provoquer les difficultés survenues entre l'Angleterre et les États-Unis, il fit adopter par la législature la construction de plusieurs frégates à vapeur pour la défense de la rade ou du port, et le Congrès fit construire à New-York, d'après les plans de Fulton, une immense frégate dont lui-même posa la quille le 20 juin 1814. Ce bâtiment dont la construction nécessita une dépense de 1,600,000 fr., et qui fut nommé le *Fulton Ier*, avait 145 pieds de long; il était formé de deux bateaux séparés par un espace de 68 pieds de long sur 55 de large; c'est dans cet intervalle et protégée ainsi contre le feu de l'ennemi que se trouvait placée une roue à aubes; un bordage de six pieds d'épaisseur garantissait la machine; sur le pont, un rempart mettait à couvert plusieurs centaines d'hommes qui pouvaient sans nul danger manœuvrer librement; le navire avait deux beauprés et quatre gouvernails, ce qui lui permettait d'avancer ou de reculer à volonté; trente embrasures donnaient passage à autant de pièces de 32 qui devaient lancer des boulets rouges; l'avant et l'arrière étaient garnis de deux énormes pièces de

160 pour battre les flancs du navire à dix ou douze pieds au-dessous de la flottaison; des faux mises en mouvement par la vapeur armaient les côtés du bâtiment et devaient empêcher l'abordage; tandis que de grosses colonnes d'eau froide ou bouillante, vomies par une innombrable quantité de bouches à feu et par divers tuyaux alimentés par la machine à vapeur, devaient inonder ou brûler tout ce qui se trouverait sur le pont, dans les hunes ou dans les sabords du navire ennemi qui s'approcherait pour attaquer la frégate. — Mais Fulton ne devait pas être témoin des effets de cette forteresse flottante, et les derniers temps de sa vie furent semés pour lui de quelques épreuves. Malgré le privilége exclusif de navigation que lui avait accordé la législature de New-York, il eut le chagrin de voir un grand nombre de bateaux à vapeur s'établir sans même sa participation, sur les eaux qui lui avaient été concédées jusqu'au delà de New-York, un peu à la légère, il est vrai. Il fut ainsi amené à soutenir beaucoup de procès pénibles. — En traversant le Trenton et en revenant de la ville de ce nom, capitale de l'État de New-Jersey, où s'était plaidée une des causes de son associé Livingston, il se trouva surpris sur l'Hudson par des froids excessifs; le fleuve était couvert de glaces qui arrêtèrent son bateau, et l'obligèrent à demeurer exposé, pendant plusieurs heures, aux rigueurs de la saison. Sir Emmet, son avocat et son ami, ayant failli périr sous la glace,

Fulton fit des efforts inouïs pour l'arracher à la mort.
Étant resté plusieurs heures sous l'impression de ce
froid si vif, il fut saisi par une fièvre inflammatoire
très-grave, dont il guérit cependant. Mais sa santé
avait été ébranlée par toutes ces contrariétés, par la
mauvaise saison et par ses nombreux travaux, et en
janvier 1815, à peine en convalescence, étant sorti
pour aller surveiller les travaux de sa frégate à vapeur, il resta tout un jour exposé de nouveau sur le
pont au froid et au mauvais temps; la maladie alors
se déclara avec une nouvelle force, la fièvre le reprit
avec violence et l'enleva, le 24 février 1815, à l'âge
seulement de cinquante ans!

Robert Stephenson et Brunel n'ont-ils pas, comme
Fulton, succombé prématurément aussi à la suite des
fatigues que leur avaient causées le fameux pont-tube
de Ménaï, ou Britannia-bridge, et le Grand-Orient ou
Léviathan des mers?

Jamais la mort d'un simple particulier n'avait provoqué des regrets plus unanimes aux États-Unis, des
témoignages aussi éclatants et publics de respect et
de douleur que ceux qui suivirent le 24 février 1815.
Les journaux qui annoncèrent l'événement de la mort
de Fulton parurent encadrés de noir. La municipalité
de New-York, toutes les corporations de la ville et
des diverses sociétés savantes se réunirent et décré-

tèrent qu'elles assisteraient à ses funérailles, et que tous leurs membres porteraient le deuil pendant un certain temps. A Albany, où siégeait alors le pouvoir législatif, tous les sénateurs et les représentants du peuple, suivant un décret unanime, prirent également le deuil et le portèrent trois semaines. C'est là le seul exemple d'un témoignage de ce genre accordé en Amérique à un simple particulier, qui n'occupa jamais aucune fonction publique, et ne se distingua du milieu de ses concitoyens que par ses talents et ses vertus. Toutes les autorités de New-York assistèrent à son convoi, et la frégate à vapeur tira en signe de deuil et d'honneur, durant tout le passage du cortége.

Le Fulton Ier ne fut achevé que quelques mois plus tard. En 1815 cette construction colossale, dans une course sur l'Océan, traversa par la seule force de sa machine 53 milles en 8 heures et 20 minutes. Aussi tous les hommes compétents la regardèrent-ils comme un chef-d'œuvre, unique dans son genre, de l'imagination humaine. Le Comité de surveillance déclara dans un de ses rapports que, maintenue en bon état, cette frégate rendrait la ville de New-York imprenable. — Cependant, après la conclusion de la paix, on négligea de conserver ce remarquable bâtiment de guerre.

Fulton était d'une taille haute, bien proportionnée;

ses manières étaient pleines de grâce et d'aisance, ses traits d'une beauté mâle et expressive dénotaient un esprit intelligent et réfléchi; son caractère était doux, quoique naturellement vif, et il animait par sa gaîté et sa franchise tout cercle de relations qu'il fréquentait. Il s'exprimait avec énergie, aisance et originalité.

Fulton avait épousé en 1806 la nièce du chancelier Robert Livingston, dont il eut un fils[1], et trois filles. Doué des sentiments les plus nobles et de la conscience la plus droite, d'un jugement solide et sain qui tempérait son caractère entreprenant, et d'un esprit élevé, Fulton, le véritable créateur de la navigation à la vapeur, ne laissa presque que sa gloire pour héritage à ses enfants, après avoir, avec une persévérance héroïque, poursuivi les projets les plus gigantesques. La fortune, lorsqu'elle parut lui sourire, ne l'avait point enivré. Républicain par principes, et non de paroles seulement, il répétait souvent pour lui-même et pour ses concitoyens que « la liberté de même qu'un steam-boat exige une vigilance continuelle.» Du reste il laissait avec confiance à la Providence le soin des événements, et il n'avait d'autre ambition que de contribuer au bien de son pays. «Le perfectionnement des arts utiles, disait-il, suffit à ma fortune et à mes plaisirs. Le président des États-Unis n'a pas une place à donner que je voulusse accepter;

---

1. Qui devint sénateur.

et tout ce que je demande à mes concitoyens, c'est de me seconder de leurs vœux. »

Reconnaissance et respect aux Fulton, honneur au pays qui produit de tels hommes, et gloire à ce Dieu qui fait apparaître, dans les temps déterminés et qu'Il a préparés dans Ses conseils éternels les hommes qu'Il destine à changer la face des sociétés et du monde ! »

Ici notre tâche serait finie, s'il ne nous avait pas paru convenable de poursuivre, comme nous allons le faire dans les deux derniers chapitres, les progrès de la navigation par la vapeur, depuis Fulton, sur les fleuves et sur les lacs aussi de l'Europe, et sur les mers des deux mondes.

CHAPITRE V.

i.

CHAPITRE V.

De la navigation par la vapeur sur les fleuves et les rivières, les méditerranées et les lacs.

L'Europe ne pouvait demeurer indifférente à ce qui venait de s'accomplir aux États-Unis. Si la marine à vapeur présentait en Amérique des avantages incomparables par suite de la configuration du territoire, les nations européennes en raison de l'activité, de l'importance et du nombre de leurs relations mutuelles devaient en obtenir des services non moins étendus. Dès l'année 1815, avec la paix, l'industrie française se proposa d'exploiter une invention dont la priorité pouvait être réclamée par elle comme un titre de gloire nationale. M. de Jouffroy, rentré en France, avait obtenu les bonnes grâces de la cour, qui l'avait envoyé comme commissaire dans les départements de l'est. Profitant de la faveur royale, il fit valoir ses droits comme créateur en France de ce genre de navigation, et il n'eut pas de peine à obtenir un brevet qui le déclarait le premier auteur de cette découverte, qui commençait à tomber dans le domaine public. Une société financière ne tarda pas à s'offrir pour exécuter les plans qu'il présentait. Le comte d'Artois se déclara son protecteur, et l'on donna son nom de *Charles-Philippe* à un bateau qui fut construit au port de Bercy, et lancé à l'eau avec une certaine solennité le 20 août 1816, pendant les fêtes qui suivirent le mariage du duc. La fortune semblait enfin sourire à la persévérance et aux talents de Jouffroy; mais cette tardive lueur de prospérité ne fut qu'un éclair. Son privilége fut contesté judiciairement; une compagnie nouvelle, la société Pajol, obtint un brevet et entreprit une exploitation nouvelle. Cette concurrence fut fatale aux deux sociétés. Les dépenses que nécessitait la construction, très-mal connue en France à cette époque, des bateaux à vapeur, absorba bientôt tous les fonds des actionnaires; la compagnie du marquis fut ruinée, et ses concurrents ne furent guère plus heureux. M. de Jouffroy retomba dans l'obscurité d'où il était un moment sorti, de sorte que l'auteur des premiers essais exécutés en France de la navigation par la vapeur fut contraint, après la révolution de juillet 1830, d'entrer aux Invalides comme ancien capitaine d'infanterie. Il y est mort du choléra en 1832, âgé de quatre-vingts ans et ne laissant à ses fils d'autre héritage que son nom! Ce n'est que huit ans plus tard que l'Académie des Sciences devait réparer l'injustice. Le 1ᵉʳ novembre 1840, un savant rapport de M. Cauchy a proclamé Jouffroy l'un des inventeurs des *pyroscaphes,* ou l'un des hommes qui ont possédé au plus haut degré le génie de la mécanique.

La machine à vapeur devait trouver dans l'industrie privée de l'Angleterre des encouragements plus efficaces : c'est dans ce pays en effet qu'elle reçut l'impulsion considérable qui la porta au degré de perfection et de puissance qu'elle est parvenue à posséder. Déjà, en 1801, lord Dundas qui connaissait les travaux de Miller, avait employé Symington pour substituer la vapeur aux chevaux, ou remorquer les vaisseaux dans le canal de Forth-and-Clyde. Ces épreuves coûtèrent en deux ans 7000 livres sterling, et leur résultat fut le bateau à vapeur la *Charlotte Dundas*.

Mais ouvrons, pour suivre l'histoire de la vapeur dans son application à la navigation, la Revue britannique, numéro d'octobre 1853, et lisons ce que cet estimé Recueil nous apprend ou nous raconte :

« Au mois de juin 1815, nous dit la Revue britannique, parut une annonce qui excita à la fois l'attention des habitants de Gravesend et des amateurs d'excursions nautiques; elle était ainsi conçue : Le public est respectueusement informé que le nouveau paquebot de Londres, avec machine à vapeur, le *Margery*, capitaine Curtis, partira lundi matin 23 du courant, à dix heures précises, du vieil embarcadère de Wapping, près de London-Docks, pour Milton au-dessous de Gravesend et qu'il en reviendra le lendemain matin à la même heure. Les aménagements de ce bâtiment sont magnifiques. Les voyageurs et leurs bagages seront transportés avec plus de célérité,

d'exactitude et de sûreté que par aucun autre moyen
de transport, et à des prix raisonnables. On recom-
mande aux voyageurs d'être exacts à l'heure indiquée. »

Un bateau à vapeur avait déjà fonctionné l'année
précédente entre Londres et Richmond, mais le Margery était le premier essai fait sur la ligne de Londres
à Gravesend. Il paraît que ce n'était après tout qu'une
assez médiocre affaire ; et ce bâtiment fut remplacé
en 1816 par *the Thames* (la Tamise), annoncée également en termes pompeux. La Tamise accomplissait
le trajet de Londres à Gravesend et retour dans la
même journée, et le public était informé que « les
Dames accompagnées de Messieurs, seraient reçues
gratis, à l'exception du dimanche ; qu'on trouverait à
bord des rafraîchissements, du thé, du *porter* en
bouteilles ; et que les voyageurs qui apporteraient
eux-mêmes leurs provisions pourraient trouver à bord,
de l'eau bouillante et du lait. » C'était, comme on le
voit, le pique-nique de société organisé en grand, ou
l'idée des trains de plaisir des chemins de fer actuels.
— En 1817, un troisième steamer, le *Fils du Commerce* fut mis également sur cette ligne.

Les vieillards qui se rappellent aujourd'hui ce qu'é-
tait la Tamise il y a environ cinquante ans, doivent
se souvenir de quelle misérable manière les habitants
de Londres faisaient alors leurs excursions aquatiques
à Margate, et aux autres bains de mer près des em-

bouchures du fleuve. La *galiote* ou *heu*, à un mât et sans beaupré, fut jadis un bâtiment que les bateliers· et les amateurs montraient avec orgueil : ils l'aimaient pour l'élégance de son gréement, ils étaient enthousiastes de la légèreté féerique de sa forme, et ils racontaient des merveilles sans nombre sur la vitesse extraordinaire de sa marche. Qu'est devenue cette bien-aimée sylphide de la Tamise? Elle a subi le sort de tant d'autres beautés : la faux du temps lui a ravi ses charmes, et petit à petit elle a vu déserter tous ses admirateurs. Le bateau à vapeur est l'heureux rival qui l'a éclipsée, et qui règne sans contestation sur le théâtre de ses triomphes passés.

Voulons-nous avoir une idée juste et pittoresque de ces premiers bateaux à vapeur et des voyages à Gravesend? ouvrons la Revue britannique, année 1838, nous y lirons aux nouvelles *Commerce* et *Navigation :*

« Gravesend et ses campagnes charmantes ont toujours eu une grande part dans les affections des habitants de Londres. Mais avant l'introduction des bateaux à vapeur, les pèlerinages à Gravesend n'étaient pas sans inconvénient : il fallait arrêter son passage plusieurs jours à l'avance, s'enquérir des marées, faire des provisions de bouche; puis, le jour du départ arrivé, si des torrents de pluie ne forçaient pas le voyageur à différer la partie de plaisir, on se

levait à 3 heures du matin pour ne pas manquer l'embarcation. Puis on s'embarquait à 4 heures dans un
bateau étroit, incommode , avec une trentaine de
passagers, étagés les. uns sur les autres comme des
harengs ; bienheureux si le mauvais temps ne vous
forçait pas à relâcher dans une de ces criques noires
dont les bords de la Tamise sont dentelés, et d'où
s'exhalaient les plus dégoûtantes odeurs. Enfin après
avoir fait usage de rames et de voiles, après avoir
couru cent fois le risque de rester cloué sur la vase,
vous arriviez le soir à Gravesend, brisé, rompu,
mouillé jusqu'aux os. — Aujourd'hui comme par le
passé, Gravesend est le Spa de l'aristocratie au petit
pied, le rendez-vous des marchands et des fashiona-
bles de la Cité. Un pique-nique perdrait la moitié de
son prix, s'il était fait ailleurs qu'à Gravesend.

« Maintenant, quelle différence ! choisissez votre
jour, déjeunez à l'aise, lisez vos lettres et vos journaux, rien ne vous presse. Si vous demeurez dans
West-End, un des légers bateaux à vapeur qui font
le service entre le pont de Westminster et celui de
Londres, vous conduira en quelques minutes au lieu
du départ. Ici, le spectacle est vraiment magique. Des
milliers de personnes, assemblés sur le quai et le
parapet du pont de Londres, assistent au départ; de
frêles barques se croisent, chargées de passagers; des
orchestres préparent leurs instruments pour égayer
les voyageurs; puis au milieu de ces fanfares et de

ces voix qui s'entre-choquent, des navires à voiles , décrivant leurs bordées, passent, se croisent, entrent dans le port ou en sortent. De tous côtés les bateaux à vapeur allument leurs machines, et de leurs tuyaux s'échappe un long ruban de fumée. La plupart de ces bateaux sont d'une belle construction, avec des appartements commodes ; les plus beaux sont la *Calédonia*, le *Neptune*, mais bientôt ils seront surpassés par la *Victoria*, immense construction qui est maintenant sur les chantiers de Lime-House et qui jaugera, dit-on, plus de 1800 tonneaux. Les départs ont lieu des ponts de Londres et de Westminster pour Greenwich tous les quarts d'heure : chacun de ces bateaux porte 100 ou 150 passagers, et les dimanches chacun d'eux a sa charge entière.

« Après une traversée délicieuse, dans une chambre magnifiquement meublée, qu sur le pont du navire, on arrive en deux heures à Gravesend, frais et dispos, comme si l'on sortait d'un salon. Rien de plus beau que cette petite ville : des rues nouvelles, des maisons, des terrasses, des jardins s'y sont élevés comme par enchantement. Depuis le jour où les bateaux à vapeur ont commencé à naviguer sur la Tamise, des bains, des promenades et des *tavernes* offrent aux amateurs leurs nombreuses distractions. Mais une heure ou deux suffisent au visiteur pour faire connaissance avec toutes ces merveilles ; alors il peut reprendre le bateau, et si le vent et la marée sont favorables, il arrivera en deux heures dix minutes au lieu qu'il a quitté le matin. Maintenant qu'il tire sa bourse de sa poche, et il trouvera que pour ce voyage agréable, qui dans l'aller et le retour embrasse une étendue d'environ 70 milles, qu'il a parcourue en moins de sept heures, en y comprenant le séjour à Gravesend, il n'a dépensé que 9 shellings ! »

La navigation par bateaux à vapeur sur le Rhin, entre Cologne et Mayence et jusqu'à Strasbourg, fut établie en 1827, et les bateaux transportèrent bientôt plus de voyageurs que toutes les messageries de la Prusse. La compagnie dont l'administration résidait à Cologne, disposait de neuf bateaux, de la force ensemble de 680 chevaux, qui pouvaient transporter chacun de 200 à 400 voyageurs, et de 25 à 30 tonnes de marchandises. La distance de Cologne à Strasbourg est de 93 $^3/_4$ lieues : elle était parcourue en 54 heures ; celle de Cologne à Mannheim de 57 $^1/_8$ lieues, et elle était franchie en 29 heures.

Cependant les bateaux à voiles tentèrent longtemps de continuer bravement la lutte. Les anciens bateaux avaient été remplacés par des bateaux pontés, et en 1789 un M. Dominy avait mis à l'eau un bâtiment neuf, ayant des prétentions fort aristocratiques, car le popriétaire fit annoncer qu'il était exclusivement destiné aux personnes *comme il faut,* et qu'on n'y recevrait *sous quelque prétexte que ce fût,* les gens qui allaient faire la moisson ou la récolte du houblon. A l'époque où furent introduits les bateaux à vapeur, on comptait sur la ligne de Londres à Gravesend 28 bateaux à voiles, jaugeant de 22 à 45 tonneaux. Toutefois la vapeur prenait peu à peu le dessus, et les bateaux à voiles se retirèrent successivement d'une lutte trop inégale. En 1821 les steamers de Londres à Gravesend transportèrent déjà 27,000 passagers, et 71,000 en 1825, et quelques années après, ce chiffre atteignait 1,000,000, et n'a fait dès lors que s'accroître.

Déjà en 1812, cinq ans après le succès de Fulton aux États-Unis, un mécanicien anglais, Henri Bell avait construit un bateau à vapeur qui naviqua sur la Clyde : c'était la *Comète*, petit navire de 40 pieds de quille et de 30¹/₂ pieds de *bau*, c'est-à-dire dans sa plus grande largeur : la Comète faisait un service de transport entre Glascow et Greenwich. Ce n'était là néanmoins qu'une sorte d'essai préliminaire, car ce bateau n'avait qu'une machine de la force de trois chevaux et demi. Deux ans plus tard, l'*Élisabeth* de la force de 8 chevaux et la *Clyde* de la force de 14 naviguaient sur le même fleuve. En 1815 un bateau plus puissant, construit encore par Henri Bell, le *Rob-Roy* du port de 90 tonneaux, mu par une machine de la force de 30 chevaux, fit la traversée de la Clyde et de Belfast ; et pendant l'automne de la même année plusieurs autres bateaux, également construits sur la Clyde, furent envoyés sur divers points de l'Angleterre. En 1817 une ligne régulière composée de l'*Hibernia* et de la *Britannia* fut établie entre Holyhead et Dublin par le canal Saint-Georges. — C'était pour la première fois en Europe que les bateaux à vapeur osaient naviguer en mer.

La régularité et la sûreté parfaites avec lesquelles s'accomplirent les traversées dans ces parages orageux, prouvèrent suffisamment les avantages des bateaux à vapeur pour les voyages sur mer, et leur résistance extraordinaire aux accidents. Aussi vit-on, après cette épreuve décisive, un grand nombre de compagnies se former pour établir des services de paquebots entre divers points de la Grande-Bretagne et du continent européen. Dès ce moment la vapeur étendit chaque jour les limites de son nouveau domaine, et bientôt la mer d'Allemagne, la Méditerranée, la mer Noire, la Baltique et l'Archipel virent de magnifiques steamers promener sur les eaux la variété de leurs pavillons. En 1832 le *Nicolas I*[er] (Nikolaï pervoï) qui a brûlé quelques années plus tard en vue du port de Travemunde, nous conduisait en 32 heures de Lubeck ou Travemunde à Cronstadt, port de Saint-Pétersbourg.

Mais comment ne donnerions-nous pas ici commu-

nication du rapport rédigé par le capitaine lui-même
du premier bateau à vapeur venu d'Angleterre en
France? Écoutons le capitaine de marine Andriel, qui
avait reçu de la compagnie Pajol la mission de se
rendre à Londres pour s'y procurer un *steam-boat*,
et l'amener jusqu'à Paris.

« Lorsqu'au commencement de 1816 je me rendis
à Londres pour faire l'acquisition d'un bateau à vapeur
capable de donner aux Parisiens l'idée de la nouvelle
navigation, je ne pus, après plusieurs jours de recherches, découvrir, sur la Tamise et dans les docks,
que trois misérables bateaux, dont le plus considérable était mu par une machine de la force de dix chevaux, et n'avait que seize mètres environ de longueur
sur cinq de largeur. La hauteur de la cheminée ne
dépassait pas six mètres au-dessus du pont. Je fis l'acquisition de ce dernier bateau, dans l'impossibilité
d'en trouver un meilleur; je changeai son nom de
Margery en celui d'Élise, et, le 9 mars 1816, je m'embarquai pour Paris sur ce petit navire.

«Nous partîmes du pont de Londres à midi, par un
vent d'est bon frais. La marée, quoique faible, nous
favorisa pendant une heure et demie; à trois heures
un quart nous arrivâmes à Gravesend; le lendemain,
dimanche, nous quittâmes cette ville. Nous rencon-
trâmes bientôt sur la Tamise un cutter de la marine

royale, dont le commandant, pressentant sans doute les futures destinées de la vapeur et sa supériorité sur la voile, essaya d'arrêter notre navigation en dirigeant ses bordées vers nous. Plusieurs fois il nous mit en danger de couler à fond, ce qui donna lieu à de vives protestations, faites en partie au moyen du porte-voix, et desquelles il semblait tenir peu de compte. Abusant même de sa force et de notre faiblesse, il courut sa dernière bordée de si près, que son mât de beaupré vint se heurter contre notre cheminée de tôle; il espérait sans doute, en nous coulant, répandre dans l'opinion l'idée de l'infériorité de la navigation nouvelle et se donner la gloire de l'étouffer dans ses langes. Le 10 mars, à onze heures du soir, nous étions à la hauteur de Douvres. Le 11, à dix heures du matin, notre bateau se trouvait dans la Manche, entre le Havre et Beachy-Head, à trente-cinq milles sud de ce dernier endroit, lorsqu'un vent de sud-ouest des plus violents, quelques murmures de l'équipage et surtout la crainte de fortes avaries, nous ramenèrent sous Dungerness, où nous jetâmes l'ancre au milieu d'une cinquantaine de navires marchands et autres, qui, comme nous, étaient venus s'y abriter.

« A Dungerness je demandai l'hospitalité à des pêcheurs. Le gros temps dura plusieurs jours. Ce ne fut que le 15, à cinq heures du matin, que nous nous dirigeâmes de nouveau vers le Havre. Ce même jour, à midi, un fort vent du sud souleva la mer avec tant de violence, que nous perdîmes quatre des palettes en fer de nos roues; cette circonstance nous força d'entrer à New-Haven pour réparer nos avaries. Le 17, à une heure après midi, en présence d'une nombreuse population accourue de tous les environs, nous sortîmes de New-Haven par un vent de sud-sud-ouest bon frais, au moment même de la marée montante. A peine eûmes-nous perdu de vue la côte d'Angleterre, que la mer devint menaçante; nous ne naviguions souvent que sur une seule roue, l'autre se trouvant hors de l'eau par la bande que donnait le vaisseau. Vers minuit, une tempête, en tous points équinoxiale, nous assaillit avec tant de fureur, que l'équipage, tout composé d'Anglais, fut effrayé par l'inégalité du jeu de la machine, par la violence des vagues et par la nouveauté d'une tentative qui les plaçait entre l'eau et le feu, sur une chétive embarcation, pendant une nuit noire et une pluie battante. Nous étions au nombre de dix, y compris les chauffeurs et le mécanicien. Tous me demandèrent à grands cris de retourner en Angleterre, le vent étant favorable à ce dessein. Après avoir ranimé les esprits avec quelques verres de rhum, je descendis pour examiner soigneusement toutes les parties de la mécanique. Satisfait de cet examen, le bateau m'ayant d'ailleurs donné la mesure de ses moyens par mes deux premières tentatives, je continuai à me diriger contre vents et flots, bien déterminé à entrer enfin au Havre, où l'on m'attendait depuis plusieurs jours. Les vents varièrent singulièrement, et souvent avec une telle violence, qu'on eût été forcé de mettre à la cape à bord d'un navire ordinaire. Plusieurs fois la lame enveloppa le bateau tout entier et me renversa moi-même sur le pont, où j'étais de quart. Vers deux heures du matin, j'étais descendu dans ma chambre pour sécher mes vêtements. J'avais fait allumer un bon feu dans un petit poêle composé de plusieurs pièces en fonte, lorsqu'un coup de vent terrible, renversant le bateau, démonta le poêle, en fit rouler les pièces et répandit une lave de houille ardente sur tout le plancher, recouvert d'une toile cirée, qui prit feu instantanément. J'eus assez de bonheur pour arrêter l'incendie avec le seul concours de mon second, qui avait compris comme moi l'importance de la promptitude et surtout du silence.

« Si nous eussions péri par l'accident du poêle, les compagnies de Londres, qui avaient obstinément refusé d'assurer le navire et ma vie, n'auraient certainement pas manqué de se féliciter de leur prudence. On eût attribué le sinistre à quelque accident survenu à la machine, et, en l'absence d'un procès-verbal ou d'un historien, la navigation à la vapeur eût été discréditée dès son berceau. Que d'erreurs de ce genre l'histoire n'a-t-elle pas consacrées !

« Peu après ce nouveau danger, la mer devenant de plus en plus irritée, nouvelles clameurs des hommes de l'équipage, nouvelles prétentions de retourner en Angleterre. Ma fermeté néanmoins leur imposa; j'aperçus bientôt moins de détermination sur leurs visages, et je me hâtai de leur verser un nouveau verre de rhum, que je bus avec eux; puis je promis trois bouteilles de cette liqueur à celui qui, le premier, m'annoncerait la terre de France; un hourra spontané accueillit cette promesse, et chacun de courir à son poste. Le matin, à cinq heures moins un quart, deux voix me crièrent à la fois: « *French light!* » (fanal français). Je montai aussitôt pour me convaincre de la vérité, et ce fut avec bonheur qu'en dépit d'une mer toujours houleuse et d'une tempête continuelle, je leur remis une seule des bouteilles promises, me réservant de leur donner les deux autres aussitôt que les pilotes seraient à bord. Enfin, le lendemain de notre départ de New-Haven, le 18, à six heures du matin, nous arrivâmes en vue du Havre, après une traversée de dix-sept heures, par une mer furieuse, que, depuis ma sortie de la Tamise, j'avais constamment vue couverte de débris de vaisseaux. Nous aperçûmes au loin un bateau-pilote se dirigeant vers nous; mais à peine eut-il distingué l'épaisse fumée qui signalait notre course, qu'il vira de bord sans même nous avoir hélés et fit voile vers le port, où nous ne pûmes entrer que vers huit heures du matin. Malgré le mauvais temps, la foule remplissait les quais.

« Quand je me présentai chez M. Martin Laffitte, correspondant de la Compagnie, j'eus de la peine à lui faire comprendre que je venais réellement d'arriver par mer et sur mon bateau à vapeur, tellement, en sa qualité d'armateur et d'habile marin, il avait éprouvé de sollicitude pendant cette nuit funeste à tant de navires; il crut longtemps que je venais d'arriver par la diligence de Calais, et il fallut le conduire à bord de l'Élise pour le convaincre entièrement.

«Le lendemain, 20 mars, à trois heures de l'après-midi, après quelques manœuvres en rade du Havre, en présence de toute la population, je partis pour Rouen. La nuit suivante était obscure, et les villageois, effrayés, s'ameutaient sur les rives au bruit de mes roues et surtout à la vue des nombreuses étincelles et des jets de flamme qui s'échappaient de la cheminée, que l'ardeur du foyer faisait souvent rougir à plus d'un mètre au-dessus du pont. Ce n'est qu'au point du jour que discontinuèrent ces cris sinistres : *Au feu ! au feu !* et que les tocsins et les aboiements des chiens cessèrent de nous poursuivre. Ce fut alors que la scène changea; bientôt je n'aperçus sur les belles rives de la Seine, que des paysans aux visages gais et épanouis, et me saluant en jetant leurs chapeaux en l'air.

«Il fallut m'arrêter à Rouen pour faire disposer ma cheminée de manière à pouvoir l'abaisser au passage des ponts. Le 25, à onze heures du matin, j'embarquai à mon bord le prince de Wolkonski, aide-de-camp de l'empereur Alexandre, et quelques officiers russes de sa suite, qui m'avaient été adressés par l'honorable Jacques Laffitte. Nous traversâmes Rouen sous les doubles couleurs françaises et russes, aux acclamations des habitants de la ville et des campagnes d'alentour, qui, poussés par la curiosité, encombraient les quais, les fenêtres et jusqu'aux toits des maisons. Au passage du pont, les dames de la halle de Rouen me présentèrent un énorme bouquet et me souhaitèrent l'heureuse continuation de mon voyage, aux applaudissements de la foule.

« Durant mon trajet, en remontant la Seine, les fonctionnaires publics des villes riveraines m'honorèrent de leur visite, et, en me félicitant sur le succès de mon entreprise, plusieurs d'entre eux me parurent en comprendre l'immense avenir.

« Le 28, je vins mouiller à la hauteur du Champ-de-Mars. Là, je reçus à mon bord deux petits canons, et, pour en faire le service, quelques canonniers de la garde royale.

« Enfin le lendemain, 29 mars 1816, le public parisien s'était porté avec empressement sur les quais depuis la barrière de la Conférence jusqu'au quai Voltaire, où devait se garer le bateau à vapeur dont l'arrivée, annoncée depuis quelques jours dans les journaux, avait soulevé la curiosité générale. Parvenu à la hauteur de la Chambre des députés, je commandai le premier coup de canon, auquel succéda toute une salve , dont le vingt et unième coup fut tiré sous les fenêtres des Tuileries, aux cris de Vive le Roi ! et aux acclamations de la multitude. Louis XVIII lui-même, partageant l'enthousiasme public, applaudit en élevant les mains.

« Le 8 avril suivant, l'Élise manœuvra entre le Pont-Royal et le Pont-des-Arts, puis descendit à la hauteur des Invalides et revint mouiller quai Voltaire, d'où elle partit le 10 pour Rouen : elle y fit quelque temps le service d'Elbeuf.»

« ANDRIEL.»

Voici d'autre part ce que nous trouvons, dans le *Moniteur universel,* numéro du samedi 30 mars 1816 :

« Le public s'était porté avec empressement sur les quais depuis la barrière de la Conférence jusqu'au quai Voltaire, où devait se garer le bateau à vapeur dont l'arrivée, annoncée depuis quelques jours, était fixée hier à deux heures. Plusieurs salves de deux pierriers placés sur l'avant du bâtiment ont annoncé son entrée dans Paris et indiqué sa marche.

« L'attente du public n'a point été frustrée. Il a vu avec satisfaction que sa marche surpassait de vitesse tout ce que les moyens connus pouvaient offrir. Mal-gré la rapidité du courant bien plus fort encore sous les arches du pont, sa marche parfaitement égale n'a été que de trente-quatre minutes depuis la station qu'il a faite vers le milieu du Cours-la-Reine jusqu'au lieu de son arrivée : cet espace est de 1000 toises, ce qui donne par lieue de 2500 toises 1 heure 24 minutes.

« Ce bâtiment a de 48 à 50 pieds de long sur environ 16 pieds dans sa plus grande largeur; il a la forme d'un bateau-pêcheur. Les tuyaux du fourneau et de la chaudière s'élèvent au centre, à la place du grand mât, à une hauteur d'environ 18 pieds au-dessus du pont, et s'abaissent à volonté pour faciliter le passage des ponts. La vapeur donne *par des moyens qui nous sont inconnus*, le mouvement à deux roues placées sur les flancs du bateau, qui le forcent à remonter. Sa quille, qui est très-aplatie, lui facilite la navigation dans une eau très-peu profonde.

« De nouvelles décharges et les cris de *Vive le Roi!* prononcés par l'équipage et répétés par le public nombreux qui bordait les quais, ont annoncé son passage sous le Pont-Royal et couronné l'arrivée de ce bâtiment qui promet de grands avantages pour la navigation intérieure et pour les transports par eau, l'une des charges les plus pénibles et les plus dispendieuses pour le commerce. »

Mais là se termina l'épopée de ce premier bateau à vapeur venu en France. Le 10 avril l'Élise partit pour Rouen, et commença un service de transports réguliers entre cette ville et Elbeuf. Mais l'entreprise s'arrêta bientôt devant des embarras qui amenèrent sa dissolution, et le bateau dut reprendre le chemin de Londres où son premier soin fut de rentrer en possession de son titre britannique le *Margery*, et de répudier ce nom d'Élise qui aurait rappelé son triomphe.

Le système des bateaux à vapeur ne fut appliqué aux services publics en France qu'en 1819, et l'on ne traversait pas encore le détroit de Douvres à Calais' distance d'environ 30 kilomètres ou 100,000 pieds en 1 ³/₄ heure, comme cela nous est arrivé dans la nuit du 4-5 septembre 1860 sur un vapeur de la force de 120 chevaux.

On sera peut-être plus curieux de voir le problème de la navigation par la vapeur, qui ne laissait pas d'avoir ses difficultés sur les fleuves à forts courants, résolu heureusement aussi sur les lacs. Proposons à nos lecteurs d'ouvrir pour cela la *Bibliothèque universelle* de Genève, année 1822 : il vaudra la peine d'y écouter l'honorable M. Church, dans sa lettre à M. le professeur Pictet, qui lui avait demandé un rapport dont voici la traduction un peu abrégée.

Après quelques mots sur l'invention et l'application de la vapeur à la navigation par Fulton, avec qui M. Church avait été lié d'intimité : « Quant à moi, continuait M. Edw. Church, je me suis voué, depuis cinq ans, à l'humble, mais utile office (j'ose du moins l'espérer) de propagateur de la découverte de mon compatriote. Honoré en 1817 de la fonction de consul américain dans quelques ports français, je dus revenir en Europe, et il me sembla que la navigation par la vapeur étant à cette époque pratiquée presque exclusivement aux États-Unis, seule contrée où l'expérience et les connaissances en ce genre de navigation eussent fait quelques progrès, je ferais quelque chose d'utile en cherchant à m'instruire sur cet objet, dans l'intention de communiquer en Europe les connaissances que j'aurais été à portée de recueillir dans mon pays.

« A mon arrivée en France, je m'empressai d'examiner par moi-même quelques-unes des principales rivières du royaume sous le point de vue de la navigation par les bateaux à vapeur, et je choisis la Garonne pour y faire mes premiers essais.

« J'eus d'abord à combattre les effets d'une prévention assez fâcheuse, provoquée et presque légitimée par le non-succès des tentatives déjà faites en France dans ce genre de constructions ; leur discrédit était complet ; nombre de bateaux à vapeur étaient gisants sur quelques rives ou pourrissaient à l'ancre : en Angleterre on avait fait peu de progrès dans cette branche d'industrie, et le seul endroit d'Europe où elle fut introduite avec un succès réel était alors la rivière de Clyde en Écosse. Dans de telles circonstances, loin que je dusse m'attendre à quelque encouragement, mes meilleurs amis mettaient tout en œuvre pour me détourner de l'entreprise que j'avais en vue ; ils m'opposaient la rapidité de la rivière, ses bas-fonds très-nombreux, ses eaux limoneuses dont les dépôts détérioreraient bientôt mes chaudières et mes machines, la difficulté et les dangers d'une navigation dans ce courant rapide, encombré d'embarcations ; le prix excessif du combustible, prix qu'un accroissement dans la consommation ne manquerait pas d'élever encore ; le risque d'exaspérer une classe nombreuse de marins et d'autres individus, qui, dans la supposition d'ailleurs si improbable de ma réussite, m'accuseraient de leur ôter le pain, et dont le désespoir était à redouter. A toutes ces objections, on ajoutait une considération qu'on jugeait péremptoire ; c'était folie, disait-on, que de supposer que le nombre des voyageurs suffirait jamais à me dédommager de la mise en dehors que nécessiterait une entreprise aussi considérable.

« Quelque alarmants que parussent à premier abord ces sinistres présages, ma conviction particulière n'en fut point ébranlée, et certain de pouvoir compter sur la protection du préfet éclairé de la Garonne (M. le comte de Tournon), je n'hésitai point à aller en avant.

« Au mois d'août 1818, le premier essai du bateau à vapeur la *Garonne* eut lieu en présence d'un concours immense de curieux. Les principales autorités et beaucoup d'hommes distingués étaient à bord, et la population presque entière de Bordeaux couvrait les rives de son beau fleuve. L'expérience eut le succès le plus satisfaisant, et on ne tarda pas à m'inviter à mettre sur le chantier une seconde embarcation.

« Les craintes sur l'augmentation du prix du bois, en conséquence d'une consommation nouvelle d'environ trente moules de votre mesure[1] par jour, avec six bateaux sur la rivière et un septième sur le chantier ont été dissipées par le fait, c'est-à-dire que ce prix a successivement baissé à mesure que les bateaux se sont multipliés; le nombre des voyageurs sur la rivière s'est au moins décuplé; la valeur des propriétés riveraines s'est accrue de 15 à 20 p. 100 selon les localités; la facilité des transports a multiplié les intérêts du commerce, et provoqué dans toute la contrée une activité et un mouvement inconnus jusqu'à cette époque.

« Le bateau que je construis actuellement, continue M. Church, sur le bord de votre beau lac (le lac Léman ou de Genève) aura soixante-quinze pieds de quille et tirera quatre pieds d'eau; il est destiné à transporter les voyageurs et leurs effets de Genève à Lausanne. Ce trajet et le retour occuperont environ neuf heures de la journée : je présume qu'en été il pourra aller jusqu'à Vévey (3 ¼ lieues plus loin que Lausanne), et revenir dans la journée. Le bateau touchera à Coppet, Nyon, Rolle et Morges pour

---

1. Le moule de Genève valait 3^{mc},402.

y -prendre ou déposer des voyageurs. » M. Church terminait par des remercîments aux habitants et aux gouvernements des deux cantons riverains, Genève et Vaud, qui n'avaient pas été retardataires, mais au contraire assez amis du progrès pour l'aider dans son entreprise.

Ajoutons que les belles campagnes du *Guillaume-Tell* rendirent trois et quatre fois sa valeur aux actionnaires, et que les bateaux à vapeur ont donné beaucoup de vie et d'animation aux lacs si variés et nombreux de la Suisse.

Mais une catastrophe terrible qui attrista le midi de la France vint retarder en 1829 l'essor que commençait à prendre la navigation à la vapeur. La chaudière d'un grand bateau mis en service sur le Rhône, à Lyon, fit explosion à son premier voyage. Un grand nombre de personnes périrent dans ce désastre. Le malheureux constructeur était l'Anglais Steel, l'auteur du bateau d'Elbeuf à Rouen que nous connaissons. Dans un essai fait précédemment en Angleterre, il avait eu une jambe emportée par l'explosion d'une chaudière; il fut cette fois au nombre des victimes. Cependant le souvenir de cet événement finit par s'effacer; la confiance revint aux riverains de la Saône et du Rhône, et tous les fleuves de la France reçurent peu à peu l'organisation définitive de la navigation par la vapeur.

Mais cette navigation avait à tenter un plus sublime effort; il lui restait à accomplir les voyages de long cours, à faire sans désemparer la traversée de l'Océan. Il nous reste donc à raconter de plus grands voyages que ceux accomplis sur des rivières, des méditerranées ou des lacs; c'est cette nouvelle phase qui sera le sujet de notre dernier chapitre dans l'évolution de la découverte dont nous esquissons l'histoire.

CHAPITRE VI.

CHAPITRE VI.

Traversée de l'Atlantique. — Machines à haute pression américaines. — Système Ericsson. — Le Léviathan.

Il était naturel que l'on songeât à étendre ce nouveau mode de communication par la vapeur aux voyages de long cours. L'expérience vint trancher heureusement cette question, depuis assez longtemps débattue. En 1825, le steamer anglais l'*Entreprise* fit le voyage des Indes. Parti de Falmouth, ce navire qui se servit alternativement du vent et de la vapeur resta quarante-sept jours à aller du Cap de Bonne-Espérance à Calcutta. Le capitaine reçut pour ce fait 10,000 l. st. A la même époque un bâtiment hollandais réussit à exécuter, en se servant alternativement de ces deux moyens, le voyage d'Amsterdam à Curaçao vers la côte de Vénézuéla, dans les Antilles.

Le succès de ces deux voyages[1] fit concevoir l'espérance de traverser l'Océan Atlantique par le seul secours de la vapeur. A l'Angleterre appartient l'honneur d'avoir accompli cette grande entreprise et d'a-

---

1. Voy. Figuier.

voir réalisé le fait, longtemps regardé comme un rêve, d'exécuter le voyage d'Amérique avec des bateaux à vapeur.

Ce n'est qu'en 1836 que l'on parla pour la première fois de ce projet hardi qui rencontra à son début les plus vives résistances, de la part des marins et des savants. Des hommes du métier, d'une autorité qui pouvait paraître incontestable, affirmaient qu'il serait impossible d'établir un service régulier de bateaux à vapeur pour la traversée de l'Océan : tout ce que l'on pouvait espérer était de passer des ports les plus à l'ouest de l'Europe aux îles Açores ou à Terre-Neuve pour y renouveler la provision de combustible. Des raisons puissantes semblaient justifier cette prédiction décourageante : il fallait franchir une distance d'environ 1,400 lieues sans trouver un seul point de relâche intermédiaire qui pût fournir aux navires un secours ou un abri. En outre, l'Océan Atlantique est souvent agité par de violentes tempêtes, et le trajet vers l'Amérique est coupé de nombreux courants contraires aux vaisseaux partis d'Europe, de telle sorte que ce voyage effectué par les navires à voiles exigeait trente-six jours en moyenne. La quantité de charbon à emporter pour suffire pendant cette longue traversée à l'alimentation de la chaudière semblait donc opposer à cette entreprise une difficulté insurmontable. L'exemple invoqué du steamer anglais qui avait fait en 1825 le voyage des Indes était loin, ajoutait-on, d'être concluant, car ce navire avait relâché au cap de Bonne-Espérance; il avait mis quarante - sept jours pour atteindre de ce port à Calculta, et il avait fait alternativement usage de la vapeur et des voiles. On pouvait en dire autant du navire américain le *Savannah*, de 350 tonneaux, qui avait accompli en juillet 1819 la traversée de New-York à Liverpool en 26 jours, puisqu'il avait fait usage de la voile en même temps que de la vapeur. — Le *Savannah* alla à Pétersbourg en touchant à Copenhague, et retraversa l'Atlantique.

Une autre question importante se débattait entre les gens d'affaires, c'était la cherté de ce moyen de transport. Le vent qui enfle les voiles d'un vaisseau ne coûte rien, tandis que l'alimentation d'une chaudière à vapeur occasionne une dépense considérable. De plus, une machine installée à bord d'un vaisseau occupe un espace qui est perdu pour les marchandises, et qui diminue par conséquent les bénéfices du transport. La cherté du fret des bateaux à vapeur pourrait donc difficilement soutenir la concurrence. On établissait en outre que la marche d'un navire à vapeur sur l'Atlantique ne dépasserait pas six milles à l'heure, et on faisait circuler les plus sinistres prévisions sur l'entreprise.

Bien des savants ne se montraient pas plus favorables à ce projet. Pendant qu'on se préparait à résoudre définitivement ce problème de navigation, plusieurs essayèrent de prouver qu'étant données la distance qui sépare les deux continents et les lois qui régissent le passage des solides à travers les liquides, il était mathématiquement impossible que l'unité de force connue sous le nom de *cheval à vapeur*, remorquât assez de charbon pour se remorquer elle-même d'un rivage à l'autre de l'Atlantique : à plus forte raison était-il impossible qu'elle pût, en la multipliant autant qu'on le voudrait, remorquer un navire avec sa cargaison de passagers et de marchandises. Un professeur de Londres était même si bien convaincu de la vérité de ce théorême qu'il prêcha à ses frais dans l'ouest de l'Angleterre, à Bristol, une croisade philanthropique contre la nouvelle entreprise, et il déclara dans des séances publiques qu'essayer de traverser l'Atlantique avec les paquebots à vapeur serait aussi « insensé que de prétendre aller dans la lune. » Malgré la pureté de ses motifs, il ne fit heureusement pas beaucoup de convertis ; l'industrie britannique raisonne peu, et le temps était venu où il n'est plus d'entreprise, quelque hardie qu'elle soit, qui ne trouve des moyens d'exécution.

Tandis que les savants discutaient, que les négociants calculaient, que des hommes de mer critiquaient, des centaines d'ouvriers étaient occupés, dans les chantiers de Bristol, à construire un immense navire destiné à triompher de toutes ces prophéties hasardées. Au commencement de 1838 le *Great-Western* était terminé; c'était un des plus beaux, des plus élégants et des plus majestueux navires qui fussent encore sortis des chantiers de la marine britannique. Il jaugeait 1340 tonneaux, et sa longueur était de 240 pieds. On peut se faire une idée de ses dimensions et de l'effet de cette masse en se figurant un vaisseau de ligne de 80 canons, avec une énorme protubérance sur chaque flanc, surmonté d'une grande cheminée noire et d'un immense appareil pour marcher aussi à la voile quand le vent et le temps le permettraient, c'est-à-dire que, outre ses machines, il portait quatre mâts à voiles destinés à suppléer, si cela était nécessaire, à l'action de la vapeur. Les roues avaient 8 mètres $^1/_2$ de diamètre et les palettes $3^1/_2$ de longueur. On avait épuisé dans les dispositions de l'intérieur toutes les ressources du luxe et de l'élégance.

Au commencement de mars 1838, la construction du *Great-Western* était terminée, et peu de temps auparavant sur les murs de la salle même où le professeur de Londres avait rendu ses oracles, on lisait une affiche ainsi conçue : «Le *Great-Western*, commandé par le capitaine Hosken, partira de Bristol pour New-York le 4 avril.» — La distance de Bristol à New-York est de 3,500 milles anglais.

Sur cette annonce, une autre Compagnie se décida à tenter la même entreprise, et le *Sirius*, grand navire à vapeur, jaugeant 700 tonneaux et de la force de 320 chevaux, se disposa à essayer en même temps que le *Great-Western* le voyage transatlantique. Ce paquebot qui appartenait à la Compagnie de Saint-Georges, avait fait jusqu'ici la traversée entre Londres et Cork.

Le 5 avril 1838, le *Sirius* partit de la rade de Cork en Irlande; c'est le port des Iles britanniques le plus rapproché des États-Unis : il emportait 453 tonneaux de charbon et 43 barils de résine. Trois jours après, le *Great-Western* appareillait à Bristol avec 600 tonneaux de charbon; la consommation du combustible avait été estimée à 9 livres par force de cheval et par heure. Sept passagers seulement avaient osé braver les dangers du voyage.

C'est alors que commença la lutte la plus étonnante dont l'Océan ait jamais été le théâtre, entre ces deux navires marchant par la seule puissance de la vapeur, et cherchant à se dépasser l'un l'autre sur la vaste carrière de l'Atlantique. Le vent qui ne cessait de souffler de l'ouest, leur opposa pendant les premiers jours des obstacles devant lesquels auraient reculé les plus forts navires à voiles. Pendant la première semaine le Sirius fit peu de chemin, parce que le combustible le surchargeait, mais à mesure qu'il s'allégea en brûlant sa houille, sa vitesse s'accrut rapidement. Le 22 avril les deux vaisseaux couraient sous la même latitude, séparés seulement par la faible distance de 3 degrés de longitude. Enfin la victoire resta au Sirius qui avait eu trois jours d'avance : dans la matinée du 23 il se trouvait en vue de New-York.

On était prévenu dans ce port de l'arrivée prochaine des deux bâtiments anglais. Chaque jour une foule immense se pressait sur le rivage, interrogeant l'horizon. Parmi les spectateurs qui portaient avec anxiété leurs regards sur l'Océan, se trouvaient quelques vieillards qui avaient été témoins du départ de la *Folie-Fulton*, et qui, racontant à leurs amis comment avaient été trompées à cette époque toutes les prévisions, annonçaient avec un chaleureux espoir la prochaine venue des envoyés de l'ancien monde. Enfin le 23 au matin, on vit poindre à l'horizon une légère colonne de fumée ; peu à peu elle se dessina plus nettement, et le corps tout entier du navire parut sortir des profondeurs de la mer : c'était le Sirius qui arrivait d'Angleterre après une traversée de dix-sept jours. Il franchit les passes, et entra dans la baie de New-York, faisant flotter sur ses mâts les pavillons réunis d'Angleterre et d'Amérique. Quand il pénétra dans la rade, les batteries de l'île Bradlow le saluèrent de vingt-six coups de canon, et aussitôt les eaux se couvrirent de bateaux partant à la fois de toutes les directions. Les navires du port se pavoisèrent de leurs pavillons aux mille couleurs, le carillon des cloches se mêla au bruit retentissant de l'artillerie, et toute la population de New-York, rassemblée sur les quais, salua de ses acclamations enthousiastes le Sirius, laissant tomber au fond de l'Hudson la même ancre qui avait mouillé dix-sept jours auparavant dans un port d'Angleterre.

L'émotion des habitants de New-York avait à peine eu le temps de se calmer que le Great-Western se montrait à son tour. Arrivant avec toute la vitesse de sa vapeur, il vint se ranger à côté de son heureux rival. Le Sirius fit entendre trois cris de victoire à l'entrée du Great-Western, les batteries de la ville le saluèrent d'une salve d'artillerie à laquelle il répondit par le salut de son pavillon, tandis que tout son équipage, réuni sur le pont, portait la santé de la reine d'Angleterre et du président des États-Unis. « Comme nous approchions du quai, rapporte le journal d'un des passagers du Great-Western, une foule de bateaux chargés de monde s'amassaient autour de nous. La confusion était inexprimable ; les pavillons flottaient de toutes parts ; les canons tonnaient, et toutes les cloches étaient en branle. Cette innombrable multitude fit entendre un long cri d'enthousiasme qui, répété de loin en loin sur la terre et sur les bateaux, s'éteignit enfin, et fut suivi d'un intervalle de silence complet qui nous fit éprouver l'impression d'un rêve. »

Quelques jours après, les deux navires quittaient New-York pour revenir en Europe. Cette seconde épreuve eut le même succès. Le Sirius arriva à Falmouth après un voyage de dix-huit jours, et sans aucune avarie. Le Greast-Western, parti de New-York le 7 mai, arriva à Bristol après quinze jours de traversée; il avait eu plusieurs fois à supporter des vents contraires, et dans le cours d'une violente tempête, il n'avait pu faire que deux lieues à l'heure.

Le problème de la navigation transatlantique par la vapeur fut pleinement résolu par ces deux mémorables voyages ; et peu de temps après, le gouvernement confiait au Great-Western le transport régulier de ses dépêches et de ses voyageurs.

. Depuis lors, le Sirius a été obligé d'abandonner l'entreprise ; le Great-Western au contraire a continué ses traversées, et de tous les anciens paquebots à vapeur qui poursuivent cette carrière, c'est celui qui l'a accomplie avec le plus de succès. Au 9 mai 1840 il avait fait trente-cinq traversées; son plus court voyage, de Bristol à New-York, avait été de 13 jours; le plus long de 21 jours $\frac{1}{2}$, et la moyenne de 16 jours.

Aujourd'hui l'Angleterre possède plus de 1000 bâtiments à vapeur, et les États-Unis plus de 1500, ou plutôt c'est par milliers que l'on compte aujourd'hui les steamers qui sillonnent dans toutes les directions l'Océan ou les mers, et les eaux du Mississipi et de ses affluents. La plupart d'entre eux sont assez spacieux pour recevoir à bord une considérable quantité de produits commerciaux, voire même de gros bétail. En 1840, le plus grand bateau des États-Unis était le

Natchez, de 860 tonneaux et de la force de 300 chevaux, destiné à aller de New-York au Mississipi et vice-versa. Après le Natchez venaient l'Illinois et le Madison sur le lac Érié; le premier de 755 tonneaux et le Madison de 700; puis le Massachusets de 626, dans Long-Island-Sound, et le Buffalo de 613 sur le lac Érié.

Mais la navigation à vapeur peut présenter divers périls par le défaut de prudence.

« Le steamer dans lequel je voyageais, dit M. Charles Oliffe, avait pour principale cargaison 72 énormes bœufs, embarqués à Saint-Louis et que nous débarquâmes à Memphis. » Pour se faire une idée de l'immense courant d'eau du Metscha-scébé ou père des eaux, il faut se représenter un fleuve dont la source serait à Stockholm, et qui se jetterait dans la Méditerranée, à Marseille, après avoir traversé les terres et les mers intermédiaires. « A mesure que le steamer fend les eaux, il semble, grâce au cours sinueux du fleuve, que vous vous trouvez sans cesse au milieu d'un nouveau lac, large et profond, embrassant çà et là une île verdoyante; l'on compte 122 de ces îles depuis Cairo jusqu'à la Nouvelle-Orléans; elles ne sont désignées autrement que par leur numéro respectif, l'île n° 1 se trouvant au nord. Ces îles numérotées sont très-utiles quand il s'agit de rendre compte d'un accident quelconque arrivé sur une partie du fleuve;

c'est ainsi que vous lisez dans les journaux que « tel ou tel steamer a fait explosion près de l'île 24 ou 67.» De temps à autre la vue du bout de la cheminée d'un malheureux steamer qui a sombré hier ou avant-hier, vous suggère une foule de réflexions lugubres, mais qui n'en sont pas moins de nature à servir de distractions efficaces à celui qui est trop adonné au *spleen;* et, quand survient la nuit, avec elle s'augmentent les chances d'accidents, par la rencontre fréquente de bateaux qui se croisent ou qui luttent de vitesse. Rien ne frappe plus le voyageur que l'aspect de ces masses flottantes vomissant le feu au milieu de profondes ténèbres. Ajoutez à cela le bruit saccadé que produit une machine à haute pression, on dirait la respiration palpitante de quelque énorme léviathan qui s'approche.»

On comprend difficilement, à premier aperçu, les motifs qui pouvaient dicter l'adoption des machines à haute pression sur les bateaux. Les eaux affluentes fournissant toute la quantité d'eau nécessaire à la condensation de la vapeur, il paraît absurde de songer à se servir sur les fleuves et sur les mers de machines sans condenseur. Cependant on voit en Amérique, sur les eaux de l'Ouest, beaucoup de bateaux mis en mouvement par des machines à haute pression ou sans condenseur et par conséquent plus simples. Leur emploi ne s'explique que par les nécessités spé-

ciales du service de ces paquebots : ils n'ont en général à remplir qu'un trajet très-court, et une grande
vitesse est pour eux la condition du succès. Or, la
machine à haute pression, offrant sous un faible volume une puissance motrice considérable, présente
dans ce cas particulier certains avantages, et ce n'est
que dans de telles conditions que l'on peut comprendre son emploi qui fait perdre le bénéfice d'une atmosphère. La pression de la vapeur dans ces machines
est considérable. Le capitaine d'un de ces steamers
faisant le service entre Pittsbourg et Saint-Louis, dit
à M. R. Stephenson que, dans les circonstances ordinaires, ses soupapes de sûreté supportaient une pression égale à 138 livres par pouce carré, soit 9,4 atmosphères et que cette pression s'élevait parfois à
150 livres (10,2 atmosphères) lorsqu'il fallait lutter
contre le courant, et il ajouta : « Cette pression est
rarement dépassée, excepté dans les occasions extraordinaires. » Le plus grand vaisseau à vapeur qu'il y
eût alors aux États-Unis, en 1837, était le James Madison. Ce bâtiment avait sur le pont 181 pieds de longueur, 30 pieds à sa plus grande largeur et 12 pieds
6 pouces de profondeur ; il tirait 10 pieds d'eau et sa
capacité était, comme nous l'avons dit, de 700 tonnes.
Il faisait le service entre Buffalo sur le lac Érié et
Chicago sur le lac Michigan, distance 319 lieues. Les
violents orages qui ont lieu sur ces lacs, rendent in-
dispensables pour la navigation des vaisseaux d'une

force aussi grande et d'une construction aussi solide
que ceux qui parcourent la pleine mer.

La France ne devait pas rester en arrière du mouvement rapide imprimé en Europe et en Amérique à
la navigation par la vapeur, et les magnifiques paquebots qui furent affectés, peu après 1830, au service des
transports entre la France et l'Algérie montrèrent la
perfection que l'on atteindrait dans cette branche
nouvelle de l'industrie.

Il serait bien inutile d'insister sur l'étendue des
services que rend au commerce, à l'industrie, aux
besoins des nations de notre époque cette admirable
application de la vapeur, dont la découverte réunira
dans l'admiration commune de la postérité les noms
de Papin, de Watt et de Fulton. Reconnaissons toutefois que cette navigation n'exclut pas la prudence; il
ne s'agit pas seulement d'aller vite, et les navires à
voiles continueront de leur côté à soutenir la lutte et
à sillonner les mers. Le navire français *Formosa* qui
apporta au Havre la nouvelle de la mort du président
des États-Unis Harrisson, n'avait mis que 20 jours
pour accomplir la traversée. Les progrès en particulier que le lieutenant Maury, de la marine américaine,
a fait faire à la météorologie, ont beaucoup contribué
par une connaissance plus approfondie des courants
atmosphériques, des vents généraux et des marées de

l'Océan, à faciliter les grandes traversées directes, comme celles des ports de l'Union dans les mers de l'Inde, ou de France en Chine; et, grâce à l'exactitude des cartes marines modernes, à la perfection des tables et des instruments astronomiques, à l'instruction plus soignée des officiers de long cours, et à ces *clippers* ou bâtiments américains de transport d'une construction supérieure, une concurrence de vitesse peut encore se soutenir par les vaisseaux; c'est ainsi que le *Flying Cloud* a fourni 23 kilomètres par heure, et que, dans une traversée des États-Unis en Californie, il a atteint pendant 24 heures la vitesse de 28,80 kilomètres par heure (15,6 nœuds[1]), ce qui donnait pour cette journée, sans précédent, il est vrai, dans les annales de la navigation, un parcours de 374 milles marins ou 692,65 kilomètres; et le clipper la *Jeune Amérique*, nous disait, il y a peu de jours, notre ami M. G. Butler (homme de couleur) de New-York, a fourni 18 nœuds à l'heure. Le *Niagara*, au dire des Américains le meilleur voilier du monde, qui a été employé pour le posage du télégraphe transatlantique, a une vitesse moyenne de 9 nœuds et ne présente pas, comme bâtiment à voiles, certains dangers iné-

---

1. Le nœud marin correspond à une vitesse de 15^m,43 parcourus en une seconde, ou à une vitesse de 1851^m,85 parcourus en une heure. Courir avec une vitesse de 6, 7 ou 8 nœuds à l'heure, c'est donc faire à peu près en une heure 11, 13 et 15 kilomètres.

vitables ou encore peu expliqués des bateaux à vapeur. On sait qu'en moins d'une année, en 1854, six bateaux à vapeur du plus grand tonnage, le Humboldt, le Franklin, le Taylor, la Cité de Philadelphie, la Cité de Glascow et l'Arctic, presque tous à leur premier voyage, ont péri corps et biens. Faut-il attribuer ces effrayants sinistres qui, grâce à Dieu, ne se sont pour ainsi dire pas renouvelés, aux déviations accidentelles de la boussole, occasionnées peut-être par le fer qui entre pour beaucoup dans la construction de ces vaisseaux? Ce mystère encore à l'étude n'a pas reçu de solution satisfaisante, mais il n'a pu ébranler la cause victorieuse et chaque jour mieux gagnée des Steamboats.

Ne devons-nous pas, avant de quitter ce sujet, dire quelques mots du système de M. Ericsson qui, lui, supprime complétement la vapeur et la remplace par de l'air alternativement chauffé et refroidi? — La dilatation et la contraction successives qu'éprouve une masse d'air contenue dans un espace limité, par suite de l'addition et de la soustraction du calorique à cette masse d'air, telle est la source de la puissance mécanique qui se trouve mise en jeu dans la machine dite *à calorique*. Disons à cet égard que l'unité de chaleur qui élève un kilogramme d'eau d'un degré, n'élève aussi que d'un degré 4 kilogrammes d'air, ainsi la capacité de l'air pour la chaleur n'est que 0,25 de celle de l'eau. Ericsson a, dans son expérience à New-York du 11 juin 1853, accompli une course d'essai de 12 milles sans le moindre résultat fâcheux ; mais la priorité de cette invention est disputée, et ce système, peut-être assez bon sur une petite échelle, devient impraticable dans l'application d'une grande force, attendu qu'il demande des cylindres moteurs beaucoup trop considérables.

Enfin, pour terminer ce qui concerne les bateaux à vapeur, disons quelques mots du Grand-Orient (*Great-Eastern*) ou *Léviathan*, ce monstre des mers dont l'histoire et les revers sont assez connus, et dont la gigantesque figure a pâli depuis qu'il a mis pour sa première traversée de l'Atlantique 12 jours, croyons-nous, dè Milford-Haven[1] à New-York, et 9 jours et demi pour son retour, du 16 au 26 août 1860, distance 3,670 milles, accomplis avec une vitesse moyenne de 14 nœuds à l'heure, c'est-à-dire seulement égale à celle de plusieurs autres paquebots de la ligne transatlantique.

Commencé le 1er mai 1853 dans les chantiers de M. Scott Russel et Cie à Milwal, près de Londres, et achevé d'être lancé dans les premiers jours de 1858, le Grand-Orient qui a 217 mètres de longueur, soit

---

1. Milford-Haven sur la baie de Pembroke, un des plus beaux ports de l'Angleterre.

692 pieds, 27 mètres de largeur moyenne et $17^m,50$ de hauteur ou dans sa plus grande profondeur du pont à la cale, est de beaucoup le plus grand de tous les navires que les hommes aient jamais construits, à moins qu'on ne veuille le comparer à l'Arche que Noé bâtit par l'ordre de Dieu pour échapper au Déluge, et qui avec ses trois ponts ou étages (voy. Genèse, ch. VI, v. 15 et 16) avait 300 coudées[1] de longueur, environ 475 pieds ou 162 mètres, 50 coudées soit 27 mètres de largeur, et 30 coudées soit $16^m,26$ de hauteur ou de profondeur. — Le Great-Eastern qui a exigé pour sa construction, son aménagement, sa mise à flot et sa décoration, un déploiement extraordinaire de toutes les forces et ressources de l'industrie contemporaine, est dû à M. F. K. Brunel fils, célèbre ingénieur qui avait aidé son père Isambard K. Brunel pour le Thames-Tunnel, R. Stephenson pour la construction des ponts-tubes Conway et Britannia, et qui avait opéré le lancement du Great-Western.

L'immense navire moderne a un tirant d'eau de dix-huit pieds quand il est vide, et de trente lorsqu'il est chargé. Il a deux étages de salons et trois de cabines. Il peut recevoir un total de 4,000 passagers ou transporter 10,000 hommes de troupes, indépendamment de 400 hommes d'équipage, et son tonnage offre une

---

1. La coudée ancienne est ordinairement évaluée à raison de $1^p,7^p,10^{l}1/_2$ soit $0^m,54$.

capacité de 23,000 tonnes. Il a six mâts dont trois en fer creux, d'une hauteur de 130 à 170 pieds, et ses voiles réunies formeraient une toile de 6,500 mètres carrés. Sa force est de 2,600 chevaux : il a cinq cheminées, dix chaudières, deux roues à aubes de cinquante-six pieds de diamètre, une hélice mesurant douze pieds de rayon, et pour chaloupe un bateau à vapeur. On comptait beaucoup sur la combinaison qui a réparti cette énorme puissance entre les deux systèmes des roues et de l'hélice, et on se promet que ces deux appareils, fonctionnant ensemble, pourront imprimer au navire, destiné aux voyages de l'Australie, une vitesse de 15 et même 16 nœuds, soit 28 à 29 kilomètres par heure ; il pourrait ainsi se rendre dans 38 ou 36 jours d'Angleterre en Australie, aux Indes orientales ou en Chine, et en 8 jours de Manchester à New-York. — Il est divisé en plusieurs compartiments *étanches*, inaccessibles à l'eau, indépendants les uns des autres, et les mesures sont prises de façon que le navire étant percé à un endroit, la cloison correspondante seule soit submergée, tandis que les autres empêcheraient le navire de sombrer.

Le Grand-Orient tiendra-t-il, a-t-il tenu toutes ses promesses et réalisé toutes les espérances, de manière à répondre victorieusement aux millions de L. st. qu'il a coûté à ses actionnaires ? C'est une question à laquelle nous nous abstiendrons de répondre. Mais en présence de cette œuvre colossale, on ne peut s'empêcher d'admirer la puissance dé l'industrie moderne, et l'on se demande à quelle limite s'arrêteront les merveilles qu'elle enfante.

CONCLUSION.

Dans l'état présent de la navigation par la vapeur, il semble qu'il n'est plus d'obstacles qu'elle ne puisse déjà surmonter. Que ne devons-nous pas en espérer, par exemple, pour la civilisation de l'Afrique! et n'est-on pas en droit d'attendre que, sous les efforts simultanés de la France et de l'Angleterre, les eaux du Céleste Empire (la Chine) seront bientôt animées par les bateaux à vapeur? Le temps où ces progrès se réaliseront n'est plus éloigné, et

Celui qui donna à un James Watt le pouvoir de dire à la machine à vapeur : Lève-toi, marche et transforme le monde, fera porter l'Évangile éternel sur les ailes de la vapeur jusque dans les contrées les plus sauvages et sur les rives les plus éloignées, pour faire participer tous les peuples aux jouissances de la civilisation et aux bienfaits du Christianisme.

GEORGES ET ROBERT STEPHENSON

ou

LA LOCOMOTIVE ET LES CHEMINS DE FER.

INTRODUCTION.

Après avoir raconté la découverte des bateaux à vapeur, nous avons à exposer l'histoire qui s'y lie, de la plus grande invention des temps modernes, celle des chemins de fer ; en d'autres termes, à la biographie de Fulton, nous venons joindre celle de GEORGES STEPHENSON, et celle de son fils ROBERT, inventeur à son tour des ponts-tubes, et constructeur, avec son père, des premières locomotives et des premiers chemins de fer à grande vitesse. Le fait auquel se rattachent ces deux noms, surtout celui de G. Stephenson est trop important ou plonge trop dans l'histoire de l'industrie et de la civilisation modernes, pour que nous ne nous regardions pas comme assuré d'exciter l'intérêt, en déroulant devant les yeux de nos lecteurs le tableau du développement des progrès par lesquels a passé un G. Stephenson, avant d'avoir créé les chemins de fer actuels.

Et serait-ce de machines que nous désirons

surtout nous occuper ? Non, tel n'est point notre but ; et grâce à Dieu, le cœur de nos héros a été à la hauteur de leur génie et de leur caractère, ce qui fait pour nous leur titre impérissable à la postérité. Georges Stephenson n'eût pas dit en latin dont il ne sut jamais un mot « *Homo sum, humani nihil a me alienum puto;* rien de ce qui intéresse l'humanité ne m'est étranger », mais il a prouvé, par tout le cours de sa vie, de son amour pour le devoir et de son dévouement à ses semblables qu'il a si puissamment servis dans la grande cause de la civilisation et de l'industrie. Et d'ailleurs quelle n'a pas été de tout temps, quelle n'est pas aujourd'hui l'immense importance des machines, ces agents intermédiaires entre les actions de la nature et les objets ! En fournissant le moyen de convertir l'effet d'un moteur en ouvrage utile, n'exécutent-elles pas les travaux les plus difficiles et les plus rudes, non-seulement avec une puissance bien supérieure à celle des mains humaines, mais avec une précision et une exactitude de mouvement telles qu'en les voyant à l'œuvre on serait tenté de les croire intelligentes, quoique l'intelligence n'ait pas cette persévérance de régularité et d'exactitude. Mais c'est le génie de l'homme qui leur a communiqué cette puissance ; c'est la science qui est successivement parvenue à dompter tous les agents naturels, et à les forcer de travailler sans relâche à satisfaire tous les désirs et tous les besoins de la civilisation ; c'est ainsi que c'est pour nous que le vent travaille, que l'eau travaille, que l'élasticité des métaux travaille, que la gravitation sous mille formes diverses travaille, que les meules broient, que les scies divisent, que des marteaux aplatissent, arrondissent, pulvérisent, que des leviers sans nombre mettent en mouvement d'autres leviers, des roues d'autres roues: à notre commandement toutes les forces de la nature se tournent sur elle-même pour l'élaborer, la modifier, la transformer à notre gré; et la dernière mise en œuvre de toutes ces forces, n'est-elle pas en même temps la plus admirable, la plus agile à la fois et la plus vigoureuse? Ce nouveau feu, bien autrement puissant que celui ravi autrefois, selon la fable, sur l'autel des dieux par Prométhée, la *vapeur* multiplie à un degré infini l'activité de mouvement sur toute la surface du globe, sur l'Océan, sur nos rivières, sur nos lacs, sur nos routes, dans nos fabriques, dans nos maisons, sur le sommet des montagnes comme au fond des mines ; elle ébranle, elle meut, elle rame, elle creuse,

elle lamine, elle pompe, elle traîne, elle pousse, elle
soulève, elle forge, elle file, elle carde, elle tisse,
elle imprime, en un mot elle est partout et vivifie
tout, et bientôt elle accomplira une grande partie
du travail agricole, comme elle accomplit déjà presque tout le travail industriel. C'est là un progrès
matériel, mais aussi intellectuel et moral, puisque
c'est celui de l'esprit de l'homme sur la matière, la
soumission en quelque sorte des éléments à sa
puissance. — Que sont auprès de la vapeur, de
cette force que l'homme crée, qu'il dirige et développe ou maîtrise à son gré, toutes les forces
même fabuleuses de l'antiquité? Le jour où elle
apparut n'aurait-elle pas dû exciter des cris d'enthousiasme et d'effroi? et cependant elle n'est
qu'un serviteur de plus qui est venu s'ajouter à
tous ceux que le Dieu de la nature et de la grâce
avait mis dès longtemps à notre disposition; mais
ce serviteur ou cette force qui transporte l'homme
avec une rapidité toujours croissante à travers les
terres et les mers, a su se rendre en peu de temps
si nécessaire qu'il nous serait aussi impossible de
nous passer désormais de ses services que du secours du vent et de l'eau. Si par une hypothèse,
chimérique heureusement, la vapeur échappait
tout à coup à notre puissance, ne nous semble-

rait-il pas, dans l'espèce de stupeur qui ne manquerait pas de nous saisir, reculer en un instant
jusqu'à l'enfance du monde ou aux premiers jours
de la société? Ces machines qui, en diminuant les
prix de fabrication, ont activé la circulation du
numéraire et augmenté la consommation, ne
sont-elles pas une des principales causes du développement intellectuel des masses et du bien-
être, de cette apparence au moins satisfaisante de
bien-être qui s'est répandue dans toutes les classes
de la société? Nous ne pensons certes pas que
l'humanité doive attendre des machines son entière émancipation : si, à la longue, elles multiplient le nombre des travailleurs, augmentent
leur salaire, leur demandent un travail qui les
occupe sans user leurs forces, et si elles fournissent des produits moins chers, elles ne doivent
pas nous rendre insensibles et ingrats à la main-
d'œuvre, plus consciencieuse pour l'ordinaire que
le travail de fabrique, et la richesse ou l'abondance ne constitue nullement à elle seule la civilisation. La vapeur n'est pas l'Évangile, s'il est
permis de parler ainsi, ni l'esprit de notre Dieu.
Mais ces réserves faites, on peut rappeler que le
pacha d'Égypte, Méhémet-Ali ayant voulu nettoyer un des canaux du Nil, le Mahmoudié, en

chargea cinquante mille hommes dépourvus de
tous instruments ou machines propres à les faciliter dans cette opération, et qui se précipitèrent
dans cette fange qui devait être leur tombeau; .
car on ne dit pas que le canal fut nettoyé, mais
on sait que de ces cinquante mille hommes trente
mille avaient déjà succombé à la tâche au bout
de la première année. Ce n'est pas ainsi qu'on a
desséché et livré à la culture le lac de Harlem,
dont une énorme machine, sortie des forges d'Angleterre et aux onze bouches insatiables, a pompé
la masse des eaux.

Les machines, dit-on, ôtent l'ouvrage aux travailleurs et paralysent leurs bras? Mais l'on aurait
repoussé l'imprimerie, si l'on avait dû s'arrêter à
la crainte de nuire aux scribes, copistes et écrivains; et cependant l'imprimerie a bientôt occupé
cent fois plus de bras que la copie des manuscrits, quoique la presse mécanique à vapeur du
Times, par exemple, donne 25,000 épreuves par
heure. Depuis l'invention des machines Crampton
et Arkwright pour le coton en Angleterre, et Jacquart pour la soie à Lyon, ces deux industries
occupent trente fois plus d'ouvriers qu'auparavant.
Si, avec une nouvelle machine, quelques industries
sont momentanément et tristement déplacées,

elles retrouvent bientôt à se réchauffer, sous une nouvelle forme, aux rayons de ce soleil de la nature que Dieu fait lever pour tous, et ne refuse même pas plus aux injustes qu'aux justes.

Or, de toutes les questions industrielles qui remuent aujourd'hui le monde, aucune, sans contredit, n'est plus importante que celle des chemins de fer[1], laquelle se signale sans cesse, que nous le voulions ou non, à notre attention, à nos oreilles; et l'on peut dire que loin d'être seulement du domaine de l'industrie, elle touche aux intérêts commerciaux, spirituels et moraux les plus élevés, au présent comme à l'avenir de l'humanité. Étonnante conquête du génie de l'homme sur l'espace et sur le temps, les chemins de fer porteront-ils avec eux la civilisation, le progrès véritable, la paix et l'Évangile ? Contentons-nous de dire, pour le moment, qu'ils contribuent, en multipliant les éléments de contact, à rapprocher les peuples, à faire tomber bien des barrières et des préjugés, et à élargir la sphère du travail manufacturier et commercial !

Avant d'entrer en matière, hâtons-nous de dire

---

1. Voy. Aug. Perdonnet.

que nous ne nous proposons nullement d'apporter de nouveaux renseignements techniques, spéciaux et directs sur les chemins de fer, les machines à vapeur et les locomotives : c'est la biographie d'un Georges et d'un Robert Stephenson que nous avons à cœur de raconter, et nous n'y joindrons que ce qui nous paraît indispensable pour la clarté ou l'utilité du récit.

Plusieurs des écrivains qui se sont occupés de l'histoire de la machine à vapeur, ont voulu placer dans l'antiquité le berceau de cette admirable invention : cette opinion nous semble inadmissible. La machine à feu dont la première idée remonte à peine à Salomon de Caus (1615), traité de fou ou au moins de visionnaire par le cardinal de Richelieu, et la conception au marquis de Worcester (1662), à S. Moreland (1682), à Denis Papin (1690), et dont l'exécution appartient au vitrier Cawley, au capitaine-ingénieur Savery (1698)[1], au serrurier Newcomen (1705)[2] et la réalisation com-

---

1. Th. Savery, ancien ouvrier des mines, devenu capitaine de marine et très-habile ingénieur.

2. Th. Newcomen et John Cawley étaient tous les deux de la ville de Darmouth, dans le Devonshire. « Si Papin, écrivait R. Hooke à Newcomen, pouvait opérer subitement le vide dans le piston, votre affaire serait faite. »

plète aux James Watt (1782), aux Trevithick, aux Seguin et aux Stephenson, est d'origine moderne; et c'est bien vainement, croyons-nous, que l'on chercherait dans les très-vagues traditions, sous ce rapport, de la Grèce et de Rome la trace des idées qui présidèrent à sa création. Les anciens nous paraissent avoir complétement ignoré ce fait que James Watt reconnut le premier, savoir que la vapeur d'eau se dilate sous l'effet de la chaleur dans une proportion effrayante, occupant un volume 1700 fois plus grand que l'eau; et s'ils ont dû savoir qu'un vase aux parois les plus épaisses, rempli d'eau et hermétiquement fermé, éclate en mille pièces, si on porte cette eau à l'ébullition sans ménager une issue à la vapeur, ils ont ignoré que si on empêche cette expansion, la vapeur en acquiert une force de tension qui peut croître jusqu'à 1,500 atmosphères ou plus (la pression de l'atmosphère, laquelle est égale, au niveau de la mer, au poids d'une colonne d'eau de 32 pieds, étant prise pour unité). — M. L. Lalanne toutefois regarde comme très-probable que les mécaniciens grecs, et notamment Archimède, avaient pu imaginer quelque chose d'assez analogue au canon à vapeur et à ces tuyaux de bois ou de fer bourrés d'eau et chauffés jusqu'à ce qu'ils éclatent, que les-enfants d'Amérique appellent des *pétards de Noël*, et qui provoquèrent en 1773 les réflexions d'un Olivier Evans, alors âgé de dix-huit ans et simple ouvrier charron à Philadelphie ; et on connaît dans les cabinets de physique l'appareil dit *éolipyle à réaction* de Héron d'Alexandrie (121 ans av. J.-Ch.), d'après lequel on fait tourner sur son pivot une sphère remplie d'eau bouillante, et cela par la réaction d'un jet de vapeur, s'échappant de deux branches ou tuyaux coudés en forme de Z à droite et à gauche de la boule de verre. Ce principe ou procédé ingénieux qui a pu être appliqué pour faire mouvoir par le dégagement de la vapeur des *turbines* et même des roues de bateaux, est inapplicable quant à la quantité et à la dépense du combustible, comparé au peu d'effet qu'il produit. Outre sa sphère rotatoire, ce physicien qui florissait à Alexandrie sous le règne de Ptolémée Philadelphe, faisait monter l'eau dans la *fontaine* dite de Héron par la compression de l'air, qui pèse sur l'eau et la conduit au-dessus de son niveau par un tuyau latéral. L'italien Branca a décrit en 1629 une machine qui a beaucoup d'analogie avec la fontaine de Héron, *laquelle*, dit Salomon de Caus, *est une invention fort gentille et subtile* pour élever l'eau, et qui a reçu quelque application dans les mines de Schemnitz en Hongrie, comme machine d'épuisement; mais il n'en est pas moins constant que jusqu'à la fin du XVIe siècle on ne trouve aucune notion précise, concernant la vapeur, sa nature, ses propriétés et son application à des effets mécaniques, et toutes les connaissances que nous résumons aujourd'hui sous les noms de Physique et de Chimie étaient encore enveloppées d'une obscurité profonde : c'est de la fin du XVIe siècle que date réellement la régénération scientifique de l'Europe, l'analyse n'est même guère que du XIXe, et c'est dès lors à la Mécanique aidée d'un précieux combustible, le charbon minéral, jusqu'alors peu exploité, que l'Angleterre a dû ses célèbres manufactures, et une grande partie de l'influence qu'elle exerce sur le continent.

Un mot à cet égard sur l'emploi si extraordinairement économique et puissant de la machine de Watt pour les opérations ou exploitations industrielles. Un boisseau de charbon, consommé ou brûlé dans les machines du Cornwall ou de Newcastle, produit l'ouvrage de 20 hommes travaillant 10 heures par jour; ou quant à la force déployée, pour chaque boisseau de charbon la machine à vapeur élève à 1 pied de haut 125 milliers et demi de livres ; une once de charbon élèverait 42 tonnes. à 1 pied de haut ou 18 livres à 1 mille de hauteur, $\frac{1}{8}$ de lieue, ou traînerait sur un chemin de fer deux tonnes à 1 mille ou 1 tonne à 2 milles. Un seul kilog. de charbon développe une force dynamique capable d'élever 660,000 kilog. à 1 mètre de hauteur. Or, puisque dans les comtés houillers du nord de l'Angleterre, le boisseau de charbon ne coûte qu'environ 90 centimes, la machine à vapeur a donc réduit le prix d'une journée de travail de dix heures à moins d'un sou de vapeur ou de charbon. On est moins surpris d'apprendre après cela que le pouvoir des machines à vapeur de la Grande-Bretagne est estimé à la force de 500,000 millions d'hommes, c'est-à-dire à trois fois environ celle des hommes valides qui travaillent sur la surface de la terre.

Ajouterons-nous, pour être mieux compris plus tard, que si la moindre parcelle d'eau devient capable, en se vaporisant, d'occuper par sa force expansive indéfinie un espace de plusieurs milliers de mètres cubes, les vapeurs n'ont pas une force élastique indéfiniment croissante, par laquelle elles puissent résister aux pressions les plus fortes qu'on exerce sur elles, pour les réduire ou leur faire occuper des volumes de plus en plus petits et augmenter par là leur tension. A force de se condenser, la vapeur revient à l'état liquide plutôt que d'augmenter sa force élastique, et c'est cette limite de résistance, jusqu'à l'état de liquéfaction, que l'on appelle la tension *maximum* de la vapeur.

Ne craignons pas d'énoncer ici quelques chiffres : à la température de 100° nécessaire pour l'ébullition de l'eau au niveau de la mer, la tension de la vapeur fait équilibre à la pression atmosphérique ou à une colonne de mercure de $0^m,76$ de hauteur, soit à $1^k,033$ par centimètre carré ou 15 livres par pouce carré ; à 105° de chaleur la force élastique de la vapeur est de 1 ¼ atmosphère ; à 121,4 de 2 atmosphères ; à 128,8 de 2 ½ ; à 135,1 de 3 ; à 156 de 5 ½ ; à 172,1 de 8 ; à 181,6 de 10 ; à 209,48 de 15 ; à 224,2 de 24.

Quant aux volumes occupés par l'eau convertie en vapeur, si à 100° le volume de vapeur comparé à l'eau est 1698 fois plus grand, à 121,4 sous la pression de 2 atmosphères le volume n'est plus que 807, il est réduit à 3,622 sous la pression de 1000 atmosphères correspondant à 516° de chaleur, et vers 1500 atmosphères il y a de nouveau condensation, c'est-à-dire qu'arrivée à une certaine limite la tension reste stationnaire, et toute la chaleur ajoutée ne sert plus qu'à opérer la condensation.

Il est frappant de voir avec quelle rapidité la tension augmente pour une faible augmentation de température dès que celle-ci est fort élevée, au-dessus par exemple de 8 atmosphères.

Le passage de l'eau à l'état de vapeur exige, avant l'ébullition, une quantité de chaleur considérable qui s'emploie uniquement à atteindre les 100°, et il faut une nouvelle quantité de calorique pour produire le changement d'état, c'est ce que les physiciens appellent la *chaleur latente* de la vaporisation, laquelle échappe à nos sens et au thermomètre. Lorsque au contraire la vapeur se condense et revient à l'état liquide, elle dégage cette même quantité de chaleur, qui est utilisée dans les serres, les buanderies, etc. D'après Gay-Lussac, 100 grammes de vapeur d'eau à 100° centigrades, et sous la pression de 0,76 de mercure, peuvent élever par leur condensation 550 grammes d'eau de 0° à 100° de manière à produire 650 grammes d'eau bouillante. — On sait, au contraire, qu'il faut 5 à 6 fois autant de temps pour réduire en vapeur, avec un foyer donné, une certaine quantité d'eau froide, qu'il en a fallu pour l'amener, avec ce même feu, à la température de l'ébullition.

Il serait inutile de prolonger ces considérations, car personne n'ignore que la vapeur d'eau, produite sous l'action de la chaleur dans une capacité fermée, exerce sur les parois du vase qui la contient une pression croissant sous la vivacité et la durée de l'action du feu, et à laquelle les enveloppes les plus solides ne résisteraient pas, si on ne lui donnait pas à volonté une issue. Cette propriété de la vapeur d'eau que possèdent également, dans des conditions variées, les gaz et les vapeurs de tous les liquides, est ce qui permet de l'utiliser comme force motrice. Il suffit pour cela de la faire passer, de la chaudière où elle se produit dans un cylindre contenant un piston que la vapeur presse puissamment tantôt d'un côté, tantôt de l'autre (machine de Watt à double effet), et de transformer, comme il convient, le mouvement de va-et-vient qui en résulte de manière à faire tourner des roues. C'est à ce principe si simple que sont dus tous les effets des machines à vapeur, à haute comme à basse pression. « Les constructeurs, écrivait en 1827, dans un Mémoire

sur la pression mécanique de la vapeur (Bibliothèque universelle), M. G. H. Dufour de Genève,
ont beaucoup varié, soit dans les détails de leurs
machines, soit dans l'emploi de la vapeur à un
degré plus ou moins élevé de tension. De là les
dénominations de machine à moyenne, à haute et
à basse pression, qui laissent beaucoup de vague
et qui sont assez insignifiantes, parce qu'en rete-
nant la vapeur dans la chaudière d'une machine
dite à basse pression on peut doubler ou tripler
la tension de la vapeur, auquel cas la machine
devient à moyenne pression. Aujourd'hui les machines de 1 ¼ atmosphère à 3 ou 4 atmosphères
sont dites à basse pression; de 3, 4 et 5 et 6
environ, à moyenne pression, de 6 à 10 et plus
atmosphères, à haute pression. Je suis porté à
croire, ajoutait M. Dufour, que la pression qui
procurera les plus grands avantages dans la pratique est celle de 5 à 6 ¼ atmosphères. On peut
bien espérer qu'on obtiendra dans les machines à
haute pression un même effet mécanique par une
dépense moitié, ou un effet double par une dépense égale. Mais ce serait se faire illusion que
d'attendre de cette vapeur fortement tendue de
plus grands effets.» La plus haute pression que
Perkins ait employée aux mines de Cornouailles a

été de 800 livres par pouce carré, environ 57 atmosphères, mais Perkins n'a pas été suivi par les industriels dans cette voie.

Quoi qu'il en soit, la première idée de l'application de la vapeur à la locomotion proprement dite remonte à peine à un siècle, et l'invention de la machine locomotive n'est complète que depuis une trentaine d'années : c'est de nos jours que la circulation rapide des personnes et des choses a pris cet énorme développement qui sera l'état normal des générations à venir, à supposer que les temps de l'Éternel ne se soient pas beaucoup rapprochés dó leur accomplissement final. Au reste, sans nous engager sur le terrain de la prophétie à propos de la vapeur, et au sujet de notre époque qui se distingue par une succession de découvertes extraordinaires qui surgissent de tous les points de l'Europe et du monde, puits artésiens, lumière électrique, photographie, télégraphes, etc., sans même faire mention des aérostats et rappeler ces paroles d'Ésaïe LX, 8 : *Qui sont ceux-ci qui volent comme des nuées, ou comme des pigeons qui retournent à leurs colombiers ?* nous refuserions-nous à citer ce passage de Nahum, l'un des petits prophètes ou prophètes des derniers temps, comme on les appelle ? nous traduisons ch. II les v. 3 et 4, qui nous paraissent en tout cas assez frappants : *Le bouclier des hommes forts de l'Éternel est d'un rouge de sang ; ses gens de guerre sont vêtus d'écarlate ; au jour que l'Éternel rangera ses bataillons, les chariots marcheront avec un feu de lames étincelantes, et les sapins rouleront ; les chariots s'élanceront comme des enragés dans les rues ; ils s'entrechoqueront sur les places ; ils seront à les voir comme des tisons enflammés, et ils fileront comme des éclairs.* Et le prophète Ésaïe nous dit, dans son dernier chapitre, v. 20, en nous parlant des derniers temps, où reviendra le *Seigneur,* qu'on Lui amènera les siens de tous les bouts de la terre, *sur des chevaux, sur des chariots, sur des palanquins, sur des mulets et sur des machines roulantes* « winding revolving wheels » comme traduit un rabbin anglais, et non des *dromadaires* comme nos versions ont tenté de traduire le mot hébreu *carcar,* lequel nous rappelle qu'en Amérique le mot *car* est le seul employé pour désigner un wagon.

Mais nos lecteurs ont hâte, nous le comprenons, que nous arrivions à la biographie d'un

Georges Stephenson, à cette vie si belle en elle-
même et si féconde que nous avons promis de
leur raconter.

CHAPITRE PREMIER.

CHAPITRE PREMIER.

Naissance et enfance de Georges Stephenson.

L'Angleterre a été, comme chacun le sait, le berceau des chemins de fer, et l'énergie native du peuple anglais lui fit devancer l'allure, pour l'ordinaire lente et timide, des gouvernements. Fidèle à son principe de *Self-government* ou *help-yourself* «faites tout par vous-même,» l'Angleterre laisse tout faire par l'industrie privée; mais si l'État n'y exige pas de ses ingénieurs des diplômes, les difficultés de succès n'en demeurent pas moins excessivement grandes pour les inventeurs; aussi l'illustre James Watt disait-il, après huit années passées à Londres pour y défendre ses droits au brevet d'exploitation de sa machine à vapeur et à son privilége, dont il ne fut remis en possession qu'en 1799, trente-cinq ans après ses premières découvertes, et seulement un an avant l'expiration de son brevet, qu'il se félicitait d'habiter un pays où il suffit de trente-cinq ans de discussion et d'une douzaine de procès pour assurer à un citoyen la récompense de son travail. Et cependant l'Angleterre sait honorer et récompenser ses grands hommes. Watt a vécu assez longtemps pour jouir de sa renommée, de ses succès, et pour faire une fortune considérable ; son immense établissement de Soho près Glascow, dirigé depuis 1800 par les fils de Watt et de Boulton, a continué à prospérer. Greenock, Glascow, Édimbourg lui ont élevé des statues, et l'on admire à Londres, à Westminster, sa statue colossale en marbre de Carrare, chef-d'œuvre du ciseau de Chantrey, et produit d'une souscription à laquelle a voulu concourir tout ce que l'Angleterre comptait d'hommes distingués dans tous les genres. Dans cette souscription due à l'initiative, en 1824, de M. le baron Ch. Dupin, et présidée par lord Liverpool à Birmingham, le nom du roi Georges IV figure pour 500 l. st.; l'œuvre de Chantrey lui fut payée 6000 guinées.

Mais c'est de Georges Stephenson, et non de James Watt, né en 1736 à Glascow, et mort le 25 août 1819 dans son château de Heathfield, près de Birmingham dans le Stafford, que nous avons à entretenir nos lecteurs : « Une fois l'idée conçue, a dit Watt, d'opérer la condensation hors du cylindre, toutes les autres améliorations s'effectuèrent avec une merveilleuse facilité. »

Deux générations se sont succédé depuis que Robert ou *Bob* Stephenson[1] (d'après l'habitude anglaise d'a-

---

1. Stephenson ou Stevenson, en dialecte norse *Steevé's sohn*, fils du fort.

bréger les noms de baptême) habitait une maisonnette à huit milles à l'ouest de Newcastle-on-Tyne, au village de Wylam, dans la région pittoresque des mines de houille du nord de l'Angleterre.

On disait que ses ancêtres avaient joui autrefois de quelque aisance, et qu'ils étaient venus comme chassés d'Écosse en Angleterre, pour recouvrer leurs biens, à la suite d'un procès qui les avait ruinés. Ce que l'on peut affirmer, c'est que les parents de notre héros étaient fort pauvres, car aucun de leurs enfants ne put être envoyé à l'école. L'occupation du père de Georges était celle de chauffeur d'une pompe à feu ou d'épuisement, dans une des nombreuses houillères du voisinage. Il gagnait la somme de 12 shellings (15 francs) par semaine. C'était un homme grand, sec et maigre, déjà usé par un travail pénible, mais honnête, rangé, et d'un caractère gai, bon et aimable; il se plaisait, par exemple, à rassembler autour du foyer de sa machine les enfants, les femmes et la jeunesse des environs pour leur raconter les histoires étonnantes et merveilleuses de *Sinbad* le marin, ce héros si connu des *Mille et une Nuits*, ou les aventures non moins surprenantes de *Robinson Crusoé*, tout nouvellement éclos de la plume de De Foë, sans compter celles qu'il tirait de son propre fonds. A son amour du merveilleux, le vieux Bob joignait des goûts plus simples; il aimait passionnément les animaux; on le voyait s'amuser à jeter des miettes de son chétif dîner aux oiseaux qui voltigeaient autour de lui, et attirer en hiver les rouges-gorges qui venaient se réfugier aux environs de sa pompe à feu; il s'entendait aussi à dresser pour son agrément des chiens qu'il élevait avec talent.

Sa femme, Bella ou Mabel, qu'il avait épousée à Walbottle, village entre Wylam et Newcastle, était la fille unique d'un teinturier d'Ovingham, nommé Robert Carr. D'une constitution assez délicate, aux nerfs mobiles et impressionnables, Bella Stephenson n'en était pas moins une excellente femme, remplie de jugement et de bon sens (*a real canny body*). « C'étaient de bien braves gens, disaient leurs voisins; mais ils avaient bien de la peine à faire le tour, et ils étaient bien bas dans le monde! » Les enfants arrivèrent ou étaient arrivés; ils en eurent six en douze ans. Georges, leur second fils, naquit le 9 juin 1781, comme l'attestait la première page de la Bible de famille du vieux Bob et de Bella, sa chère moitié.

Avant d'aller plus loin, et puisque notre sujet nous appelle à porter l'attention de nos lecteurs sur les mineurs et les houillères de l'Angleterre, saisissons l'occasion d'en présenter un tableau, que nous empruntons au voyage de S. A. I. le prince Napoléon dans les mers du Nord, et à la plume élégante de M. Charles Edmond, pseudonyme de Choïeski, compagnon de voyage du prince aux mines de charbon de Newcastle, et dans sa grande excursion d'alors en Islande et au Groënland.

Accordons-nous auparavant le plaisir d'un court rapprochement, quant au talent de conteur, entre le père de Georges Stephenson et son célèbre contemporain James Watt, qui, dans sa société de la Pleine-Lune (*Lunar Society*), c'est-à-dire dont les membres peu fortunés se réunissaient les soirs de pleine lune, afin d'y voir clair en rentrant chez eux, aimait à s'abandonner à toute sa verve de causeur et de conteur. Ayant un soir un peu étourdiment lancé les personnages de son récit dans une situation des plus compliquées, Watt semblait éprouver quelque embarras à les tirer de ce dédale. Sur quoi son ami le poëte Darwin, un des académiciens de la Société lunaire, l'interrompant : — « Est-ce que par hasard, Monsieur Watt, lui dit-il, vous nous raconteriez une histoire de votre crû ? » Watt s'arrêta, et regardant son interlocuteur avec le plus grand sérieux : « Votre question, Monsieur Darwin, répondit-il, m'étonne au dernier point. Depuis vingt ans que j'ai le plaisir de passer mes soirées avec vous, est-ce que je fais autre chose ? est-il possible qu'on ait voulu faire de moi un émule de Robertson ou de Hume, lorsque toutes mes prétentions se bornaient à marcher sur les traces de la princesse Schéhérazade ? » C'est ce même Darwin qui, pendant qu'il résidait à Glascow, vint un jour le prier de lui fabriquer un orgue. — « Comment voulez-vous que je vous construise un orgue? répondit Watt; j'ai la musique en horreur, et tous les instruments me sont étrangers. Je ne puis distinguer deux sons; l'une de mes oreilles est en *ut*, et l'autre en *fa*. » — « Bah! essayez, dit Darwin, vous pouvez tout ce que vous voulez; vous êtes le dieu de la mécanique. » Watt essaya. L'orgue fut construit, et ses qualités harmoniques charmèrent même les hommes de l'art et les musiciens de profession.

Voici maintenant le récit de M. Choïeski :

Juin 1850.

« La rencontre de M. Carr (propriétaire de la mine de Hartley, une des plus riches de Seghill) est une bonne fortune pour un touriste. M. Carr, jeune homme de trente ans, s'exprime parfaitement en français, il est au courant de tous les détails scientifiques et industriels de son métier. Rien n'est plus clair, plus net et mieux dit que les explications qu'il donne.

« Pour arriver à la mine de Hartley, on traverse un paysage à la Paul Potter. Des *cottages* d'une propreté scrupuleuse luisent à travers le feuillage luxuriant d'une végétation printanière. Rien n'indique que nous roulons au-dessus de toute une population souterraine, dont les travaux enrichissent l'Angleterre, bien plus que ceux des exploiteurs de son sol superficiaire. Une cheminée de machine à vapeur, un vaste hangar, l'ouverture d'un puits, apparaissent tout à coup à nos regards. Nous sommes arrivés à la mine.

« On nous fait entrer dans un pavillon qui s'élève au bord du puits. Nous y trouvons une série de petites chambres propres, élégantes. Avant de descendre dans les galeries, les visiteurs y revêtent le costume et la casquette de mineur. Ce costume est très-prosaïque ; il rappelle la veste et le pantalon des écoliers, qui viennent en vacances chez leurs parents après avoir obtenu le premier prix.... de croissance. Ainsi affublé, on s'avance au bord du puits : une petite cage à jour, mue par une force invisible, se présente à la surface, ses dimensions sont à peu de chose près les mêmes que celles de l'ouverture. On s'y accroupit en deux, on fait tout son possible pour effacer son corps, afin d'éviter le contact dangereux des parois du puits. Un coup de sonnette retentit : on ferme les yeux, et l'on glisse dans le gouffre avec la rapidité effrayante de cent soixante-dix mètres à la minute » (un peu plus de cinq cents pieds).

« Quand, étourdi de la rapidité de la chute et de la brusquerie de la transition, on a repris ses sens » (nous avons, nous-même, éprouvé ces sensations aux mines d'Anzin et de Newcastle), « on se trouve soudain au milieu d'un monde souterrain, peuplé d'êtres à part, où rien ne rappelle le genre d'existence qu'on avait sous les yeux quelques minutes auparavant. C'est un labyrinthe de galeries impossible à décrire. Le mouvement des machines à vapeur, le roulement des wagons, tout y affecte des sons particuliers, tout y résonne autrement que sur la terre. On y entend des bruits étouffés et pourtant aigus qui se heurtent contre les parois cristallines de la mine, et qui vont lamentablement se perdre dans le dédale des galeries. Surpris et évoqués par un signal extraordinaire, de tous les recoins des souterrains surgissent et apparaissent des hommes noirs à moitié nus, aux formes athlétiques, au regard calme et doux » (on avait appris sans doute dans la mine la visite du prince Napoléon).

« La lumière intense des fours, établis pour maintenir la ventilation, inonde ces figures d'une lueur rougeâtre qui ne donne néanmoins à leur aspect rien de sinistre, rien d'infernal. Tout dans leur extérieur respire ce calme et cette énergie qui accompagnent toujours un travail, à la vérité rude et opiniâtre, mais qui apporte pour résultats la puissance et le bien-être.

« La vie des mineurs, bizarre et insolite pour ceux qui l'examinent pour la première fois, est en réalité moins pénible que celle de la plupart des ouvriers entassés dans les manufactures superbes qui s'élèvent à la surface du sol. Le mineur descend dans le puits à 5 heures du matin et y travaille jusqu'à 1 heure de l'après-midi. Comme il est payé en raison de la quantité de charbon qu'il extrait, il est de son intérêt de chercher tous les moyens mécaniques pour faciliter sa tâche. Habituellement les ouvriers s'associent entre eux, et le plus souvent ils travaillent par couples. Le salaire d'un mineur s'élève en moyenne à 3 fr. 75 c. par jour, mais il est logé et chauffé aux frais du propriétaire de l'établissement. Sa besogne terminée, l'ouvrier remonte à la surface du sol et rentre dans sa famille à laquelle il consacre le reste de son temps. Il retrouve là sa femme, exclusivement vouée aux travaux du ménage, depuis que la nouvelle législation lui a interdit le travail des mines » (depuis 1842). « Rentré chez lui, notre travailleur peut tranquillement se dédommager de la ténébreuse solitude de son labeur journalier. C'est dans une variété d'occupations, mêlées de loisirs, qu'il trouve le repos. Tel mineur passe son temps dans la lecture et dans l'étude du grand Livre sacramentel de la nation britannique, la Bible lui offre un sujet constant de méditations ; les recueils périodiques, et à bon marché de la littérature anglaise, complètent ses ressources intellectuelles. Tel autre se livre à l'horticulture en été, à une foule de petits travaux manuels en hiver. Il y en a qui élèvent des chiens, des oiseaux, de la volaille.

« Les enfants ne descendent dans la mine que lorsque ils ont atteint l'âge de douze ans. A ce moment, ils savent à peine lire et écrire ; c'est tout simple. Tant qu'ils restent à la maison, on les laisse jouir pleinement de l'air, du ciel, du soleil. Ils n'en seront que trop tôt privés. Plus tard, lorsque l'âpre travail leur aura ôté le goût des jeux naïfs de l'enfance, lorsque la solitude leur aura permis de refléchir sur eux-mêmes, de descendre dans les profondeurs de leur pensée, comme ils pénètrent dans les entrailles de la terre, ils éprouveront le besoin d'étendre autour d'eux l'horizon de leur monde intellectuel et de remplacer ainsi l'horizon matériel, borné pour eux aux parois noires et dures de l'étroit espace où travaille leur pioche.

« Quand un jeune garçon arrive à la mine, il fait son apprentissage en poussant les wagons ; il s'habitue peu à peu de cette façon à son existence de nyctalope » (nous ne pensons pas malgré cette épithète de nyctalope appliquée au mineur que celui-ci voie plus clairement la nuit que le jour, mais nous espérons que ses yeux qui ne contemplent pas le soleil de la nature, ne sont pas voilés, même à quelques centaines de pieds sous terre, aux rayons du Soleil de la justice et de la grâce); « c'est seulement au bout de quelques années, quand ses forces (les forces du jeune mineur) se sont développées qu'on le met à la pioche. Le travail du mineur consiste à pratiquer des trous dans la muraille de charbon, et à introduire dans ces trous des paquets de poudre auxquels on met le feu. Chaque explosion détache des blocs énormes. Des wagons, roulant sur des rails et attelés de chevaux, circulent dans les galeries et enlèvent le charbon au fur et à mesure de son extraction. Une machine à vapeur hisse ces

wagons à la surface du sol, les vide et les ramène ensuite se charger d'un nouveau butin. Pendant qu'un
wagon vide descend, un wagon plein est dirigé vers
les bateaux voisins de la mine et y est vidé à son tour.
Il s'opère ainsi un va-et-vient perpétuel, où le travail
de la vapeur, des chevaux et des hommes aboutit à tout
moment à un seul et même point final. Les chevaux
prennent, eux aussi, une large part dans le travail des
mines. Moins heureux que les hommes, une fois des-
cendus dans le puits, ils ne remontent presque jamais
à la surface. La seule mine de Seghill en renferme
deux cents. Ils sont logés dans des écuries aussi con-
fortables que celles auxquelles ils auraient droit sur
la terre. Il y en a qui travaillent quinze ans et plus
sans avoir jamais entrevu un rayon de soleil.

« Les mineurs de Hartley sont au nombre de deux
mille. »

« Les excavations des mines, » dit à son tour une
Revue périodique anglaise[1], « sont en général si basses
et si étroites qu'elles ne laissent passer qu'une seule
personne à la fois, encore est-on obligé de se baisser.
Comme la taupe, le mineur est seul dans ses opérations, et souvent on le retrouve au bout d'une galerie
dans un espace humide et resserré, perçant le roc ou
brisant le minerai à la faible lueur d'une petite lampe.

---

1. The quarterly Review.

La population employée directement ou indirectement à l'exploitation des mines du Cornwall varie de 80,000 à 90,000 individus. Le travail auquel est attaché le mineur à la recherche des filons de houille, exige l'exercice continuel de ses forces intellectuelles.

« Il paraît que ces mineurs du Cornwall sont plus doux et plus faciles à gouverner que ceux du Nord. Il y a quarante ou cinquante ans que l'ouvrier houilleur de Newcastle, avec ses longs cheveux bouclés, sa veste à fleurs, sa culotte de velours de coton, son chapeau rond enrubanné, était l'homme le plus audacieux que renfermât la population ouvrière de la Grande-Bretagne », et les mineurs en Belgique ont, dans l'histoire, pris une grande part aux émeutes et aux révolutions. On n'ignore pas que le nom de *Carbonari* désignait des membres d'associations politiques secrètes, emprunté aux mineurs auxquels on refusa longtemps les droits civiques. — Avant les prédications de Whitefield, et de Jean et Ch. Wesley vers 1743 dans ces parties un peu reculées du royaume britannique, Newcastle et le Cornwall, les mineurs passaient pour des hommes sauvages, grossiers et féroces.

A la mine de Litty, au Calvados, près Bayeux, les mineurs descendent le soir à six heures pour ressortir le lendemain matin à la même heure ; d'autres les remplacent et restent également douze heures dans la mine, depuis six heures du matin à six heures du soir.

En général, les mineurs sont forts et vigoureux, mais ils ont le teint d'une grande pâleur. — Avant de quitter ce sujet, disons que les cordes qui servent à descendre au fond des puits, étaient en chanvre ou en aloès, tandis qu'en Angleterre, et à Anzin (France), on emploie aujourd'hui des câbles en faisceaux de fils de fer. L'espèce de cage en fer dans laquelle nous sommes descendu, à Anzin, à 166 mètres sous la plaine de Valenciennes, était munie d'un parachute, inventé par un chef d'atelier, M. Fontaine, et destiné, en cas de rupture du câble de fer, à écarter deux bras de la cage qui viennent s'implanter dans les *guides* en bois qui règnent tout le long du puits. La galerie ou le puits du Chauffeur à Anzin, ouvert il y a plus d'un siècle, a aujourd'hui une profondeur de 633 mètres. En souvenir de notre visite à Anzin (1860), nous ne pouvons nous empêcher d'exprimer ici notre gratitude pour la bienveillance de M. Cabany, ingénieur des mines, l'habile directeur de cette vaste exploitation houillère, laquelle occupe 15,000 ouvriers, et fournit par ses 33 puits environ 33,000 hectolitres de charbon par jour : six pompes d'épuisement, continuellement en activié, y élèvent en 24 heures jusqu'à 100,000 mètres cubes d'eau du fond des galeries.

Revenons à présent à G. Stephenson et à sa famille.

Les ouvriers des mines ne peuvent être assurés d'une demeure permanente, il faut, suivant leur locution pittoresque, *qu'ils suivent le charbon :* quand une houillère est épuisée, ils passent à une autre. On montre encore à présent, et avec raison, parmi des monceaux de cendres, de scories et de poussière de houille, à quelques minutes du petit bourg de Wylam, presque entièrement habité par des mineurs et des forgerons, la maisonnette que rien n'annonce, composée d'une cuisine et d'une chambre au-dessus, où naquit G. Stephenson, et près de Dewley, à quatre milles de là, une autre chaumière où le vieux Bob transporta son domicile en suivant le charbon. — Avec tant de bouches à nourrir, six enfants et sa petite paie qui suffisait à peine dans les temps d'ouvrage, on comprend toute la nécessité de l'ordre, de l'économie, du travail; à cela se joignait la cherté du pain dans ces temps de crise. Ah! personne ne pouvait songer à rester oisif dans cette pauvre, mais honorable famille d'artisans, et le petit Georges (Geordie Stephie) qui atteignait ses huit ans, s'estima à son tour très-heureux quand une veuve, Grace Ainslie, qui avait le droit de faire pâturer ses vaches le long de la route que suivaient les chariots de charbon, offrit de lui donner 2 pence (20 centimes) par jour, pour empêcher ces bonnes bêtes de se trouver sur le passage des voitures, ou d'empiéter sur le terrain d'autrui; il devait aussi veiller à ce que les barrières fussent fermées chaque soir, lorsque le

dernier convoi serait passé; ce fut là son premier grade
(cow-boy). L'éducation de la première enfance des
districts manufacturiers et industriels était alors complétement nulle : l'enfant de cinq ans berçait l'enfant
de deux ans, pendant que celui de sept veillait sur l'un
et sur l'autre et gardait la maison, ou bien, tout le
long du jour, en l'absence des parents, les enfants,
abandonnés à eux-mêmes, en été jouaient sur la route
ou dormaient dans la boue, et il fallait les empêcher
de se mettre sous les roues des lourds wagons chargés de houille qui défilaient en roulant sur des rails
en bois, comme on en faisait alors. A l'âge de sept ou
huit ans, aussitôt que l'esprit s'ouvre et que les membres ont pris un peu de force, on commençait à utiliser les enfants. Lorsque les jambes de Georges se
furent convenablement allongées et qu'il fut de taille
à enjamber les sillons, il fut promu, avec un salaire
double, à l'emploi plus difficile de conduire les chevaux à la charrue, et d'arracher les raves et la mauvaise herbe, genre d'occupations qui ne laissaient pas
toutes d'avoir leur charme, en lui donnant l'occasion
de rechercher et de découvrir des nids d'oiseaux,
goût qu'il tenait de son père qui avait un jour pris son
petit Georges dans ses bras pour le mener contempler
un nid de sansonnets, spectacle dont le célèbre ingénieur se souvint toujours avec ravissement.

La bonne fortune de Georges ne se lassant pas
si tôt, il arriva ensuite à gagner 6 pence par jour

(60 cent.), et cela près de son frère James ou Jacques à la mine; c'était de ce côté-là que tendaient tous ses désirs : en cassant les pierres et triant le charbon et le remuant à la pelle, Georges préparait sa carrière future, car l'enfant était ambitieux, il voulait devenir *surveillant* d'une pompe à feu comme son père, et dès qu'il fut en âge, il obtint de s'occuper à la houillère de Black Callerton à trier les pierres qui se trouvaient mêlées au charbon, et à guider le cheval de la machine, avec une paie de 8 pence (80 cent.) par jour. Black Callerton est à deux milles ou trois quarts de lieue de Dewley-Burn, et notre jeune garçon se rendait à son ouvrage de très-bonne heure le matin, pour ne revenir que le soir. — A quatorze ans il fut enfin promu à la place de second aide-chauffeur de son père, à Dewley, avec une rétribution d'un shelling (1 fr. 25 c.) par jour; mais craignant qu'une pareille rétribution n'excitât des soupçons ou l'envie, qu'on ne crût qu'il avait trompé sur l'âge de son fils, et que le propriétaire de la mine ne jugeât l'enfant bien trop jeune pour un pareil gage, de plus de sept francs par semaine, le vieux Bob faisait cacher son petit Georges quand le maître venait faire ses tournées d'inspection. [illegible] Il faut dire que tout ceci se passait au temps des grandes guerres de Napoléon; les denrées étaient fort chères, le commerce incertain, les demandes de travail très-précaires, et par conséquent la position des

ouvriers de toute espèce tout à fait fâcheuse en Angleterre, quoiqu'il se fît une grande consommation
d'hommes comme *chair à canon!* comme on disait
alors, ce qui aurait dû diminuer d'autant dans le pays
la concurrence pour l'industrie. La famille Stephenson
néanmoins vivait dans une aisance relativement pas-
sable. Le père, attentif à pourvoir de combustible sa
machine, recevait ses quinze francs par semaine ; ses
deux fils aînés, Jacques et Georges, en gagnaient autant entre eux deux; des deux plus jeunes, l'un était
trieur de charbon, l'autre tirait la brouette ; les filles
aidaient leur mère dans les soins du ménage : il n'y
avait point de mains oisives parmi eux, et les gains
de la famille, réunis, montaient de 35 à 40 shellings,
environ 50 francs par semaine; et même, quelque
difficulté qu'il y eût dans ces années de disette à se
tirer d'affaire, les merles, les rouges-gorges et autres
oiseaux n'en étaient pas moins nourris en hiver par
les Stephenson, avec lesquels ils vivaient familièrement, et Georges avait fait un chenil derrière la
maison pour abriter un chien et des lapins. Les Stephenson étaient alors à Jolly's Close, à quelques milles
plus au sud, près du village de Newburn, où on avait
ouvert et où on exploitait une nouvelle mine de charbon (*the Duke's Winnin*), appartenant au duc de Northumberland. Au reste, chaque fois qu'une mine était
épuisée, la machine et la famille du chauffeur étaient
transportées sur un autre point, et ces pérégrinations

ne laissent pas que de rendre notre récit un peu em-
barrassant à suivre sur le terrain géographique, car
Jolly's Close, par exemple, qui se composait de quelques huttes ou maisonnettes, ne se retrouve pas même
aujourd'hui sur la Carte des mines du pays.

Ce fut après un de ces voyages que Georges et l'un
de ses camarades, Bill Coe, obtinrent d'être chargés
à eux seuls du chauffage d'une petite machine, à Water-row. Le chemin de Georges se faisait, et nous ne
pouvons aller plus vite que lui : il avait quinze ans, il
était grand et fort pour son âge, actif, sobre, adroit,
bon et vigoureux compagnon, soulevant une lourde
charge plus facilement et lançant son lourd marteau
de mineur même plus loin que Robert Hawthorne, son
rival dans ces exercices de gymnastique ; il avait avec
cela l'estime et l'amitié de tous ceux qui l'entouraient, et
on venait d'élever ses gages, à Throckley-Bridge, à 12
shellings par semaine. La première fois qu'il toucha,
un samedi soir, cette haute paie de 15 fr., pour six
jours de travail, il la montra triomphalement à ses
camarades en leur disant : *Me voilà devenu un homme
pour toujours ! (I am now a made man for life).* Il est
même devenu un grand homme pour toujours, et sur
le fronton ou pourtour du Palais de l'Industrie à Paris, on lit son nom entre ceux d'un Jacquart, d'un
Guttenberg, d'un Archimède, d'un Fulton, d'un Chris-
tophe Colomb, et d'autres grands hommes anciens et
modernes. Nous ne prétendons pas qu'on puisse de-

venir un homme supérieur à volonté, mais G. Stephenson a montré ce que peut la volonté et l'énergie persévérante, quand elle est unie à l'amour du bien, et à un peu de cet héroïsme qui subjugue le monde ; au reste toute carrière, quelque modeste et inaperçue qu'elle soit, est honorable quand elle est bien remplie.

On ne saurait encore calculer tous les résultats de l'adoption générale du nouveau moyen de communication inauguré par G. Stephenson, mais ces résultats sont déjà assez prodigieux pour appeler notre attention sur les hommes qui en furent les auteurs ou les promoteurs. L'Europe et le monde retentissent en général, en faveur des chemins de fer, d'accents de reconnaissance contre lesquels échoueraient tous les raisonnements contraires ; leur création est un fait et une nécessité, qu'il s'agit de régler aujourd'hui et non plus de combattre. Si l'on voulait contester leur influence politique et sociale, on ne pourrait s'empêcher de sentir du moins toute leur portée administrative et commerciale ; leur utilité, leur convenance dans l'époque actuelle ne sont plus à démontrer pour personne. En Amérique, ils ont été, avec les bateaux à vapeur, comme l'instrument de défrichement le plus propre à activer la conquête pacifique des immenses régions du nouveau continent, et comme une puissante garantie du maintien de la Grande Confédération des États-Unis, dont ils ont relié les divers États. A ce double titre d'utilité matérielle et politique, ils ont été accueillis dans ce pays avec d'unanimes transports. Le *consensus gentium*, la voix des peuples, pour ainsi dire, leur est acquise; ils remplacent même la malle-poste qui fournissait cependant jusqu'à ses trois lieues et demie par heure, et les transports sur les canaux qui étaient quelquefois d'une lenteur désespérante. Puisse à tous ces titres (et laissant de côté les inconvénients et les dangers possibles des chemins de fer), la vie de leurs inventeurs, celle d'un G. Stephenson qui est pour nous comme leur personnification, et celle de son fils, captiver notre attention et nous appeler sincèrement à dire : *Gloire soit à Dieu au plus haut des cieux, paix sur la terre, et bonne volonté envers les hommes !*

L'esprit d'association et de spéculation en brassant les millions par douzaines, et la Californie et l'Australie en fournissant en dix ans sept milliards de francs, ont accéléré et imprimé une impulsion irrésistible à ce mouvement grandiose qui conduit les peuples à de nouvelles destinées; — et la tendance aujourd'hui est d'imposer aux Compagnies des embranchements pour la petite circulation, et de mettre sur rails dans les villes des omnibus, en conservant pour ces deux genres de transports l'usage des chevaux.

CHAPITRE II.

CHAPITRE II.

Des mines de houille et de la pompe de Watt.

A l'Éternel appartiennent les temps et les moments,
à nous à les étudier, à en profiter et à les suivre;
mais lorsque la Providence met sa main dans la foule
pour y choisir et pour en retirer les hommes extraordinaires qu'elle semble avoir prédestinés à changer la
face des sociétés, elle les fait apparaître sur la scène
du monde dans des circonstances qu'elle semble avoir
de loin et avec soin préparées.

« *Il y a un temps pour planter,* » dit l'Ecclésiaste, «*et
il y en a un autre pour arracher ce qui a été planté.*»
Si le charbon de bois ou l'usage de ce combustible
remonte, comme on le croit par un passage de Théo-
phraste, à une haute antiquité, et si avec les cheminées
du bon vieux temps qui pouvaient abriter toute une
famille sous leur respectable manteau, et recevoir
quatre ramoneurs de front dans leur tuyau plus respectable encore, la place la plus chaude était sur les
toits, et la perte de chaleur de 90 %, ces 90 % s'en-
volant pour les oiseaux ou pour les chats, personne
n'ignore plus que la houille ou le charbon de pierre
est la substance minérale la plus utile à l'industrie

humaine, et qu'elle y a produit depuis moins d'un siècle une véritable révolution : ce n'est même que depuis 1845 que l'industrie du fer a pris les plus vastes proportions pour les constructions, les ponts, les navires, les chemins de fer, les coupoles des bâtiments, etc.; l'application de la houille à la fabrication ou à la fonte du fer, de l'acier, du cuivre, voilà le grand progrès industriel ou social accompli. On sait aussi que le terrain carbonifère, dans lequel sont réunis la presque totalité des combustibles minéraux, est composé de grès et de schistes partout identiques, et que les terrains houillers sont en général concentrés dans le nord-ouest de l'Europe, entre les 49° et 56° de latitude septentrionale qui contiennent les grands dépôts marins des Iles Britanniques, de la Belgique, du nord de la France, et de l'Allemagne ; et la même loi se retrouve dans le Nouveau-Monde, où d'énormes quantités de houille existent dans les États du centre des États-Unis et sur les bords de l'Ohio. On sait enfin que dans le seul district de Newcastle dont le bassin houiller n'a pas moins de 85 kilomètres de longueur sur 25 dans sa plus grande largeur, plus de 60,000 ouvriers sont nuit et jour occupés dans ces inépuisables mines, et que Newcastle exporte annuellement plus de houille que n'en exploite toute la France. L'extraction houillère de l'Angleterre atteint 40 millions de tonnes, soit 40 milliards de kilogrammes, ce qui est 8 fois la production de la France, et plus de 3 fois celle de tout le reste de l'Europe, et le terrain houiller y couvre, sur un espace d'environ quatre-vingts lieues, une étendue de 1,570,000 hectares divisés en une vingtaine de bassins qu'on peut ranger sous trois groupes : 1° celui du nord qui s'étend depuis les rivières de Trent et de Mersey jusqu'aux frontières de l'Écosse, 2° le bassin de Newcastle, et 3° celui du pays de Galles.

En dépôt à d'assez grandes profondeurs ordinairement, et provenant sans doute de forêts primitives, c'est-à-dire d'énormes masses de végétaux (fougères arborescentes, sigillaires, conifères, prêles et calamites) altérées par l'eau et les sels de la mer, et réduites en charbon ou minéralisées à la suite de quelque grande révolution du globe à une époque extrêmement reculée, la houille dont on ne compte pas moins de 60 variétés à Londres, se présente sous la forme d'une pierre plus ou moins brillante, d'un noir de velours, tirant quelquefois sur le grisâtre ou le verdâtre, et parfois aussi mélangée des plus belles couleurs de l'iris : cette substance est opaque, insipide, inodore à l'état froid, cassante, quelquefois friable ou cédant à l'effort de l'ongle, peu hygrométrique, d'une pesanteur spécifique comparée à l'eau de 1.4, et presque toute composée de carbone, soit 84 parties de charbon sur 100, et en faible proportion d'hydrogène, 15 °/₀ environ, avec 0.05 d'oxygène, 0.07 d'azote et de cendres, et une très-minime proportion d'huile et de matières volatiles, ammoniacales ou bitume et huile essentielle. Cette composition de la houille est toujours plus ou moins la même; on distingue bien la houille grasse (*smith-coal*), soit à longue, soit à courte flamme; la houille ou charbon de grille, et la houille compacte (*cannel-coal*), qualité supérieure, particulière à l'Angleterre, employée surtout pour le gaz; mais ce sont toujours des carbones hydrogénés qui forment la plus grande partie de leur masse. L'analyse de l'excellente houille de Commentry, dans le département de l'Allier, faite à l'École des Mines, a donné, pour 100 parties, 60 de charbon pur, 34 de produits gazeux, et 6 de cendre : 100 kilogrammes de cette houille fournissent 60 kilogrammes de coke.

Employée comme combustible, la houille donne une chaleur plus forte que le bois ou le charbon de bois, mais une flamme moins vive et moins brillante; elle brûle avec une fumée noire et sèche et une flamme jaunâtre, en répandant une odeur bitumineuse et un peu sulfureuse, et en se gonflant ou se boursoufflant par la décomposition, de sorte que les morceaux se collent entre eux et s'empâtent. Or, si on arrête la combustion quand la houille cesse de flamber, ou que de la matière incandescente il ne s'échappe plus de flamme ni de fumée rougeâtre allongée, mais qu'au contraire la flamme est devenue blanche et courte, auquel cas est sortie la matière bitumineuse qu'on

emploie comme enduit et goudron minéral, pour re-
couvrir les corps qu'on veut préserver de l'air et de
l'humidité, il reste une espèce de charbon dur, spon-
gieux, léger, avec un éclat métallique dont la couleur
est d'un gris de fer, et qui continue à brûler si la
température du foyer est très-élevée, ou le tirage très-
fort : c'est le *coke*, produit de la calcination de la
houille, et qui fournit par la distillation, outre des
huiles empyreumatiques dont on se sert pour alimenter les lampes, et du goudron ou de l'huile volatile,
employée pour certains vernis, le *gaz d'éclairage*, son
principal produit gazeux.

Inventé par Lebon à Paris, en 1789, le gaz d'éclairage a été appliqué à Paris de 1831 à 1839, après
avoir fait invasion d'abord dans le Palais-Royal en
1822 ; combinaison inflammable de carbone et d'hydrogène, à bien meilleur marché que le suif, l'huile ou la
cire, on le désigne en chimie sous le nom d'*hydrogène carboné*. Appliqué aujourd'hui à l'éclairage public,
ce gaz qui brûle dans les réverbères de la plupart de
nos villes et qui en inonde de lumière les magasins,
sera-t-il bientôt remplacé par le gaz à l'eau ou gaz
hydrogène pur, à flamme intense, qu'on extrait de
l'eau, dont on vante les avantages, et qui éclaire déjà
la ville de Narbonne ? nous ne le savons, et nous doutons que le gaz de houille ait fait son temps. Les
houilles de Mons et de Commentry, que l'on emploie

beaucoup à Paris pour le gaz d'éclairage, donnent 25 mètres cubes de gaz par 100 kilog. Quant au coke proprement dit, qui est le produit de la houille chauffée au rouge-cerise, il a de très-grands avantages pour le chauffage, en ce qu'il ne donne que peu ou point de fumée, avec une grande intensité de chaleur, qu'il rougit promptement au feu et qu'il conserve longtemps cet état; aussi l'emploie-t-on sur la plupart des chemins de fer, et dans un grand nombre de briqueteries, de porcelaineries, de sucreries et d'usines; mais il est d'une combustion assez difficile, et sa propriété hygrométrique a peut-être l'inconvénient de dessécher un peu l'air des appartements, en dépensant de sa chaleur à réduire en vapeur l'eau qu'il absorbe et l'hydrogène qu'il contient. Les cendres de la houille sont mises à profit pour amender les terres. Le coke dont on a extrait le gaz n'est plus qu'un produit assez léger, bon pour l'usage domestique.

La nature des combustibles employés varie, on le conçoit, suivant les pays ou les circonstances locales, et l'on n'a point renoncé à l'emploi du charbon de bois ou charbon végétal, que l'on obtient en soumettant le bois à une température de 130 à 400 degrés et le préservant du contact de l'air: comparé à la houille, sa composition est 0.79 carbone, 0.14 matières volatiles, et 0.7 cendres. Là où les immenses forêts qui couvraient autrefois l'Allemagne n'ont pas entièrement disparu, et dans certaines parties de l'Amérique du nord, le long de l'Hudson, par exemple, on fait usage du bois. Les Anglais sont les premiers qui imaginèrent, sous le règne d'Élisabeth, de calciner la houille et d'employer le coke dans l'affinage du fer. Son usage ne s'introduisit en France que vers 1772. L'Amérique du nord tire de Liverpool une énorme quantité de houille et de coke, quoiqu'elle ait une surface houillère de 160,000 milles carrés, c'est-à-dire beaucoup plus considérable que celle de toute l'Europe; mais le charbon y est plus souvent à l'état d'*anthracite*, coke plus dense ou combustible plus difficile à brûler que la houille, d'une formation plus ancienne ou d'une couche plus basse, et considéré comme inférieur. Les anthracites de Shuykill (Pensylvanie) sont estimés pourtant pour leur emploi en nature dans les locomotives.

Dans quelques localités exceptionnelles on emploie la *tourbe*, combustible formé par la décomposition ou la désorganisation incomplète de végétaux dans certains lacs ou marais. On passe en effet, dans les entrailles de la terre, de l'anthracite à la houille, puis aux lignites plus semblables au bois, et enfin aux tourbes par les terrains les plus multiples et les transitions les plus mélangées. La tourbe est une substance brune, noirâtre, terne et spongieuse, composée 1° de végétaux dont la fermentation ou la décomposition est retardée par la présence et la température de l'eau, qui les soustrait au contact de l'air, et 2° d'une couche de terre qui les nourrit. Les tourbes abondent en Bohême, au pied des Carpathes et des Sudètes, et en Bavière, comme au Grœnland et en Russie, en Sibérie, en France (départements de la Gironde, de la Somme, du Pas-de-Calais). On peut dire que la Hollande est assise sur la tourbe, et les habitants n'ont d'ailleurs pas d'autre combustible à leur disposition. En Irlande, les dépôts atteignent plus de quinze mètres; dans quelques-uns même les sondages n'ont pas indiqué le fond, tandis que les couches de lignites à Oron (Suisse), par exemple, n'ont guère plus de 60 centimètres d'épaisseur. Le lignite est une matière charbonneuse, noire ou brune, provenant de tiges de végétaux ligneux et présentant fréquemment dans son tissu fibreux des traces de son origine; il s'allume et brûle avec facilité, et donne par la distillation le même acide que le bois et un charbon semblable à la braise: on distingue comme variétés de lignites le *jayet* ou *jais*, qui est d'un rais brillant, susceptible de poli et que l'on emploie pour fabriquer des bijoux de deuil; le lignite fibreux qui est ordinairement brun, et le lignite friable ou terreux, d'un noir brunâtre et chargé de pyrites. Les lignites qui abondent dans le bassin de la Seine et de Rheims peuvent s'employer comme engrais, et les cendres de la tourbe servent aussi à fertiliser la terre. — Les gîtes de houille sont à des hauteurs et profondeurs fort différentes; on en cite à plus de

2600 mètres au-dessus de l'Océan ; on connaît ceux de Forcalquier en Provence et des Diablerets dans le Valais (Suisse), tandis que d'autres sont inférieurs au niveau des mers, comme on le voit à Whitehaven, sur les côtes de la mer d'Irlande, pour une mine dont l'exploitation s'avance à plus d'un quart de lieue sous le fond de l'Océan et à une épaisseur au-dessus de la mine de plus de cent mètres; au contraire, en Australie, dans la ville du nom de Newcastle, on trouve des couches de houille, avec des veines de trois pieds d'épaisseur, à la profondeur seulement de 15 à 20 pieds, et à la Nouvelle-Calédonie (Port de France) les filons se trouvent presque à fleur de terre.

En raison des circonstances géologiques de la plupart des riches bassins houillers de la Grande-Bretagne, d'immenses courants d'eau viennent alterner à chaque instant avec les couches de minerai; telle est, pour en donner un seul exemple, l'abondance des eaux, que, dans le bassin de Lancashire, à la mine de Worsley, le duc de Bridgewater a fait creuser une galerie navigable de plus de 6000 mètres, avec un tirant d'eau de plus d'un mètre; les bateaux, employés pour cette navigation intérieure, charrient environ cent hectolitres de houille. A Anzin, depuis Saint-Waast (banlieue de Valenciennes) jusqu'aux fosses de Denain, il existe, à environ 30 mètres de profondeur, un lac souterrain, dont la hauteur est en certains points de 28 mètres.

Ces nappes d'eaux souterraines opposaient autrefois les plus grands obstacles à l'extraction du minerai, et la profondeur croissante des mines ajoutait de jour en jour à ces inconvénients et à leurs dangers. Il y a soixante à soixante-dix ans que les tonnes d'épuisement montaient et descendaient, comme celles pour l'extraction du minerai, au moyen d'un tambour à manége et d'un câble, comme cela se pratique encore aujourd'hui aux mines du Mexique, de Real del Monte; ces machines étaient mises en mouvement par le moteur placé à l'extérieur, un treuil, un manége à bras ou à cheval, une roue hydraulique ou une machine de Newcomen (*fire-engine*), et allaient ainsi puiser l'eau dans les parties les plus profondes de la mine. Tous ces moyens coûtaient des sommes énormes, et avaient éveillé les inquiétudes de la nation la plus industrielle du monde, qui voyait sa prospérité ou sa ruine attachée à la découverte d'un moteur nouveau, puissant et économique. «Les paysans des houilles,» écrivait, vers 1680, l'intendant de la province du Hainaut (Belgique), «sont trop pauvres pour pourvoir à l'épuisement des eaux, c'est pourquoi ils ne travaillent qu'à la surface.» Mais à l'époque où nous sommes parvenus, on commençait, en Angleterre, à épuiser l'eau des mines au moyen des pompes du Cornwall, ou de la *machine à vapeur,* due au génie de ce James Watt, qui précéda Stephenson, et que l'on peut regarder comme le véritable inventeur de la machine à

vapeur, vu les grands changements et perfectionnements qu'il y a apportés. C'est lui, en effet, qui en a
réglé les mouvements avec assez de bonheur pour la
rendre applicable aux opérations les plus délicates, et
qui, en en faisant un moteur universel, capable de
remplacer tous les moteurs animés, lui a donné assez
de force et de solidité pour vaincre, sans dépense considérable de combustible, les résistances les plus
énergiques. Aussi les noms d'un James Watt et d'un
Georges Stephenson ne peuvent guère se séparer : si
la production du fer dépasse aujourd'hui en Angleterre trois millions de tonnes, et s'il faut au moins
trois fois autant de minerai, soit douze millions de
tonnes de charbon de terre, plus trois millions environ de tonnes de pierre à chaux pour fondre ce
minerai et le rendre propre à l'industrie, n'est-ce pas
pour ainsi dire à Watt que l'Angleterre doit cette
énorme production? sans parler du plomb, du cuivre,
de l'étain, du zinc, livrés chaque jour au commerce.
En 1854, la Grande-Bretagne a fourni à elle seule
les 48 p. 100 de tout le fer extrait cette année de
toutes les mines du monde, et cependant la Styrie, la
Suède, l'île d'Elbe ont aussi des mines de fer considérables. — D'autre part, sans la houille à bon marché les chemins de fer sont impossibles; et cette consommation universelle de la houille dans laquelle
l'Angleterre entre annuellement pour plus de 50 millions, et qui a comme renouvelé la face du monde, et

lancé dès lors l'industrie à toute vapeur, n'est-elle pas due principalement à Stephenson et à ses locomotives?

Les noms de ces deux héros de l'industrie moderne, James Watt et Georges Stephenson sont donc invariablement et intimement unis entre eux.

CHAPITRE III.

CHAPITRE III.

**Progrès et mariage de G. Stephenson. — Naissance
et éducation de son fils.**

Nous avions laissé les Stephenson, la famille de
Georges, près de Newburn, et Georges employé avec
Bill Coe dans le voisinage, à la manœuvre d'une petite
machine à vapeur. Mais le puits de Midmill où travaillait Georges, et celui de Newburn où était occupé son
père, ayant été fermés, le dernier à la suite d'un accident, le père et le fils furent appelés à Water-row, où
nous les retrouvons ensemble.

A dix-sept ans, Georges avait dépassé son père;
après avoir traversé tous les degrés successifs de la
hiérarchie minière, il avait été promu au rang d'ouvrier mécanicien, (*plugman*) à Water-row, c'est-à-
dire qu'il était chargé de surveiller le travail de la
machine, dont son père n'était que le chauffeur. Destinées à vider l'eau qui s'amasse dans les réservoirs
creusés pour cela, ces pompes fonctionnent sans relâche, sans quoi les galeries seraient inondées; mais
en pompant l'eau, elles font souvent monter des débris
de charbon ou d'autres matières, qui, en engorgeant

les tuyaux, arrêtent ou entravent le jeu de la pompe : il faut donc une continuelle surveillance et autant d'expérience que d'adresse pour les entretenir; mais Georges, toujours attentif à bien faire quoi que ce fût qu'il eût à faire, avait montré de très-bonne heure un esprit tourné vers la mécanique. C'est ainsi que pendant qu'il gardait les vaches dans les champs, il fabriquait avec un de ses meilleurs camarades, Bill Thirlwall, de petites machines ou pompes en miniature, au grand amusement des mineurs; il ne leur en coûtait pas davantage pour mettre des moulins à eau, comme en placent les enfants, dans tous les ruisseaux de Dewley. — On comprend que sa machine à vapeur devint pour Georges Stephenson l'objet favori de ses pensées et de son affection; il en était véritablement amoureux; il ne pouvait se rassasier de la voir jouer, d'en étudier le mécanisme, et c'était pour lui une fête quand il s'agissait de la démonter pour la nettoyer, puis d'en remonter les différentes pièces; il en profitait pour se rendre compte de leur agencement, de leur action réciproque, de leurs secrets, au point de n'avoir jamais à sa pompe ni dérangement ni dommage, et d'être ainsi dispensé de recourir pour réparations à l'ingénieur de la mine.

A dix-huit ans, Georges était vraiment un homme fait, et gagnait la paie d'un homme. Il dirigeait seul une machine à vapeur, il en connaissait tous les détails de construction et de marche, toutes les circon-

stances de force et de faiblesse; en attendant, durant
ses loisirs, il prenait des oiseaux au piége, apprivoisait
des merles, faisait couver des œufs, comme les Égyp-
tiens, par la chaleur, construisait pour lui de petits
modèles de machines, élevait son chien et nourrissait
des lapins; son éducation avait jusqu'alors consisté à
se bien conduire, à travailler dur, à se laisser fasciner
par sa chère machine à vapeur, et à devenir un ro-
buste compagnon; mais il ignorait, et il le sentait, ce
que nous estimons être le premier pas dans la science,
la clef de tout savoir : Georges ne savait pas lire, il ne
connaissait pas même l'alphabet, et peu de ses camarades étaient plus avancés que lui sous ce rapport; le
temps n'était pas venu où les ouvriers ont tant de fa-
cilités pour apprendre. Et si les mines de charbon
allaient se convertir en d'inépuisables trésors, la race
des charbonniers était encore sauvage, ne ressemblant
à aucune autre : leurs mœurs grossières et barbares,
leurs émeutes continuelles ayant pour prétexte la cherté
des vivres ou la modicité du salaire, l'ivrognerie qui
régnait au milieu d'eux, leurs blasphèmes, leur mépris
hardi de toute autorité inspiraient le dégoût et la
crainte. C'est à ces populations souterraines, pour
ainsi dire, de Bristol, du Cornwall et de Newcastle,
que Whitefield, et les Wesley (1743) avaient prêché
l'Évangile, et bientôt l'amour de la paix et les louanges
du Dieu - Sauveur remplacèrent les malédictions, les
excès de la boisson et les égarements du désordre. —

-Mais tenons-nous-en à notre sujet ou à Georges Stephenson.

- Notre héros devait à ses parents une bonne santé, une constitution vigoureuse, des habitudes de sobriété, de patience, d'économie; et le profit croissant de son travail allait lui ouvrir la porte de toutes les sciences.

- C'était l'époque de la plus grande gloire de Napoléon, et personne n'écoutait avec plus d'attention que Georges Stephenson le récit des triomphes du premier consul en Italie et de son expédition d'Égypte, dont la lecture se faisait à la lueur du foyer d'une machine par quelque houilleur un peu plus savant que les autres. Les journaux racontaient aussi de temps en temps les merveilles opérées par des machines de Watt et de Boulton; notre jeune ouvrier comprit que s'il savait lire, il pourrait tout apprendre par lui-même sur ces victoires et sur ces machines plus curieuses encore que la sienne.

Un pauvre magister de village, Robin Cowens, tenait une école du soir non loin de la houillère, au village de Walbottle; elle était fréquentée par quelques mineurs et les fils des petits propriétaires des environs. Georges y alla trois fois par semaine, après douze heures d'un travail pénible; il y apprit à épeler et à lire, moyennant une rétribution de 30 centimes par semaine; au bout d'une année il avait appris à lire passablement et à écrire son nom. Puis vint l'hiver de 1799, pendant lequel il fréquenta l'école du soir qu'était venu tenir à Newburn un brave suffragant écossais, Andrew Robertson, et après cette seconde année il avait ajouté, à 40 centimes par semaine, l'arithmétique élémentaire à son savoir : son maître lui posait des problèmes ou questions sur une ardoise; il les résolvait dans ses moments de loisir de la journée, et le soir il les reportait à son professeur de village qui lui en posait de nouvelles; on le voyait, assis pendant la journée près de sa machine ou pompe d'épuisement, écrire ou faire des calculs sur une ardoise. Il se rendit en peu de temps maître des quatre opérations fondamentales, et il parvint jusqu'à la fameuse *règle de trois :* son professeur n'en savait pas davantage. A travers ces progrès si importants qui allaient lui faire comprendre le mystérieux livre des machines, il ne négligeait pas d'apprivoiser des rouges-gorges et il poursuivait l'éducation de son chien qui lui servait de domestique, et lui apportait, de Jolly's Close à Water-row, son dîner suspendu à son cou dans un seau d'étain, non sans avoir parfois à le défendre contre la dent des autres chiens.

Après trois années passées avec Bill Coe dans le voisinage de Newburn, tous deux trouvèrent de l'emploi à la houillère de Black Callerton qui appartenait aux mêmes propriétaires; Georges (1801) y arriva comme surveillant ou conducteur d'une pompe à feu.

En même temps il s'était familiarisé avec la manœuvre du *frein*. On entend par là, dans les charbonnages, l'appareil destiné à régler le mouvement des charges de houille qui montent du fond des mines, de telle façon qu'elles doivent s'arrêter précisément à l'ouverture du puits où on les attend. Ce travail, d'une grande responsabilité, demande à la fois de l'adresse, de la force et de l'habitude ; le *brakesman* gagne jusqu'à 2 liv. st. pour 14 jours (50 fr.).

C'est à Black Callerton que Georges eut son Austerlitz. Il avait toujours été sobre, pacifique et bon travailleur ; cela n'empêcha pas un jour le plus déterminé tapageur, et le plus mauvais sujet de la troupe des mineurs de le défier à un combat. Les camarades de Georges tâchaient de l'en détourner : « Voulez-vous donc vous battre avec Ned Nelson, l'effroi de la contrée ? » lui disaient-ils dans leur amitié et inquiétude pour lui, et appréhendant qu'il ne fût tué sur place. « Soyez tranquilles, leur répondit Georges, je serai le plus fort. (*Ay, never fear for me, I'll fight him*). » Ned ou Édouard Nelson se prépara quelques jours d'avance à ce combat singulier. Stephenson, lui, ne quitta pas de la journée son ouvrage ; le combat eut lieu le soir. Notre héros, après s'être débarrassé de sa veste de mineur, terrassa rapidement son redoutable adversaire à qui il tendit ensuite la main, et qui devint et resta son ami ; ce fut sa première et sa dernière bataille à coups de poing, il voulait acquérir d'autres connaissances que celle de boxer, et il s'exerçait depuis quelque temps, pour augmenter son salaire, à raccommoder des souliers; il y travaillait pendant que sa machine accomplissait sa tâche avec sa régularité accoutumée.

Ce nouvel ouvrage lui fit faire la connaissance d'une jeune et jolie fille nommée Fanny Henderson, en service dans la ferme même où il avait pris son logement, et qui lui confia sa chaussure pour la ressemeler. Georges fut très-fier de s'être bien acquitté de cette réparation intéressante, et avant de reporter ses souliers à la jeune personne un samedi après-midi, il les montra avec orgueil à un de ses amis, en lui faisant admirer la perfection de son travail. Il s'appliqua ensuite à fabriquer des formes de souliers[1], et même il se lança dans le dégraissage des étoffes. C'est à son métier de savetier qu'il dut la première pièce d'or qu'il put économiser : riche de cette guinée, il la regarda comme la pierre d'angle de sa fortune future. La première obole qu'on ôte au présent pour la réserver à l'avenir, n'est-ce pas souvent le secret des plus grandes fortunes?

Le samedi de paie ou de quinzaine était malheureusement encore consacré par trop de mineurs aux plaisirs des cabarets, au jeu, aux combats de coqs et

---

1. Cet état fut primitivement celui du fameux Morrison, le traducteur des Saintes Écritures en chinois.

de chiens ; mais Georges, fidèle à ses principes, continuait à employer cette après-midi de repos à démonter et à nettoyer sa machine, et jamais ses camarades ne le virent s'enivrer, comme beaucoup d'entre eux ; ses seuls amusements étaient ceux qui pouvaient contribuer à augmenter sa force, dont il était aussi fier que de son adresse. Il paraît pourtant qu'il n'était pas aussi heureux et expérimenté à la chasse. Étant un jour parti de grand matin, avec deux ou trois de ses camarades, pour tuer au moins quelques corneilles, il visa un lièvre gravement assis sur son séant ; croyant l'avoir tué, il courut à son butin, mais ce n'était, hélas ! qu'une pierre grisâtre, et la chasse de Georges lui valut longtemps les bons mots ou les plaisanteries de ses camarades.

Il songeait alors à épouser la jolie fille en laquelle il avait reconnu d'excellentes qualités, et qu'on représente comme ayant été aussi distinguée par son aimable caractère, sa douceur, son bon sens et son jugement que par les charmes de sa personne ; — et s'il nous est permis de le dire, nous ajouterons que nous avons reconnu ces qualités solides et aimables dans une cousine, par sa mère, de Robert Stephenson, Mrs. Ann Newton, que nous avons eu le plaisir de voir le 30 septembre 1860 à Willington-Quay, où elle est concierge des écoles (*Robert Stephenson's Memorial Schools*) fondées avec un legs de Robert, sur l'emplacement même de la demeure de ses parents.

Georges avait mis peu à peu de côté de quoi meubler une modeste demeure, un petit cottage où il amena Fanny Henderson, qui avait consenti à accepter son carreleur de souliers pour son époux; c'était à la houillère de Willington-Quay, sur le bord septentrional de la Tyne, à six milles au-dessous de Newcastle, près de Wallsend, où il avait obtenu une place meilleure qu'à Black Callerton. On vit donc arriver à l'église de Newburn, le 28 novembre 1802, pour y être mariés, les fiancés Georges Stephenson et Fanny Henderson, lesquels, après la cérémonie, allèrent, portés tous les deux, à la vieille mode anglaise, par le même gros et fort cheval de labour, recevoir à Jolly's Close du vieux Bob, qui avait bien de la peine à se maintenir sur l'eau, et de Bella Stephenson, la bénédiction paternelle; après quoi ils retournèrent dans le même équipage à Willington-Quay, escortés, dans ce voyage de quinze milles, de leurs amis de noces, Robert Gray et Anna Henderson, sœur de Fanny, montés sur un autre cheval. Jacques d'Écosse n'était-il pas entré dans sa capitale d'Édimbourg, le 7 août 1503, ayant en croupe sa fiancée, la fille de Henri VII d'Angleterre, la jeune Marguerite, âgée de 13 ans? Disons en passant que les registres de paroisse de l'église de Newburn, où Georges Stephenson dut, pour son mariage, apposer son nom, témoignent d'une main encore peu habituée à l'art de l'écriture.

Georges, marié, redoubla de zèle et d'activité à l'ouvrage; il mit sa joie et sa gloire à ce que sa femme fût heureuse, et Fanny, devenue Mrs. Stephenson, ne songeait qu'à lui rendre sa compagnie et la maison si agréables, qu'aucun plaisir ne pouvait l'arracher le soir de chez lui. — De savetier, notre héros avait passé cordonnier : il faisait d'excellentes bottes qu'il vendait très-bien aux mineurs; et Bill (William) Coe se souvenait encore fort bien, en 1851, de lui avoir payé 7 sh. 6 d. une paire de souliers, dont il fut très-content.

Songeant déjà à subvenir aux besoins d'une famille, Georges suivait avec vigilance ses occupations à la mine, et employait ses loisirs à son métier de cordonnier, et à tailler des habits pour les mineurs, depuis qu'il s'était fait aussi tailleur; il utilisait ainsi ce qui est pour tant d'ouvriers des moments perdus, tandis qu'appliquant son esprit observateur à étendre la sphère de ses connaissances spéciales, il étudiait la mécanique et s'exerçait à faire toutes sortes de modèles de machines. A l'instar de bien d'autres qui se sont instruits eux-mêmes, il s'imagina un jour avoir trouvé l'introuvable *mouvement perpétuel,* cette pierre philosophale des rêveurs en mécanique, et si son œuvre impossible ne réussit pas, un accident dans sa demeure lui fournit l'occasion de mettre ses talents à l'épreuve d'une façon plus remarquable.

En rentrant un soir chez lui Georges y trouva tout en confusion, la cheminée de sa maisonnette avait pris feu; les voisins avaient éteint, mais en inondant; sa chambre, son appartement était sous l'eau, et le pire de tout, ce qui affligeait le plus Stephenson, sa pendule, sa belle pendule qui allait huit jours sans être remontée, s'était arrêtée, les aiguilles indiquaient encore l'heure.... du désastre; la suie et l'eau avaient pénétré l'étui, sali et rouillé les rouages. Ses amis lui conseillaient de l'envoyer à un horloger. «Non, non, c'est trop cher, répondit-il, je la raccommoderai moi-même.» Il se mit à l'œuvre, et réussit, et la pendule fit bientôt entendre de nouveau son joyeux tic-tac, comme si rien ne fût arrivé. Cet événement fit du bruit, et les pendules détraquées affluèrent dès lors chez notre horloger improvisé, ce qui lui fit une nouvelle source de gain.

Après un an de mariage, le 16 décembre 1803, sa femme bien-aimée lui donna un fils, qui fut baptisé à Wallsend, et appelé Robert, nom de son grand-père, et dont le parrain et la marraine furent ce Robert Gray et Anna Henderson, qui avaient été les amis de noces. C'est cet enfant, ce fils unique et chéri de son père, ce Robert II, qui a continué à porter dignement, jusqu'au 12 octobre 1859, jour de sa mort, un nom qui ne peut plus périr, car ce second Robert Stephenson a été le premier ingénieur civil de l'Angleterre et l'architecte célèbre du pont-tube de Menaï.

Après trois années d'habitation à Willington-Quay,

Georges Stephenson passa comme *brakesman* d'une machine de Watt et Boulton, à West-Moor, près Killingworth, à sept milles au nord de Newcastle; mais à peine y fut-il arrivé (1804), qu'il perdit sa femme, qui n'était pas destinée à jouir des succès et de la gloire de son époux et de son fils. — Le travail fut pour Stephenson le remède à son chagrin et sa consolation; il regretta vivement la compagne de son choix, à laquelle il conserva longtemps un culte de pieux souvenir. Peu de temps après cette perte douloureuse, il fut invité à accepter en Écosse, à Montrose, une place de directeur de machines à vapeur de Watt et Boulton, avec une paie plus élevée qu'en Angleterre. Il fit le voyage à pied, le sac sur le dos, et s'établit momentanément à Montrose, où il introduisit des améliorations et modifications importantes dans le travail des mines et des pompes; mais il y soupirait après son foyer, et son enfant qu'il avait confié à un digne voisin, et au bout d'une année il revint, toujours à pied, avec six cents francs (28 l. st.) d'économies dans sa poche.

Un soir, fatigué et épuisé, il s'arrêta dans une pauvre maison de ferme, pour y demander un abri qui ne lui fut pas accordé sans quelque difficulté et un examen scrupuleux de sa personne; mais dans la soirée il gagna si bien ses hôtes qu'ils ne voulurent rien de lui en paiement, et qu'ils lui firent même promettre de leur faire de nouveau visite, quand il repasserait par là. Bien des années plus tard, Stephenson, devenu un homme important, et repassant dans ce voisinage, chercha ce pauvre fermier, et en le quittant il lui laissa un témoignage de reconnaissance qui était plus en rapport avec les moyens actuels de l'ingénieur qu'avec la mince hospitalité qu'il en avait autrefois reçue.

On avait grand besoin de lui à Killingworth; à la suite d'un accident au puits Blücher, son père était devenu aveugle. Pendant qu'il rangeait quelque chose dans la mine, un ouvrier avait laissé s'échapper la vapeur de la machine dont le jet, le frappant en plein visage, l'avait gravement brûlé et aveuglé pour toujours, et il était tombé par suite dans la misère.

Georges donna immédiatement plus de la moitié de ses économies pour payer ce que pouvait devoir son père; il amena de Jolly's Close, près Westmoor, à Killingworth, ses parents, qu'il établit dans une maisonnette confortable, et il fut l'appui constant et le tendre protecteur du vieux Bob, qui vécut encore plusieurs années, heureux malgré son infirmité et bénissant Dieu des succès de son fils. Il trouvait une grande consolation dans les visites de son petit-fils Robert, qui arrivait monté fièrement sur un âne, et qui amusait son grand-père par les éloges enthousiastes qu'il prodiguait à sa monture. Le grand-papa tâtait alors les oreilles, la tête, la queue et les pieds du fringant palefroi du petit écuyer, et finissait par déclarer ce cher Aliboron un âne parfait (*a real blood*).

Mais longtemps encore l'avenir parut plus sombre que brillant pour Stephenson, qui avait repris son office de *brakesman* à West Moor Pit (1807-1808). C'était l'époque du grand duel entre la France et l'Angleterre; l'armée anglaise à l'étranger était considérable; lord Castlereagh venait de la porter (1808) de 70,000 à 200,000 hommes; la guerre coûtait des sommes énormes au pays, à l'intérieur on comptait un pauvre assisté sur sept habitants. Des impôts excessifs, les denrées à un prix exorbitant et un travail peu assuré pesaient sur les classes laborieuses qui étaient en outre chaque jour sous la terreur de l'appel pour recruter l'armée ou la marine; on n'entendait plus que le roulement des tambours ou le bruit du pas des chevaux. Stephenson tomba au sort pour entrer dans la milice; il lui fallait abandonner son travail, ses études, son enfant ou payer un remplaçant; il prit ce dernier parti, et ses économies en furent enlevées d'un seul coup. La détresse était générale; Georges, malgré son énergie, se sentit découragé, et il commençait à jeter les yeux sur la terre promise de l'autre côté de l'Atlantique, où avait passé avec son mari le fermier Burns, cette Anna Henderson, que nous connaissons; mais ce ne fut dans Stephenson qu'une pensée passagère; il paraît qu'il n'avait pas l'argent nécessaire pour s'embarquer, heureusement pour sa patrie, qui l'aurait difficilement remplacé s'il était allé défricher des forêts vierges en Amérique.

En attendant de meilleurs temps Stephenson continua son emploi à la mine, tout en fabriquant des formes de souliers pour les cordonniers du voisinage, et en taillant des habits; on rapporte qu'il devint si habile à la coupe des habits, que les femmes des ouvriers cousaient ensuite, qu'on montre encore dans la mine de Killingworth des casaques ou vestes de mineurs taillées ou découpées à la mode de Stephenson.

Il avait trop senti les difficultés que son manque d'instruction accumulait sans cesse devant lui pour ne pas vouloir les éviter à tout prix à son enfant, aussi son projet était-il de lui donner la meilleure éducation possible. Toutes ses épargnes étaient dépensées, les temps fort durs et difficiles, autant de raisons pour Stephenson de redoubler d'ardeur et de chercher de tous côtés à déployer son énergie, trouvant honorable toute occupation qui lui donnerait le moyen de bien élever son fils; il raccommodait les montres la nuit, quand son travail du jour était fini; et quoiqu'il ait victorieusement confirmé le proverbe, que la nécessité est mère de l'invention et de l'industrie, il était convaincu de toute l'importance de l'instruction et du savoir. Enfin l'occasion s'offrit à Stephenson de mettre son talent à l'épreuve, et il se montra prêt à la saisir: elle ne semblait d'abord pas de grande importance;

cependant elle marque une nouvelle phase dans la vie de notre héros.

Tout à côté de Killingworth, une riche compagnie, *les Grands Alliés*[1], avait fait creuser un puits de mine et établir une pompe d'épuisement, originairement construite par le célèbre Smeaton, celui qui fonda en 1771 la société des Ingénieurs civils, et qu'on appelait *le constructeur de phares et de ports*. La machine soufflait et sifflait, mais quelque chose l'empêchait de remplir son office ; elle ne pouvait *tenir sa tête hors de l'eau*, disaient les mineurs ; les mécaniciens du pays avaient essayé de la faire marcher, mais *elle les avait tous battus*. Les bons ingénieurs pratiques étaient rares en ce temps-là en Angleterre. Pendant une année entière (1809-1810), Georges vit la vapeur et la fumée de la machine s'élever au-dessus de la colline ; et à chaque question qu'il faisait, on lui répondait : « Nous sommes noyés ! » Il retourna l'affaire dans sa tête jusqu'à ce qu'il crut être sûr d'avoir découvert le défaut, ce qui pouvait la gêner ou l'entraver, et un certain samedi après midi, il alla examiner comment elle marchait ou plutôt comment elle ne marchait pas. — « Eh bien, Georges, lui dit son ami Tristram Heppel ou Kit l'épuiseur, qu'en penses-tu ? Crois-tu, mon brave, que tu puisses faire quelque chose pour elle ? —

----

1. Voy. Smiles.

Oui, répliqua Stephenson, si je pouvais me faire aider et la réparer à mon gré, avant huit jours je vous ferais descendre dans la mine.» Heppel répéta ces paroles à M. Ralph Dodds, l'inspecteur, qui désespérait de l'affaire. Celui-ci se rendit dès le lendemain matin chez Stephenson, qu'il trouva tout endimanché et prêt à se rendre au service divin, à la chapelle méthodiste qu'il fréquentait. «Eh bien! Georges, lui dit M. Dodds, on prétend que vous vous faites fort de faire marcher la pompe du puits d'en haut? — Oui, Monsieur, je crois pouvoir en venir à bout. — S'il en est ainsi, vous aurez une bonne chance, mais il faut vous y mettre de suite; nous sommes complétement noyés, et ne pouvons avancer d'un seul pas : tous les ingénieurs y renoncent; si vous réussissez là où ils ont échoué, votre fortune est faite.» Le soir même, Stephenson prit un cheval pour aller faire visite près Walbottle, à Duke's Hall, à son vieil ami, R. Hawthorne, devenu ingénieur au service du duc de Northumberland, à qui il fit part des réparations qu'il se proposait; puis on lui livra la machine et on l'autorisa à s'aider des ouvriers qu'il choisirait, il les voulait, dans ce cas, tous *whigs* ou tous *tories* décidés. Il passa quatre jours, du lundi au jeudi, à démonter et à réparer la pompe, à en changer les pièces suivant ses idées et à en modifier ce qu'il y jugeait de vicieux; le cinquième jour il la remonta; le sixième, il épuisa complétement l'eau du puits, au fond duquel fonctionnait victorieusement la pompe ; le vendredi après midi la galerie fut à sec, et le samedi, selon sa promesse, les ouvriers purent reprendre leur travail.

Stephenson reçut 10 l. st. (250 fr.) pour cette réparation importante, avec l'assurance ou l'espérance d'une place plus lucrative. Jusqu'alors il avait travaillé dans les houillères, gagnant 25 fr. par semaine. — Sa réputation de mécanicien se répandit, et on l'appelait en consultation pour toutes les pompes poussives ou hydropiques des environs ; et peu de temps après, le mécanicien en chef de la compagnie des Grands Alliés ayant été tué par un accident, M. Dodds qui avait été le plus réjoui de la réparation de la pompe et du succès de Stephenson, tint sa parole et fit nommer Georges à cette place de 100 l. st. (2,500 fr.) par an, avec l'usage d'un cheval, nécessaire pour les courses d'inspection. — Faisons remarquer ici que Stephenson, décidé à acquérir en toute chose quelque supériorité, voulut devenir et devint par la suite un excellent écuyer ; il prenait d'habitude pour ses tournées d'inspection le meilleur coureur, et il semble qu'il ait voulu s'assurer par lui-même, de la vitesse que devrait dépasser la locomotive : un cheval ne faisant en moyenne que deux ou trois lieues à l'heure, et ne pouvant courir que pendant quelques minutes à la vitesse de 20 lieues à l'heure. — La société au service de laquelle entrait Stephenson, se composait de sir Thomas Liddell (lord Ravensworth), du comte de

Strathmore et de Stuart Wortley (lord Warncliffe), et informés de son mérite, les lords propriétaires de cette mine l'en nommèrent en 1812 l'*ingénieur*, fonction ou titre que longtemps il n'avait osé espérer, n'ayant point fait d'apprentissage sous ce rapport, ni fréquenté aucune école préparatoire.

Sorti de la classe des ouvriers subalternes et sur la voie de la fortune, élevé du moins au-dessus d'un labeur manuel, notre héros put faire connaître ce qu'il valait et faire adopter plusieurs modifications essentielles dans les machines et dans les nombreuses mines de ses patrons.

Son esprit d'activité était tel qu'il l'appliquait à toutes sortes de choses. Il habitait, comme ingénieur de la houillère, une modeste demeure sur le bord de la route qui conduit des puits de Westmoor à Killingworth. Là il avait fait pour lui, de ses mains, diverses améliorations utiles et singulières à cette humble maison, qui ne consistait d'abord que dans une seule pièce au rez-de-chaussée et une chambre à coucher au-dessus, à laquelle on montait par un escalier en échelle. Stephenson y ajouta des chambres qui en firent une demeure de quatre pièces, où habite aujourd'hui son successeur. Il y établit un four qu'il construisit lui-même. Son jardin lui rapportait de plus beaux fruits et légumes que les autres, et il le remplissait de mécanismes étranges : une espèce de moulin à vent épouvantait les oiseaux, et empêchait les pillards d'attaquer ses fruits, tandis qu'une cage assez élégante abritait dans la maison son merle favori et apprivoisé ; la porte du jardin avait un loquet dont lui seul savait le secret; il avait établi un réveille-matin pour appeler à l'ouvrage les ouvriers endormis et attardés; il pêchait la nuit à l'aide d'une lampe qui brûlait sous l'eau, au grand amusement de la famille Brandling, à Gosforth, qui voyait les poissons de l'étang se précipiter vers la flamme de la lampe; ses voisines enfin berçaient leurs enfants au moyen d'un engrenage de son invention, que la vapeur de leurs cheminées faisait mouvoir. Souvent ses camarades lui apportaient leurs montres ou leurs pendules à réparer : quelquefois la réparation était insignifiante. Un jour d'hiver, après avoir examiné la montre d'un mineur, il la passa à Robert, en lui disant: « Mon garçon, mets-moi cette montre dans le four pendant un quart d'heure.» Robert obéit, et il retira au bout de ce temps la montre qui allait parfaitement bien. Les roues étaient seulement arrêtées parce que l'huile s'était figée par l'effet du froid.

En même temps, Stephenson ne négligeait pas de poursuivre ses progrès dans l'instruction ; s'il avait d'abord économisé une guinée, il en avait maintenant une centaine qu'il plaça à de bons intérêts. L'étude scientifique lui devenait peu à peu aussi facile qu'agréable. Le fils d'un riche fermier de Benton, nommé

John Wygham, qui était bon arithméticien et qui connaissait un peu les éléments de la chimie, de la physique, du dessin linéaire et de l'histoire naturelle, devint son maître, et l'élève s'appropria rapidement la science de son collègue; un volume de Ferguson sur la mécanique, fut une richesse pour Wygham et Stephenson; ils s'exerçaient à peser l'air et l'eau ou à déterminer les pesanteurs spécifiques des corps. Stephenson fournissait ou fabriquait les appareils, et Wygham donnait les explications. — Son propre fils Robert, qu'il avait placé en 1814 et qu'il tint pendant trois ans dans la meilleure école du voisinage (Bruce's Institution) à Newcastle, après qu'il eut appris l'ABC et les premiers éléments d'un pauvre sacristain de village à l'école de *Long-Benton,* devint aussi l'aide-professeur de son père. Tous les samedis après midi le jeune garçon rapportait avec lui, de la bibliothèque de la Société des Arts de Newcastle, des livres qu'il était permis de faire circuler, tels qu'un volume de l'*Encyclopédie d'Édimbourg* ou du *Répertoire des Arts et des Sciences;* et, d'après l'ordre de son père, il avait dû faire des copies et des esquisses de tout ce qui pouvait leur être utile dans les livres que l'on n'avait pas la permission de déplacer. Robert s'accoutuma ainsi à exposer, d'après le dessin, l'action, le jeu et l'agencement de la machine la plus compliquée comme s'il en lisait la description dans un livre; ils avaient là pour la soirée du samedi d'amples sujets de conversations, auxquelles venait prendre part pour l'ordinaire le jeune Wygham; et c'est ainsi que dans ce simple ouvrier les sentiments paternels servirent efficacement au développement de son esprit, tant il est vrai que c'est le cœur qui est la vraie source du génie. « *Garde ton cœur*, dit la Parole, *plus que toute chose que l'on garde.* »

Un jour, le père et le fils se mirent en tête de faire un cadran solaire sur la façade de leur maison. Robert, muni de l'astronomie de Ferguson, dessina le cadran sous la direction de son père pour la latitude de Killingworth, sur un morceau de papier, puis on se procura une pierre convenable de grès qu'on tailla et polit, et lorsque cette horloge astronomique fut finie, on dégarnit une partie de la façade au-dessus de la porte d'entrée pour y adapter ce cadran solaire, à la grande admiration des habitants de Killingworth, qui peuvent encore le consulter les jours de soleil; et nous pouvons affirmer que le vendredi 28 septembre 1860, à 2 heures $^3/_4$ il marquait exactement l'heure de Newcastle. Stephenson ne fut pas peu fier de cette espèce de méridien qui porte la date du 11 août MDCCCXVI, et rappelle celui construit par Isaac Newton, encore enfant, sur la muraille de la maison qu'il habitait à Woolsthorpe dans le Lincolnshire; et lorsqu'en 1835 l'Association britannique descendit à Newcastle, Stephenson conduisit quelques-uns de ses savants amis à

Killingworth, et leur montra non-seulement son horloge solaire, mais les autres parties de son ancienne demeure qui étaient aussi son propre ouvrage. L'un des directeurs de la Société des Arts de Newcastle, — dont Robert Stephenson profitait, grâce à une rétribution d'environ 80 fr. que payait son père, — le révérend Will. Turner ayant remarqué le zèle et les dispositions du jeune homme qui employait ses loisirs à lire et à étudier, le prit en amitié particulière et voulut faire connaissance avec son père, qui conserva jusqu'à sa dernière heure un bon souvenir à ce digne ami pour les livres, les instruments et les conseils qu'il avait donnés à son fils et à lui. — Tout ce qu'apprenait Stephenson, le remplissait d'étonnement et d'admiration. Nouveau Galilée, il cherchait un jour à démontrer et à expliquer à ses camarades que la terre est ronde et qu'elle tourne autour du soleil, et sur leur objection bien naturelle que cela est impossible, car comment les hommes pourraient-ils se tenir debout aux antipodes ? — « Ah ! dit avec un soupir Stephenson, je vois bien que vous ne comprenez pas encore. »

Le petit Robert qui était bien de la même race que son père, mettait à son tour en pratique ce qu'il lisait ou apprenait. Il s'acheta une fois, de son argent de poche, un fil de cuivre extrèmement long ; il en lia un bout à son cerf-volant, et l'autre à la palissade du jardin à laquelle le cheval de son père était attaché pour brouter ~~xx~~ par un jour d'orage, le cerf-volant bien lancé et un nuage chargé d'électricité passant au-dessus, notre apprenti physicien mit en contact le fil de cuivre avec la queue du cheval, lequel démontra parfaitement tout seul C. Q. F. D.[1], savoir la preuve et la réussite de l'expérience en détachant des ruades, en faisant des sauts désespérés et en tombant presque mort. Stephenson était accouru un fouet à la main, autant pour son fils peut-être que pour le cheval. « Attends, coquin! » lui avait-il crié, mais après un accès de gronderie, il rit en son cœur et se réjouit du zèle scientifique du nouveau Franklin.

Nous voici arrivés au temps où Stephenson songeait à sa première locomotive.

L'heure approchait que l'Éternel avait assignée pour la création du cheval à vapeur qui devait laisser bien loin derrière lui et faire oublier les hippogriffes, les centaures, Pégase et les chevaux de Neptune.

Bénissez l'Éternel, vous toutes ses œuvres, dans tous les lieux de son empire, et Gloire soit à notre Dieu sur la terre, sous la terre et dans les cieux!

---

1. Notation convenue pour *ce qu'il fallait démontrer.*

CHAPITRE IV.

CHAPITRE IV.

Premiers chemins de fer et premières locomotives.

Nous avons suivi les premiers développements de
la carrière de Stephenson. — Continuons à nous tourner du côté de la nouvelle puissance qui domine à
l'horizon, où elle se lie au télégraphe électrique,
terrestre ou sous-marin, et saluons l'aurore de cette
conquête qui, mettant partout les esprits et les corps
en communication, en rapprochant les extrémités du
monde, les unira plus réellement peut-être que ne
pouvait le faire l'imprimerie.

Nous le disions à la fin de notre chapitre précédent,
dans tous les instants dont il pouvait disposer, Stephenson, que nous avons laissé ingénieur à la houillère de Killingworth, étudiait les machines à vapeur
et les chemins de fer; la liaison de ces deux choses
commençait à se faire jour dans son esprit.

Tout le monde sait que les roues de voitures ne
tardent pas à laisser sur les routes une empreinte
profonde et permanente nommée ornière, qui oppose
un très-grand obstacle à la rapidité des transports.
Pour éviter cet inconvénient, les anciens avaient cou-

tume de construire les parties de leurs routes exposées à être sillonnées par les roues, en blocs de pierre
très-durs, et cet usage est encore suivi de nos jours
dans plusieurs villes d'Italie; mais ce dallage est loin
d'être partout praticable, et d'autre part on cherchait
depuis longtemps, en Angleterre, un moyen moins coûteux que les chevaux pour remorquer les longs trains
chargés de houille, qui allaient des mines aux lieux de
consommation ou d'embarquement. Ces files de chariots pesamment chargés détruisant les routes déjà
détestables, on avait eu recours à des chaussées de
troncs d'arbres alignés, et dans le milieu environ du
dix-septième siècle, un M. Beaumont, propriétaire de
mines à Newcastle, généralisa sur une assez grande
échelle cet expédient, qui consistait à établir des voies
formées de deux lignes de poutres ou pièces de bois
rectilignes et parallèles, portées et fixées sur des traverses, et sur lesquelles roulaient les chariots (à peu
près, sans doute, comme à Saint-Pétersbourg les voitures et droschkis courent sur des rondins octogones
de sapin juxtaposés), la traction étant par là diminuée
au point qu'un cheval peut traîner sur ces chemins
de bois une charge cinq ou six fois plus forte. Un ouvrage publié en 1676, la *Vie de lord Keepernorth*,
nous fait connaître l'existence, à cette époque, pour
les houillères de Newcastle, de bandes de bois dressées, faisant saillie et solidement assujetties. « Les
transports, dit l'auteur de cette biographie, s'effec-

tuent sur des rails de bois parfaitement droits et parallèles, établis le long de la route, depuis la mine jusqu'à la rivière; on emploie sur ce genre de chemins de grands chariots portés sur quatre roues qui reposent sur les rails. Il résulte de cette disposition une grande facilité dans le tirage, ce qui procure aux négociants un très-grand avantage.» Ces rails étaient de chêne ou de sapin, ils avaient ordinairement $1^m,8$ de longueur, et chaque assemblage portait sur quatre traverses à 60 centimètres les unes des autres; mais ce moyen primitif coûtait beaucoup de construction et d'entretien, par suite de la flexibilité et de l'usure du bois, de l'action des pluies, des pieds des chevaux et du poids des chariots. Le peu de durée et de résistance de ces rails de bois fit donc naître l'idée de les revêtir de lames de fer, principalement dans les parties de la route qui présentaient plus de résistance par des courbes, ou des pentes prononcées. Ainsi modifié, ce système de transport ou de chemin de bois garni de fer, qui facilitait encore plus le tirage, fut d'abord adopté pour le service des mines, et posé sur le sol des galeries de roulage, puis employé pour des voies de construction régulière dans la plupart des exploitations houillères de la Grande-Bretagne. Soixante et quelques années plus tard, quand on eut bien reconnu les avantages que donnait pour la diminution du frottement cette application de bandes métalliques sur le bois, on généralisa l'emploi du fer, et on remplaça, sur toute l'étendue du chemin, ces rails composites ou madriers ferrés qui formaient les ornières, par des rails coulés en fonte; les premiers chemins de ce genre paraissent avoir été déjà établis en 1738 à Whitehaven; et enfin on substitua le fer forgé, dont le prix s'était abaissé, à la fonte, la malléabilité comme l'homogénéité et la ténacité du fer offrant des circonstances précieuses pour la résistance et la solidité. Cette heureuse innovation fut réalisée en 1768 par l'ingénieur William Reynolds, propriétaire de la grande fonderie de Coalbrook-Dale dans le Shropshire. Ces rails présentaient à l'extérieur un rebord saillant destiné à fixer et à maintenir la roue du wagon, de manière à l'empêcher de sortir de la voie. Mais la poussière et la boue du chemin s'accumulaient entre le rebord et le rail, et amenaient ainsi sur ces routes ferrées, mal entretenues, une partie des inconvénients des routes ordinaires. En 1770, un chemin de fer en fonte, relié à des traverses en bois, fut établi près de Sheffield, où le duc de Norfolk avait des mines. Le constructeur en fut Jean Gurr, à qui il arriva ce qui est arrivé à plus d'un homme de génie qui devance son temps. Les mineurs se révoltèrent contre lui, brisèrent les rails et brûlèrent le magasin de charbon. Gurr dut s'enfuir dans une forêt voisine et s'y tint caché pendant trois jours et trois nuits, pour ne pas tomber entre les mains d'une populace furieuse. En 1789, M. Jessop remplaça, sur le chemin de fer de

Longborough, ces barres à rebords par des rails droits, c'est-à-dire par une simple bande de fer ; seulement, pour assurer le maintien du wagon, on arma les roues mêmes d'un rebord saillant ou mentonnet d'un pouce de largeur, pour emboîter le rail et maintenir le wagon dans cette sorte d'ornière artificielle, formée aux dépens mêmes de la roue, à peu près comme aujourd'hui. Un chemin de cette espèce passait déjà au temps du vieux Bob devant la chaumière où Georges était né. — Du reste, ces chemins, tels que nous venons de les décrire, n'étaient pas sortis du voisinage des mines pour aller de l'orifice des houillères au lieu de consommation, ou aux voies navigables, naturelles et artificielles ; et si nous ouvrons le journal du capitaine Basil Hall, dans ses *Scènes de la vie maritime*, voici ce que nous y lisons, note du 17 mai 1802 : — «Observé les chariots à charbon près de Newcastle : les roues sont construites de manière à descendre la hauteur sur des choses où elles s'engrènent, le cheval suit le chariot pour le remonter quand il sera déchargé.»

En l'année 1810, un nommé Benj. Outram de Little-Eaton, dans le Derbyshire, s'étant servi de soutiens en pierre, au lieu de bois, pour les extrémités et les points d'union de ses rails, comme cette amélioration devint assez générale, on nomma ces chemins *Outramways* ou *tramroads*.

C'est aux houillères du bassin de la Loire que l'on a dû en France les premiers chemins de fer : celui de

Saint-Etienne à Andrezieux, construit en 1808, et plus tard, ceux de Saint-Etienne à Lyon et d'Andrezieux à Roanne.

Mais l'esprit de l'homme a été doué par le Créateur d'un besoin continuel de progrès, et on pensa que l'on pourrait trouver un moyen encore plus prompt et plus économique de tirer les convois sur ce genre de chemins, c'est-à-dire qu'un tirage mécanique fournirait le moyen de se passer de chevaux. A mesure, en particulier, que la puissance merveilleuse de la vapeur se développa, les hommes doués d'un esprit d'investigation cherchaient les moyens de faire servir ce principe aux voyages par terre et par eau. Le problème de la locomotion avait provoqué bien des essais, sans conclusion pratique jusqu'alors quant à l'économie de la traction, quant à la vitesse comparée à celle des chevaux, enfin quant aux dangers et difficultés de procédés, au point qu'un nommé R. L. Edgeworth, fit des expériences pour employer le vent et marcher avec une voiture à voiles; plus tard, en 1802, il pensa à son tour à la vapeur. Il est clair que nous indiquons à peine ici les noms du marquis de Worcester (1660), de Denis Papin (1709), du capitaine Savery, de l'ingénieur Cornwallis, du docteur Robison, qui fut plus tard professeur d'histoire naturelle à Glascow et qui n'était encore que simple étudiant, lorsqu'il entretint Watt à Glascow (1769), de l'idée que l'on pourrait employer *la vapeur pour mettre en mouvement les roues des véhicules.* Laissons Moore qui prit une patente, mais n'oublions pas ce pauvre Cugnot, né à Void, en Lorraine, qui fit manœuvrer à Paris en 1769 et 1770, en présence du duc de Choiseul, du général Gribeauval et de quelques autres personnages, son lourd chariot à trois roues, son *fardier à vapeur* comme il l'appelait et qu'il destinait au transport du matériel de l'artillerie; ce fardier assez grotesque, portait quatre personnes exposées au grand air, et marchait à raison de 2000 toises, même dè cinq quarts de lieues par heure, et avec une telle violence qu'il était impossible de le diriger: une fois il renversa un pan de mur qui était dans sa direction. La voiture de Cugnot fut inventée en même temps qu'un officier suisse des Grisons, nommé Planta, proposait au ministre Choiseul, outre plusieurs autres inventions, une voiture à vapeur assez semblable à celle que Cugnot venait d'exécuter pour 2000 livres (ou francs) aux frais de l'État. Le fardier de Cugnot était mis en mouvement par une machine à simple effet, composée de deux cylindres de bronze disposés verticalement, et dans lesquels la vapeur, introduite par un tube, se trouvait mise en communication tantôt avec la chaudière qui la fournissait, tantôt avec l'air où elle était rejetée par une soupape quand elle avait produit son effet; mais Cugnot ne s'était point occupé des moyens de remplacer l'eau à mesure qu'elle disparaissait en vapeur, et les stations eussent été forcées tous les quarts d'heure. Sa chaudière, disposée à l'avant, présentait la forme d'un sphéroïde aplati ou d'une grosse théière ; le foyer concentrique à la chaudière était disposé au-dessus. Tout ce système assez informe reposait sur trois roues, dont l'une, celle de devant était la roue motrice ou recevait l'action du piston ; les deux autres, entraînées dans le mouvement, ne servaient qu'à maintenir l'équilibre.— Malgré l'échec de Cugnot, nous avons trouvé juste de nous étendre un peu sur ce patriarche ou cette patriarche des locomotives, qui risquerait bien d'être aujourd'hui considérée seulement comme un mythe, si elle n'eût été recueillie pour ses invalides au Conservatoire des Arts et Métiers, où on peut la contempler. Et de même que nous avons passé outre le nom d'un Mathésius, maître d'école aux mines de houille de Joachimsthal en Bohême, qui exalte dans un de ses chants (Voyez l'édition de ses Bergpostilla, 1589) le moyen par lequel *on élève maintenant l'eau avec le feu,* « wie man ietzt auch doch am Tag Wasser mit Feuer heben soll », rappelons à peine les noms du physicien allemand Leupold, qui émit le premier en 1725 l'idée d'une machine à haute pression ; du Français Du Quet et de l'Anglais Fitz-Gérald qui transformèrent le mouvement vertical alternatif du piston en mouvement circulaire ou rotatoire ; de Jonathan Hulls qui proposa de se servir de la machine de Newcomen pour remorquer les navires à l'entrée et à la sortie des ports, et des frères Perrier qui, après cinq voyages en Angleterre, établirent, en imitation de la machine de Watt, la fameuse pompe à feu de Chaillot, aspirante et foulante. — La machine de Chaillot, modifiée et perfectionnée, fabrique encore aujourd'hui les cascades et alimente le lac du bois de Boulogne. — Ce n'est d'autre part point ici le lieu de parler des Jouffroy, des Fitch et des Rumsey; les Fulton ont mérité leur biographie à part.

En 1769, aidé par le docteur Rœbuck, Watt avait pris sa première patente, et, en 1785, le célèbre industriel, Matthew Boulton, surnommé « le père de Birmingham », d'abord simple fabricant de boutons, négociant actif, prévoyant, généreux et éclairé, et devenu chef de l'établissement de Soho[1] pour construction de machines, obtint pour vingt-cinq ans, jusqu'en 1800, la prolongation du privilége de Watt. Et alors se produisit un phénomène qui fait également honneur à l'audace du spéculateur et au génie du mécanicien, en ce que Watt et Boulton ne vendirent point leurs machines; ils les donnaient et les établissaient pour rien, ne réclamant pour tout paiement des propriétaires des mines à qui ils les livraient, que le tiers de la somme annuellement économisée sur le combustible par l'emploi de leur machine comparée à celle de Newcomen, et Watt imagina à cet effet un petit appareil, connu sous le nom de *compteur*, lequel força

---

1. A Birmingham.

la machine à tenir un registre exact des coups de piston opérés par elle-même, ou de la quantité correspondante de combustible; et le revenu qui en résultait pour Watt et son associé, était assez considérable
pour qu'une compagnie qui employait trois de ces
machines à l'exploitation d'une mine dans le Cornwall, trouvât de l'avantage à se libérer de ses enga-
gements par une rente annuelle de 60,000 fr. Mais
occupons-nous de la locomotive.

En 1784, William Murdock, ami et collègue de
Watt, prit une patente pour *l'application de la vapeur
aux routes ordinaires*, et ayant construit une petite
machine à haute pression et d'un pied seulement de
hauteur, à trois roues, il la porta un soir dans un
sentier écarté à Redruth, dans le Cornwall, où il était
employé aux mines, pour en faire l'essai: il mit le feu
à la lampe à esprit-de-vin qui servait de foyer; l'eau
de la chaudière se développa bientôt en vapeur, et la
machine partit, devançant son inventeur qui courait
à côté et n'en était plus le maître: elle disparut dans
l'obscurité; dans cet instant des cris de terreur se
firent entendre du côté où elle s'était élancée : c'était
un brave ecclésiastique qui, revenant de faire dans les
environs ses visites du soir, avait vu passer le petit
monstre incandescent et sifflant, il s'imagina que c'é-
tait l'esprit malin en personne qui venait lui jouer
quelque méchant tour.

Plusieurs autres essais furent tentés. Le plus remarquable fut celui de Richard Trevithick, du Cornouailles, élève de Murdock, qui prit en 1802 un brevet pour sa voiture sur les chemins à rails, ou son *cheval à vapeur* comme il l'appelait; son cousin Andrew Vivian lui avait fourni l'argent nécessaire, et la machine à double effet qu'ils construisirent ne manquait pas d'élégance et de puissance ; ils avaient adopté les idées de l'américain Olivier Evans sur les voitures mises en mouvement par de la vapeur à haute pression sans condenseur; mais que de difficultés à vaincre pour la progression heureuse d'une diligence à vapeur, sur les grandes routes, avec tous les embarras de la circulation publique, les obstacles naturels et imprévus de la route, et l'attention, de chaque portion de seconde, qu'exige dans ce cas la direction de la machine! La voiture qu'ils construisirent en 1801, essayée sur une route peut-être en mauvais état, ne put avancer. En 1804, on fit marcher la machine de Trevithick sur une de ces routes à barrières où il fallait payer un droit de péage; une distance de trois ou quatre lieues séparait ordinairement ces portes ou barrières *(toll bars* ou *gates)* ; la voiture se montra d'abord peu facile à mettre en mouvement, mais enfin elle se mit à courir sur le chemin vers l'une de ces barrières, que le gardien ouvrit juste à temps pour la laisser passer. — «Qu'y a-t-il à payer? cria Trevithick qui avait bien de la peine à diminuer et à régler la rapidité de sa marche.—Rien, rien, répondit tremblant de tous ses membres le pauvre gardien épouvanté; rien du tout, Monsieur le diable, mais allez-vous en bien vite! (*no-noth-nothing to pay, dear Mr. Devil, do drive on as fast as you can! nothing to pay*).» C'était sur le chemin de fer de Merthyr Tydfil dans le pays de Galles. — Après cette espèce de succès, la machine fut amenée à Plymouth pour y être embarquée pour Londres, où les expériences recommencèrent et excitèrent l'attention et l'intérêt de lord Stanhope,[1] de David Gilbert et d'autres personnages, parmi lesquels nous devons mentionner sir Humphry Davy, qui prévoyait un grand avenir pour le *Dragon* de Trevithick, comme on l'appelait; mais la persévérance et l'énergie indomptable d'un Stephenson manquaient à Trevithick, qui réussit cependant à faire tirer des chariots chargés de fer par sa machine, mais cela marchait assez lentement; une fois pourtant le convoi chargé de 10 tonnes de houille, atteignit la vitesse de cinq milles à l'heure sur un chemin de fer. On croyait que le peu d'adhésion des roues sur les rails opposerait un obstacle presque invincible; on ne s'était point encore douté qu'en se procurant par le poids de la locomotive une adhésion suffisante, on pût tirer une charge considérable. « Entre deux surfaces planes (la circonférence de la roue et la surface de la route), l'adhésion est trop faible, disaient Trevithick et Vivian; les chariots sont exposés à glisser et la force d'impulsion est perdue.» C'est pour cela qu'ils recommandaient de rendre autant que possible inégale et raboteuse, la jante des roues des locomotives: une route caillouteuse et rugueuse convenait mieux, suivant eux, pour la marche que des rails métalliques et polis! On fit donc, dans cette enfance de l'art des chemins de fer, des roues à dents ou à rainures transversales. Pour provoquer plus de frottement et remédier au glissement de la roue sur la surface unie du rail, Trevithick et Vivian proposèrent même, quand on aurait à franchir des rampes un peu considérables, de placer sur la circonférence des roues des clous qui feraient saillie pendant la montée, de manière à avoir prise et à se cramponner sur le rail, peut-être comme ces voitures chinoises, dont un voyageur écrivait le 4 août 1859: «Les roues ont le bord extérieur dentelé, comme un engrenage d'horlogerie.» Plus tard, Brunton imagina de donner à ses machines des jambes de fer qui, s'appuyant sur les rails, à l'imitation de la marche des animaux, faisaient avancer la voiture; mais dans l'un des essais, la machine éclata et tua plusieurs des assistants, et ce système d'ailleurs dégradant les routes et produisant peu d'effet, fut rejeté ; enfin, Blenkinsop qui exploitait les mines de charbon de Middleton, fit construire, sept ans après Trevithick et Vivian, une autre machine locomotive, et obtint en 1811, un brevet pour l'emploi de rails à crémaillères, dont les dents engrenaient dans celles de la locomotive. Ce système fonctionna assez heureusement depuis le 12 août 1812, de Middleton à Leeds, distance 3 ½ milles, et le grand-duc Nicolas, plus tard empereur, admira en 1816 l'effet et la puissance de ces machines pour le transport des charbons ; elles tiraient jusqu'à 30 chariots à la vitesse de 3 ¼ milles à l'heure ; le mille anglais comprend 1602 mètres. — En 1812, William et Edw. Chapman substituèrent à la crémaillère de Blenkinsop un système nouveau. Ils placèrent au milieu de la voie, et de distance en distance, divers points fixes sur lesquels le convoi était remorqué par une machine à vapeur, à l'aide d'une corde qui s'enroulait sur une espèce de tambour ; le câble était détaché à mesure que le convoi était arrivé à chacun des points fixes échelonnés sur la route, comme cela se pratique encore pour les plans inclinés. — En attendant, Trevithick avait construit pour M. Blackett, propriétaire des mines de Wylam, une nouvelle machine, que l'on jugea ne pouvoir employer parce que son poids n'avait pas été combiné en rapport avec les rails. Une seconde machine, du poids de 6 tonnes, mise par Th. Waters, de Gateshead (1812), avec beaucoup de peine sur la voie, ne voulut d'abord point bouger, puis elle vola en éclats dès que le mécanisme en eut été mis en mouvement ; mais en 1813, Blackett redressa lui-même l'erreur paralysante des savants et des ingénieurs en prouvant par des expériences, toutefois assez peu définitives, que l'adhésion des roues sur les rails fournissait, par le seul poids de la locomotive et en raison des aspérités qui existent toujours sur la surface du fer, quelque unie qu'elle soit par le frottement, un point d'appui suffisant pour que les roues puissent mordre sur les rails et provoquer la marche des plus lourds convois, sur des chemins sensiblement de niveau ou d'une faible inclinaison; et fort de cette idée, il construisit une locomotive de sa propre invention. Mais sa machine marchait à pas de tortue, mettant parfois 6 heures à parcourir les 5 milles qui séparaient la mine du quai de chargement; souvent il lui arrivait de dérailler et de s'arrêter court comme un chariot embourbé, quelque chose se cassait et on était alors obligé d'envoyer des chevaux à son secours, pour remorquer le wagon comme auparavant. Tandis que le *noir Billy* de Blackett, soufflant et essoufflé, travaillait ainsi en pure perte, effrayant les étrangers et désespérant ceux qui avaient affaire à lui et qui le regardaient comme une véritable peste, et que Blackett persistait dans ses expériences au grand déplaisir de ses amis et aux rires de ses ennemis, qui prétendaient que ses machines ne réussiraient jamais, Stephenson repassait dans son esprit tout ce qui s'était tenté ou se tentait en fait de locomotives : il venait souvent de Killingworth à Wylam, et il avait bien compris que le problème à résoudre était celui d'obtenir à la fois l'effet désirable, tout en réalisant une véritable économie.

Il s'était fait, nous l'avons vu, une certaine réputation comme ingénieur et mécanicien; et lord Ravensworth, l'un des propriétaires des mines de Killingworth lui avança une certaine somme pour qu'il pût construire à son tour une machine locomotive, et en faire l'épreuve. Stephenson se mit à l'œuvre : l'entreprise était hardie; il lui fallait exécuter lui-même sa machine, et à cette époque on était bien loin de posséder tous les instruments de précision qui garnissent aujourd'hui les ateliers où l'on construit des machines. Stephenson n'avait guère à sa disposition que des outils assez grossiers ou ce qui se trouve dans l'atelier d'un serrurier; n'importe, s'entourant d'ouvriers dociles, les dirigeant et exécutant lui-même, en moins de dix mois il eut achevé sa locomotive, qu'en l'honneur de son protecteur il appela *Mylord*, mais les mineurs la nommèrent *Blutcher*, ou plutôt *Blücher*, car ceci se passait en 1814. La machine avait été construite dans les ateliers de Westmoor, par John Thirlwall, forgeron, qui se montra un ouvrier consommé, quoique ce fût la première machine de ce genre, on le conçoit, qu'il eût à faire. Cette première locomotive, ce Blücher britannique, avait une chaudière cylindrique de 2^m,44 de longueur et de 1^m,86 de diamètre, contenant le foyer; et les deux cylindres qui communiquaient le mouvement, étaient disposés verticalement; pour utiliser l'adhérence de toutes les roues, Stephenson avait mis les essieux en relation au moyen de roues dentées et d'une chaîne sans fin, et le jour de l'épreuve, 25 juillet 1814, il réussit par une pente de 1 mètre sur 450 à remorquer un lourd convoi de huit wagons chargés de six quintaux (trente tonnes) de charbon, à raison de 4 milles (6 ¼ kilom.) par heure. Stephenson avait prouvé par des expériences précédentes et concluantes, que le seul poids de la locomotive et le frottement des roues motrices s'emboîtant sur les rails aidait, une fois l'impulsion imprimée, à faire avancer des charges considérables; il fit donc, comme Blackett, toutes ses roues unies, et sa machine *locomotive* continua pendant quelque temps un service régulier.

Le *Blücher* s'était donc signalé par un succès, mais Stephenson s'aperçut bientôt que malgré tous ses efforts et essais de ventilation, il ne pouvait lui faire produire assez de vapeur pour le faire fonctionner vite; et par conséquent ses wagons marchant lentement ou employant quatre heures à parcourir la distance de 7 lieues (31 ¼ kilom.), qui sépare la plaine de Brusselton de la ville de Stockton, et, au retour, ses chariots vides mettant cinq heures à faire le même trajet en raison d'une faible pente qu'il fallait remonter, le *Blücher* n'arrivait pas à réaliser dans ce trajet tout le bénéfice que son inventeur en avait espéré, et même, avant que l'année fût terminée, on trouva que les chevaux faisaient l'ouvrage à meilleur marché.

La tendance des constructeurs dut être en conséquence d'augmenter la dimension des chaudières pour
augmenter d'autant la production de la vapeur, mais
on était bien vite arrivé à la limite de poids que com-
portait la faible section des rails; toutefois, quoique
ce système fût encore dans l'enfance et n'annonçât
pas les prodiges que le développement des chemins
de fer réalise, c'est bien là le point de départ, l'heure
de naissance de la locomotive, la barrière était ouverte; et, quoique les propriétaires eux-mêmes des
houillères ne se montrassent pas pour la plupart favorables à ce système, le génie de Stephenson lui
faisait déjà prédire que la machine *locomotive* ou
voyageuse, comme il l'appelait (*travelling engine*)
finirait par remplacer un jour tous les autres modes
de traction, du moins pour traîner des charges énormes,
ou pour franchir rapidement de grandes distances sur
une ligne continue.

Un an après ce premier essai, Stephenson et
M. Ralph Dodds construisirent une seconde locomotive, d'une vitesse d'une lieue et demie à l'heure (pour
laquelle ils prirent une patente datée de février 1815),
et dont la nature de supériorité n'a pas été bien
expliquée; on ignore, par exemple, à quelle année se
rapporte l'injection du jet de vapeur dans la cheminée:
jusqu'alors la vapeur, après avoir produit son effet,
s'échappait des cylindres dans l'atmosphère avec un

sifflement qui était l'effroi du bétail et des chevaux, et qui excitait beaucoup de plaintes.

Il est clair d'ailleurs que toutes les pensées se concentrèrent sur le perfectionnement des locomotives, et en même temps de la voie sur laquelle elles devaient fonctionner. Stephenson commença par augmenter la résistance et la flexion des rails, afin d'éviter sur la voie ces ressauts si fatigants pour les organes de la machine; il améliora les coussinets, fixés eux-mêmes à l'aide de chevilles ou de dés en pierre aux madriers sur lesquels ils reposaient; il porta ensuite son attention sur les roues qu'il rendit et plus légères et plus durables. Il étudia les circonstances de traction sur les différentes inclinaisons ou pentes, et inventa un *dynanomètre* ou mesureur de résistances, sans avoir la moindre connaissance des appareils de ce genre, dont le principe, très-peu compris à cette époque, a reçu seulement de nos jours de très-utiles applications. Stéphenson arriva à la conclusion que *le meilleur effet de la locomotive nécessitait des routes aussi rectilignes et horizontales que possible;* — et dans son Rapport au Conseil fédéral suisse (1850), son fils Robert soutenait « qu'un chemin de fer à peu près horizontal est d'une valeur ou supériorité inappréciable. »

Mais vers cette époque, quoique tout occupé de chemins de fer et de locomotives, Stephenson songeait à se transporter en Amérique avec son ami John Burrel, pour y construire des bateaux à vapeur, propres à traverser les mers. Les bateaux à vapeur commençaient à sillonner la Tyne, et Stephenson y voyait le germe des plus grands progrès pour la navigation. Leur projet fut ajourné ou empêché par l'exécution du chemin de fer de Hetton, dans le comté de Durham, dont l'ouverture eut lieu le 18 novembre 1822. Ce chemin allait des mines de Houghton au lieu d'embarquement sur la Wear, non loin de Sunderland : sa longueur était de 8 milles. Comme il y avait une forte rampe, Stephenson s'était décidé, avec son frère Robert qui dirigea les travaux comme sous-ingénieur, pour les machines fixes. Au jour d'essai, le succès fut complet. Cinq locomotives, sous la conduite de Robert, franchirent la distance à la vitesse de quatre milles à l'heure, chacune traînant un convoi de dix-sept wagons du poids d'environ 64 tonnes, et les wagons pleins remontant les wagons vides.

C'était là un grand pas pour populariser le nouveau système, et sans que nous puissions entrer dans des détails techniques sur les perfectionnements qui firent prendre à M. Losh, fondeur de fer de Newcastle et riche manufacturier, une patente, du 25 janvier 1816, avec Stephenson, nous dirons qu'on peut voir encore à Killingworth, sur le railway à charbon, deux machines de Stephenson, *the Man's driver* (le traîneur d'hommes) et *Robert's engine* (la machine de Robert) qui, malgré leurs balanciers verticaux et leurs roues de bois cerclées de fer, traînent des convois de charbon aussi courageusement que toute locomotive moderne, et ne nous ont paru nullement fatiguées de leur long service.

Ces spéculations mécaniques n'absorbaient pas tellement l'esprit de Stephenson qu'il ne pût se livrer en même temps à d'autres recherches non moins intéressantes : nous voulons parler de la *Lampe de sûreté* pour les mineurs, sur laquelle nous appelons au nom de l'humanité, des Stephenson et des Davy, l'attention de nos lecteurs.

CHAPITRE V.

CHAPITRE V.

Lampe de sûreté.

La houille ou charbon fossile dont nous avons en-
tretenu nos lecteurs dans le chapitre II, gît, nous
l'avons vu, en masses plus ou moins considérables,
dans le sein de la terre et y représente probablement
un monde végétal primitif (fougères et espèces de
haute taille, telles qu'on en connaît sous l'équateur),
que des causes difficiles à préciser ont amené à cet
état de carbonisation. — Or, outre les dangers continuels des éboulements, et ceux des eaux dont les
pompes de Newcomen, du Cornwall ou de Watt triom-
phaient, les mines renferment les dangers des gaz délétères : 1° du gaz acide carbonique (*choke-damp*), qui
peut produire des asphyxies instantanées dès qu'il est
mêlé pour 5 p. 100 avec l'air, et que les mineurs appellent *mouffette* à cause de son infection; 2° du gaz
hydrogène *bicarboné* ou d'éclairage, aux 200 parties
d'hydrogène et 100 de carbone, qui prend feu par
l'approche d'une flamme et détonne, s'il n'est pas enfermé dans des conduits, avec une violence épouvan-
table dès qu'il entre pour 10 p. 100 dans l'atmosphère, et 3° enfin ceux du gaz *grisou* ou hydrogène

protocarboné (*fire-damp*), qui s'enflamme au contact de la flamme et devient explosif lorsqu'il se trouve mélangé dans la proportion de 8 à 9 p. 100 avec l'air atmosphérique. — On sait que les dépôts de houille non exploités ou abandonnés sont sujets à s'enflammer spontanément par la fermentation de menus schisteux ou pyriteux, mais alors la combustion est lente, parce que les courants d'air manquent pour l'entretenir. Ce qui est plus fréquent et bien autrement fâcheux, ce sont les explosions de gaz qui ont lieu dans les houillères exploitées, détonations qu'occasionne l'inflammation accidentelle du gaz dans ces entrailles de la terre, à l'approche des flambeaux destinés à éclairer les travaux.

L'hydrogène protocarboné, désigné par les mineurs sous le nom de *grisou*, est de tous les gaz des mines le plus dangereux ou celui qui détermine le plus grand nombre d'accidents, non par l'asphyxie qu'il peut produire lorsqu'il n'est pas mélangé d'air pour au moins deux fois son volume, mais par la propriété qu'il a de s'enflammer et de détonner. Ce gaz, dont la pesanteur est par rapport à l'eau 0,56, est assez fréquent dans la nature ; il est souvent désigné sous le nom de gaz des marais, parce qu'il se dégage des eaux stagnantes qui contiennent des matières végétales en décomposition. Quelques volcans boueux l'émettent en grande quantité avec de l'eau et de la boue près de Carthagène (Espagne) ; il pénètre certaines roches, telles

que les houilles et quelquefois les roches salifères ; il y
est même accumulé et comprimé dans des cavernes ou
vides naturels, de telle sorte que beaucoup de sondages
en ont déterminé de véritables sources. Le grisou est
plus abondant dans les houilles grasses et friables que
dans les houilles sèches et maigres ; il y a des couches
qui en sont tellement saturées, qu'il suffit de percer
un trou dans le charbon et d'y adapter un tube pour
improviser en quelque sorte une lampe à gaz, comme
nous avons été dans le cas de l'observer nous-même
à Killingworth ; plus léger que l'air, il apparaît dans
les parties supérieures des galeries sous forme de li-
néaments blanchâtres ; il se dégage surtout dans les
éboulements et dans les tailles récentes de toute surface mise à nu, et cela assez vivement pour faire dé-
crépiter de petites écailles de houille et produire un
léger bruissement, comme celui d'une liqueur en fermentation , de même qu'il traverse l'eau en la faisant
bouillonner. L'action de ce gaz sur les flammes des
lampes est le guide le plus certain pour en apprécier
la présence et la proportion. La flamme se dilate et
s'allonge avant de prendre une teinte bleuâtre qu'on
distingue très-bien en plaçant la main entre l'œil et
la flamme, de manière à n'en voir que le haut. Dès
que la proportion est de $\frac{1}{12}$ dans l'air ambiant, le
mélange est explosif, et si une lumière y est portée,
il produit une détonation proportionnée au volume
de grisou et d'air. Les résultats de la combustion sont

une production d'acide carbonique et d'eau et un dégagement d'azote, gaz irrespirable aussi pour les hommes et les animaux.

On employait autrefois, pour essayer de conjurer le danger, un moyen très-dangereux en lui-même; on mettait le feu au grisou avant l'entrée des ouvriers dans la mine; à cet effet un ouvrier, nommé *pénitent* (*fireman*), se glissait à plat-ventre dans les tailles, armé d'une torche au bout d'une perche, et il allumait les amas de gaz réunis dans les cavités supérieures des galeries. Mais le *pénitent* trouvait souvent la mort dans l'exécution de sa tâche; on avait aussi eu l'idée d'établir, dans les cavités où le grisou s'accumule, des lampes *éternelles*, qui le brûlaient à mesure qu'il se produisait, mais les autres gaz asphyxiants qui suivent la réaction chimique, rendaient alors les travaux inabordables. Le principe d'entraînement des gaz hors de la mine par un aérage énergique et rapide, était le plus naturel à concevoir, puisqu'il s'applique à toutes les mines par des puits et cheminées *d'appel*, qui rejettent au dehors les gaz délétères et aspirent l'air atmosphérique; mais le problème, celui d'empêcher l'inflammation et la détonation soudaine du grisou, était resté sans solution, lorsque Stephenson et Davy découvrirent chacun leur *lampe de sûreté*.

Un certain nombre d'explosions avaient eu lieu dans les mines mêmes des comtés de Durham et de

Northumberland, où travaillait Stephenson, et l'une d'elles, en 1806, avait coûté la vie à dix personnes. Stephenson était occupé en ce moment à l'entrée de la mine, et cette catastrophe avait fait sur lui une très-forte impression; une seconde explosion, en 1809, avait fait périr douze personnes, et en 1812, dans une troisième, à la mine de Felling, non loin de Gateshead, lors d'une détonation terrible qui avait ébranlé et couvert de cendres les maisons du voisinage, plus de cent personnes, hommes et jeunes garçons avaient trouvé la mort au fond des galeries, dans les circonstances les plus affreuses, écrasés, asphyxiés ou brûlés, et l'année suivante un accident pareil avait fait vingt-deux victimes à la même mine de Felling, et épouvanté mineurs et propriétaires, car, à la suite de ces explosions et pour éteindre le feu qui se communiquait aux galeries, on était réduit à les inonder, ou bien elles s'effondraient avec leurs appuis, entraînant dans leur ruine celle des propriétaires de la mine.

Or, dans la mine de Killingworth qui a plus de 160 milles (cinquante lieues de développement), malgré toutes les précautions qu'on avait prises, on pouvait craindre d'heure en heure une explosion, tant il s'y trouvait de fissures, de *soufflards*, comme disent les mineurs, d'où s'échappe le gaz hydrogène proto-carboné, le terrible gaz grisou.

Stephenson réfléchissait depuis longtemps sur tout cela. Un jour, en 1814, un mineur était accouru, se précipitant chez lui pour lui annoncer que la partie la plus profonde de la houillère, la galerie d'extraction était en feu. A l'instant Stephenson se dirige vers le puits à un quart de lieue de là, à travers la foule effrayée et consternée des femmes et des enfants; quantité de mineurs épouvantés étaient groupés tout autour de l'ouverture, d'où l'on entendait les cris de désespoir et d'agonie des malheureux qui périssaient ensevelis à 200 mètres de profondeur. Stephenson donne aussitôt l'ordre de le descendre au fond de la galerie, et à peine hors de la *benne :* « En arrière, s'écrie - t - il, y en a - t - il six d'entre vous qui aient le courage de me suivre? qu'ils viennent et nous éteindrons le feu ensemble.» La voix ferme de leur Georges rassure les hommes, aussitôt. six s'offrent pour le suivre, et le silence succède au bruit; une provision de briques, de mortier et d'outils était sous la main; en quelques minutes on éleva un mur qui arrêta les progrès de l'incendie, en interceptant toute communication avec l'air extérieur, le courant de gaz fut coupé, le feu s'éteignit, le péril disparut et la houillère fut préservée, non cependant sans que plusieurs ouvriers eussent été étouffés dans les profondeurs de la mine. « Ne peut - on donc rien pour empêcher de pareils malheurs? » demanda à Stephenson Kit Heppel, l'épuiseur, tandis qu'ils cherchaient ensemble les corps de ceux qui avaient péri. — « Je pense que l'on pourrait faire quelque chose, » répondit Stephenson. —

«Alors, Georges, faites-le connaître au plus tôt, car à présent la houille se paie au prix de la vie des hommes,» dit le houilleur dans son langage pittoresque et énergique. (En serrant la main de cet ancien camarade de Georges Stephenson à Killingworth, nous avons eu l'honneur de nous entendre qualifier de l'épithète de *good boy*. Kit Heppel a aujourd'hui 84 ans, et travaille encore comme un jeune homme.)

Il s'agissait donc de découvrir un moyen de prévenir ces explosions.

Un docteur Clany, de Sunderland s'était, déjà en 1813, préoccupé de cette question sur une idée communiquée par le célèbre Alexandre de Humboldt, qui avait étudié au Mexique les terrains fossiles. Stephenson, de son côté, faisait depuis assez longtemps des expériences sur le gaz des mines; il les poursuivit avec un redoublement de zèle et de courage, et il parvint à inventer une lampe de sûreté pour le travail dans les galeries les plus exposées au gaz grisou; mais puisque la lampe de sûreté n'est très-généralement attribuée qu'à Davy, il nous faut entrer dans quelques explications.

Frappé et affligé de si graves accidents, un comité de propriétaires des mines du Sunderland s'était, vers ce temps, organisé et avait fait un appel pressant à la science, particulièrement de sir Humphry Davy, le fameux chimiste, pour qu'il cherchât le moyen de prévenir par quelque procédé le retour de pareils désastres. Le problème paraissait au fond d'une solution bien difficile. Empêcher le gaz inflammable et détonnant de faire explosion au contact du feu dont on avait besoin pour lumière, n'était-ce pas demander pour ainsi dire l'impossible? Davy ne désespéra pas; il se mit à analyser les gaz des mines, à déterminer les proportions dans lesquelles leurs mélanges avec l'air détonnent, et il observa, comme Stephenson, que si le gaz prend feu au contact d'une lumière qu'on aura encagée dans les mailles étroites (au nombre de 400 environ par pouce carré) d'une toile métallique, la flamme ne s'en propage point au dehors. Si on place, par exemple, une toile métallique au-dessus de la flamme d'une lampe, le gaz seul passe à travers la toile et n'en sort pas lumineux à moins qu'on ne l'enflamme avec une substance en ignition, sans doute à cause de la conductibilité du métal qui absorbe de la chaleur. Davy reconnut qu'une flamme renfermée dans un cylindre d'un très-fin tissu n'éclate pas dans un mélange d'oxygène et d'hydrogène, mais que les gaz y brûlent avec une grande vivacité : les ouvertures à travers lesquelles ne peut passer la flamme, ne doivent pas avoir, selon Davy, plus de 1/22 de pouce carré (le pouce carré anglais vaut $0^m,069$); et c'est cette impénétrabilité des tissus métalliques par le feu qui est le principe de la lampe de Stephenson et de Davy.

La lampe de sûreté, alimentée ordinairement par

de l'huile de schiste, en Angleterre par de l'huile de baleine (*seal oil*), environ 150 grammes qui peuvent suffire pour 10 heures de travail, a pour entourage un cylindre de toile métallique de quelques centimètres de diamètre très-serrée, et bien fermé en haut par deux toiles, de telle sorte que si l'une d'elles était altérée par l'action de la flamme, il reste encore une fermeture de sûreté; le plateau inférieur monté à vis, où est le réservoir d'huile, sert à enchâsser la cage métallique, défendue par de petits barreaux en fer contre les chocs extérieurs ou les pierres qui pourraient se détacher des parois ou des voûtes des galeries; elle est couronnée d'un chapiteau de laiton très-solide, surmonté d'un crochet de fer qui sert à la suspendre ou à la porter; la mèche peut être élevée ou abaissée, sans ouvrir la lampe, à l'aide d'un fil de fer recourbé à son extrémité et qui traverse le réservoir. Les deux parties de la lampe sont unies et fermées par une vis, de telle sorte que l'ouvrier ne puisse l'ouvrir sans une clef spéciale. Si, muni d'une pareille lampe, le mineur se trouve dans un milieu où la proportion d'air soit encore supérieure à 15 parties contre une de grisou, la flamme de la mèche se dilate seulement, rougit et s'élargit; avec une plus grande proportion de grisou, le mélange prend feu dans l'intérieur du cylindre, sans que la flamme le traverse au dehors, la force destructive du gaz expire pour ainsi dire, ou se refroidit contre le petit grillage; si la proportion de grisou vient à augmenter encore, l'intensité de sa flamme augmente aussi, et dès la proportion de 1/8, cessant d'être presque distincte, elle se confond avec l'embrasement intérieur; enfin, comme nous l'avons nous-même vu et expérimenté à Killingworth à 645 pieds de profondeur, le grisou entre-t'-il pour un tiers environ dans l'air, la flamme s'éteint et avant cette proportion le gaz ambiant est explosif : l'air ainsi pénétré de grisou est suffocant et d'une chaleur lourde qui vous prend à la gorge et à la tête. — On comprend que les ouvriers ne doivent pas attendre ce moment pour se retirer; mais dans le cas où ils seraient surpris par un dégagement subit, le maître-mineur est pourvu d'une lampe armée de fils de platine tournés en spirale au-dessus de la mèche. Le platine échauffé par la flamme conserve, au moment où elle s'éteint, la propriété de brûler le gaz en contact avec sa surface; les fils restent donc lumineux, et cette faible lumière suffit pour guider la retraite des ouvriers. Dès qu'on est rentré dans une atmosphère plus riche en oxygène, le platine rallume la quantité de grisou restée dans le cylindre, et cette nouvelle flamme rallume sans danger la mèche.

L'usage de la lampe de sûreté est devenu général depuis 1818 dans les mines sujettes au grisou. Celle de Stephenson (*the Geordie*), à enveloppe intérieure de cristal, avec une série de trous au dehors et au-dessous du cylindre pour donner passage à l'air, est évidemment *plus sûre* que la lampe de Davy, qui, n'ayant pas ce cylindre de verre concentrique, ouvre passage à l'oxygène par tous ses orifices et ne peut être un moyen infaillible de sûreté, car si la toile métallique devenait rouge jusqu'au blanc par la combustion intérieure du gaz, alimenté par une quantité suffisante d'oxygène, une explosion pourrait encore éclater. — La construction de la lampe de sûreté a, du reste, été perfectionnée par MM. Roberts, Mueseler, Dumesnil, Combes, Libri (1826) et Dubrulle, de Lille. La lampe Burnel que nous avons vue employée aux mines d'Anzin, n'était enfermée dans sa partie inférieure que par le tube de cristal.

La lampe de Stephenson et celle de Davy sont donc identiques dans leur principe, mais ni l'un ni l'autre des deux inventeurs n'avait eu connaissance des idées de son concurrent. Animés tous deux par l'amour de l'humanité, ils sont arrivés à la même solution par des voies un peu différentes, Stephenson par des considérations physiques plutôt que chimiques; et ils méritent également, tous les deux, l'honneur dû à une invention spontanée. Le grand nom de sir Humphry Davy, qui était l'oracle du jour et le professeur le plus brillant, paraît aujourd'hui identifié avec la lampe de sûreté, et a éclipsé presque complétement le nom alors obscur de Georges Stephenson, qui n'avait pour lui ni la presse ni les autorités de l'époque, et qu'on affecta de traiter comme un ouvrier présomp-

tueux. Maintenons toutefois, pour la justice et la vérité, le droit aussi du mineur, car, quand Davy, aidé
de toutes les ressources de la science, aurait, ce qui
n'est pas, précédé son rival, et quelle noble rivalité!
il resterait, comme nous allons le raconter, dans
l'histoire de cette découverte, une page qui n'appartient qu'à Stephenson et qui égale à nos yeux les actions, anciennes ou modernes, réputées les plus sublimes.

Stephenson avait été témoin d'explosions répétées
et avait vu de ses compagnons périr autour de lui.
Plusieurs fois, au péril de sa vie, il avait sauvé des
mineurs en éteignant les incendies. Son courage et
son dévouement à ses camarades le faisaient toujours
courir au lieu du danger, et son habitude de réfléchir
sur tout, lui avait fait chercher le moyen de prévenir
ces grands malheurs. Il avait compris que la solution
de ce problème consistait et ne pouvait consister que
dans une lampe qui donnât assez de lumière à l'ouvrier et ne pût cependant communiquer sa flamme au
gaz. Au mois d'août 1815, il fut visiter son ami Nicolas Wood, chef-inspecteur de la houillère, pour lui
dessiner et discuter avec lui le modèle de la lampe
qu'il se proposait, et à peine l'eut-il fait établir à l'aide
des ferblantiers de Newcastle, MM. Hogg, qu'il revint
en toute hâte à la mine pour l'éprouver immédiatement. Il était déjà tard, le sous-inspecteur Moodie

attendait dans l'impatience et non sans inquiétude, mais Wood n'était pas là et sa présence semblait nécessaire. Stephenson dépêcha son fils Robert à un mille de là pour l'aller chercher; la nuit était sombre, mais Robert avait l'habitude d'obéir; Wood fit seller son cheval et partit pour Killingworth; il était onze heures du soir, 21 octobre 1815; et si le 19 le révérend John Hodgson avait reçu de sir Humphry Davy une lettre qui lui annonçait confidentiellement son invention, ce ne fut que le 31 octobre que Davy décrivit pour la première fois à son ami le docteur Gray, pasteur à Wearmouth (depuis évêque de Bristol), le principe sur lequel il voulait construire sa lampe.

Mais poursuivons.

Dans sa noble impatience d'essayer sa lampe, Stephenson voulut sans tarder descendre dans la mine, ce qu'il fit cette nuit même, accompagné de ses amis Nicolas Wood et John Moodie; le moment était bien choisi, vu l'imminence du péril par l'accumulation reconnue du grisou. Ils se dirigèrent vers la partie la plus dangereuse de la mine; c'était une galerie profonde de laquelle le gaz s'échappait par une crevasse. Ils élevèrent autour de cet endroit dans l'obscurité, afin que le gaz inflammable s'y accumulât davantage, une cloison de planches, puis après cette hardiesse ils s'éloignèrent. Après une heure d'attente, Moodie, dont l'expérience était fort grande en cette matière, s'avança vers l'enceinte où le gaz avait dû se concentrer, et revint en disant avoir trouvé l'odeur du gaz tellement forte qu'il était évident que si on en approchait avec une lumière, une explosion serait inévitable. Il avertit en même temps Stephenson du péril extrême qu'eux et la mine entière courraient si cette masse de gaz venait à s'enflammer. Stephenson répondit simplement qu'il avait *confiance* dans sa lampe et qu'il était de *son devoir* de l'éprouver. Il l'alluma donc, et marcha immédiatement, sans hésiter et tranquillement, vers le danger. Wood et Moodie, au contraire, s'éloignèrent effrayés. Ils virent Stephenson disparaître dans les profondeurs de la galerie, et ils tremblèrent pour leur ami. Celui-ci s'avançait seul, tenant dans sa main généreuse cette lampe qui n'avait encore subi aucune expérience, dont il n'appréciait l'efficacité que par son seul raisonnement, et il marchait d'un pas calme au devant de la mort la plus certaine s'il se trompait et la plus affreuse. — Stephenson pénétra dans l'enceinte qui retenait l'air vicié par le gaz, portant en avant cette lampe allumée qu'il éléva d'une main ferme, l'approchant à quelques pouces de l'ouverture, d'où le gaz s'échappait avec violence. Tout à coup la flamme augmenta, remplit la lampe, puis vacilla, puis s'éteignit, mais le gaz ambiant, le gaz grisou ne fit point explosion.

L'expérience avait réussi! Le monstre était vaincu.

L'émotion qui n'avait pu atteindre Stephenson quand il allait risquer sa vie pour ses camarades, dut arriver à son cœur et le faire battre de joie quand il vit la réussite de son admirable expérience. Il revint, à travers l'obscurité, vers Wood et Moodie, leur raconter son succès. Ceux-ci, un peu plus confiants, se rapprochèrent; mais de loin encore, à distance respectueuse, et c'étaient pourtant des hommes de cœur! ils le laissèrent recommencer, tout seul, sa périlleuse expérience. Stephenson la répéta plusieurs fois devant eux, toujours avec le même résultat. La flamme augmentait, grandissant à remplir toute la lampe, puis tout s'éteignait. A la fin les deux compagnons de Stephenson s'enhardirent jusqu'à s'approcher de l'endroit dangereux : une fois même Wood osa tenir la lampe auprès du courant de gaz.

Voilà la première expérience tentée et réussie d'une lampe de sûreté pour les mineurs!

Honneur et reconnaissance à Stephenson!

L'amour de la science et celui de l'humanité ont rarement inspiré un aussi beau dévouement.

Des améliorations furent faites par Stephenson lui-même à sa première lampe de sûreté, et sa seconde fut éprouvée le 4 novembre 1815 avec un plein succès. Des accidents arrivèrent encore sur ces entrefaites, et le 9 novembre périt, dans la partie même de la galerie où Stephenson avait fait son expérience, un jeune garçon qui n'avait pas fait usage de la lampe. Le 30 novembre, troisième lampe perfectionnée de Stephenson qui la montra, avant même qu'il eût entendu parler de celle de Davy, à la Société des Arts de Newcastle dont il était membre; elle fut dès lors employée sous le nom de *Geordie Lamp*, pour la distinguer de celle de Davy; elle est encore en usage dans la houillère de Killingworth où son emploi n'a jamais occasionné le moindre accident, et nous avons pris part à des expériences faites en assurance avec cette lampe dans des parties très-dangereuses des galeries. Le directeur des mines si importantes de cette localité, Mr. S. C. Crone, qui nous fit accompagner par son fils et son premier officier, distingue la lampe de sûreté de Stephenson en appelant cette dernière *sûre*, parfaitement sûre (*safe, absolutely safe*). Nous en avons une sous les yeux, reçue de MM. Watson, de Newcastle, qui exécutèrent pour Stephenson lui-même sa 3e lampe perfectionnée.

Le modèle de celle de Davy, fait de ses propres mains, a été conservé dans la collection de la Société royale de Londres depuis le 11 janvier 1816, où il en fit l'exposition; le 9 novembre 1815, il avait déjà lu devant la Société royale un *Mémoire sur le moyen de prévenir les explosions si dangereuses du gaz des mines.*

Malgré la lampe de sûreté, on conçoit que les accidents causés par le gaz n'aient pas tout à fait cessé dans les mines, dans le cas, ou d'un éboulement qui en émet subitement une grande masse, ou d'un *coup de feu,* comme disent les mineurs, lorsque le grisou s'allume soudainement, éclate comme la foudre et fait tomber la voûte sur les travailleurs, et ne suffit-il pas pour cela d'un coup de pioche ou de ciseau, ou des souliers ferrés d'un mineur qui font jaillir une étincelle ? 2° la poussière du charbon adhère vite, si la lampe n'est pas tenue dans un état de propreté parfaite, au réseau métallique qui isole la lumière, et si cette poussière de paillettes de houille vient à s'enflammer, elle ne peut manquer, en cas de présence du grisou dans des proportions dangereuses, d'enflammer en même temps l'atmosphère de gaz environnante, et n'a-t-on pas vu des mineurs continuer à travailler après que le gaz se trouvait déjà en état complet d'ignition ! de là d'épouvantables malheurs ; 3° enfin l'illustre Davy, non plus que le généreux Stephenson, n'ont pourvu à l'imprudence, à la légèreté ou à l'obstination des hommes qui est toujours le premier danger et le plus difficile à prévenir. On a vu des mineurs parvenir à enlever le grillage pour allumer leur pipe. Dans certaines exploitations, il a fallu cadenasser les lampes pour mettre les ouvriers dans l'impossibilité de les ouvrir, le lampiste ou le chef en garde la clef, et beaucoup n'aiment pas à s'en servir. Ils en murmurent à Liége (Belgique) comme d'une tyrannie. Nous ne dirons donc pas qu'une explosion ne peut plus désormais arriver ; en juillet 1856, dans le Glamorganshire, 117 ouvriers descendirent le matin dans la mine Cimmer, et une heure après, se produisait une explosion terrible qui en frappait de de mort cent dix, sans que l'on ait pu avoir aucun renseignement certain sur la cause de l'explosion, et quelque temps auparavant, les mines de Blanzy (Saône et Loire) avaient eu aussi leur part de malheur à déplorer; mais quand on pense que cette lampe est capable, par son léger tissu, de prévenir les éclats de la foudre souterraine et les tremblements de terre des mines, qu'elle épargne la vie des hommes, qu'elle durera tant qu'on tirera le charbon des entrailles de la terre, il y a peu d'inventions dont on voulût davantage avoir été l'auteur, aussi Davy disait-il de sa lampe de sûreté:

« C'est la plus belle chose que j'aie jamais faite! »[1]

Son usage, soit de celle de Davy (*Safety Lamp*), soit de celle de Stephenson (*Safe Lamp*) dans les portions des galeries où abonde le grisou, est entouré des précautions les plus respectées et les plus soigneuses.

L'invention de la lampe de sûreté valut au célèbre rival de Stephenson une récompense de 2000 l. st. Les houilleurs de Whitehaven, les propriétaires de mines du nord de l'Angleterre, de la Flandre et de Mons, lui présentèrent un cadeau d'argenterie de

----

1. *I value it more than any thing I ever did.*

2,500 l. st.; l'empereur Alexandre de Russie lui envoya un vase de prix avec une lettre autographe, et il fut élevé à la dignité d'associé de l'Institut de France, et créé *baronet* l'année suivante. — De leur côté, les houilleurs des comtés de Durham et de Northumberland, appuyés des comtes de Strathmore, de lord Ravensworth, de sir Ch. Brandling et d'autres amis de la vérité, firent en revanche une souscription qui monta à la somme de 1000 l. st., lesquelles furent offertes à Stephenson, avec un magnifique gobelet à couvercle, d'argent massif, dans un banquet qui eut lieu en son honneur à Newcastle, le 12 janvier 1818. Dans son discours de remercîments Stephenson s'exprima en ces termes: « Je serai toujours reconnaissant et fier de votre beau présent, puisqu'il me rappellera que mes efforts ont mérité l'approbation d'hommes aussi éminents. Soyez persuadés, Messieurs, que mon temps, aussi bien que tout ce que Dieu peut m'avoir départi de talent, sera employé de telle sorte que jamais vous n'aurez à vous repentir de l'honneur que vous me faites.» Et il a tenu sa promesse.

Lors de la controverse qui s'était élevée au sujet de la priorité de l'invention de la lampe, M. Brandling avait fortement engagé Stephenson à établir son droit par écrit, mais l'ingénieur de Killingworth ne songeait pas à imprimer. Ce conseil, tout nouveau pour lui, était comme un événement; il appela en conséquence son fils Robert à son aide, et après lui avoir mis à la main une grande feuille de gros papier: Ecris, lui dit-il, ce que je vais te *dire.*

Ce mémoire les occupa plusieurs soirées de suite; lorsqu'il eut été bien corrigé et recopié, le père et le fils, en veste ronde, toilette du dimanche, portèrent leur chef-d'œuvre à M. Brandling, à Gosforth. Mais à peine celui-ci y eut-il jeté un coup d'œil qu'il dit à Stephenson: « Oh! mon cher ami, ce document est mal écrit. — Il est pourtant l'exacte vérité, » répliqua un peu troublé Stephenson, pendant que Robert rougissait beaucoup en croyant que c'était à son écriture, qu'il avait tant soignée, que s'adressait ce reproche. M. Brandling eut bientôt retouché sous leurs yeux le mémoire qui fut publié dans les journaux de l'époque; et en 1817, Stephenson, à la demande de plusieurs de ses amis, rédigea encore là-dessus une lettre de 17 pages qui fut livrée à la presse.

Tout en désirant rendre à Stephenson ce qui est à Stephenson, et à l'illustre savant qui mourut à Genève en 1829, et dont l'Angleterre s'enorgueillit avec raison, l'honneur qui lui appartient, nous ne prolongerons pas ce débat ou l'examen critique de cette question de priorité, dans laquelle les Rapports opposés peuvent être considérés comme ayant été favorables plutôt que contraires à l'un ou à l'autre.

Un autre champ s'était d'ailleurs ouvert devant Stephenson où la palme allait lui être sans contestation, et pour toujours acquise: c'était l'invention définitive de la locomotive.

Et n'y a-t-il pas, pour nous tous, une *Lampe de sûreté* plus infaillible que celle des Davy et des Stephenson, et qui préserve de bien d'autres malheurs, en nous éclairant à travers les ténèbres qui menacent si souvent de nous envelopper à la surface même de cette terre, et en nous faisant voir et pénétrer jusque dans les replis les plus secrets de nos cœurs? O Éternel, que ta Parole soit la vraie Lampe à nos pieds et la lumière à nos sentiers!

CHAPITRE VI.

CHAPITRE VI.

Chemin de fer de Stockton à Darlington. — Projet d'un railway de Liverpool à Manchester.

A toute chose sa saison, et à toute affaire sous les cieux son époque, dit l'Ecclésiaste; la locomotive allait apparaître, mais Killingworth était bien loin de Londres pour attirer l'attention de la Société Royale et des ingénieurs en renom à cette époque; et l'obscurité de Stephenson, son humble extraction, sa modestie même. l'isolait encore plus que la distance. Toutefois la spéculation n'avait pas tardé à se porter sur les chemins de fer, comme moyen de transport pour les marchandises. — Un des premiers spéculateurs fut Edward Pease, riche quaker, membre du Parlement, qui avait présenté en 1818 et fait adopter en 1821, malgré une vive opposition dans le pays *et* dans le Parlement, une motion pour la construction d'un chemin de fer entre Stockton et Darlington: il n'y avait aucune possibilité d'un canal entre ces deux localités. Stockton, dans le comté de Durham, est un port assez considérable à l'embouchure de la Tees : il était dit dans le *bill* que l'objet de cette concession était de faciliter le transport de la houille, du fer, de la chaux, des céréales et d'autres articles, et que l'exploitation de ce chemin devait avoir lieu au moyen d'hommes, de chevaux *ou autrement.* Comme Edward Pease avait fait passer le bill avec l'aide ou l'appui de quelques-uns de ses coreligionnaires, on appela, par ironie, cette première voie ferrée la *ligne des quakers;* il n'était d'ailleurs point encore question de locomotive, lorsque un jour, vers la fin de 1821, deux hommes de Killingworth frappèrent à la porte d'Edward Pease, à Darlington; ils désiraient lui parler. L'un d'eux s'annonça comme étant Nicolas Wood, surveillant de la mine de Killingworth : il présenta son camarade, G. Stephenson, qui se connaissait *un peu* en chemins de fer et qui désirait trouver de l'emploi sur la nouvelle ligne. Stephenson dit à M. Pease dans son patois du Northumberland : « Je suis mécanicien à Killingworth, je ne suis que cela. » Le plan de la route fut toutefois discuté à eux trois, ainsi que la manière de faire marcher l'entreprise. La Compagnie n'avait point encore de plan arrêté. M. Pease et ses *amis* (les *quakers* se désignent sous ce nom *d'amis*) n'avaient pas songé à faire tirer leurs chariots de charbon autrement que par des chevaux; ils n'avaient voulu qu'un moyen de transport plus facile, et par suite plus économique, que la route ordinaire; mais Georges assura M. Pease que sa machine valait cinquante chevaux et qu'elle les chasserait bientôt de tous les chemins de fer. « Venez donc nous voir à Killingworth, dit-il au quaker, vous verrez ce que mon Blücher sait faire. Voir, c'est croire. »

Stephenson et Wood s'en retournèrent à pied, sauf quelques rencontres à bon marché sur des chars; mais les manières simples, le bon sens de Stephenson avaient fait une forte impression sur l'esprit du quaker. M. Pease se rendit à Killingworth en compagnie d'un riche banquier, M. Th. Richardson; ils virent le Blücher et furent convaincus de son efficacité. Stephenson avait fait monter sa locomotive, qu'il fit manœuvrer, traînant un convoi de wagons sur le chemin de fer devant sa maison. Pease était capable de comprendre tout ce que valait Stephenson; il se déclara son partisan décidé, et le fit charger de commencer les travaux. Georges fut alors employé à faire de nouveaux plans du tracé de la route. Le premier rail fut placé avec quelque solennité le 23 mai 1822, mais on ne se doutait pas que ce chemin dût être jamais desservi par des locomotives, quoique vers ce temps un des plus déterminés pionniers du nouveau système, Th. Gray de Nottingham, eût déjà gagné le comte de Liverpool et sir Robert Peel à la cause des locomotives et des chemins de fer. — On a dit de Th. Gray qu'une fois qu'il était monté sur son cheval de fer, il n'était pas facile de l'en faire descendre et qu'il enveloppait tout son monde de vapeur.

Dans un nouveau projet d'acte parlementaire, M. Pease fit insérer, à la sollicitation de Stephenson, une

clause qui autorisait l'exploitation du chemin au moyen
de machines à vapeur qu'il serait permis d'appliquer
au transport des voyageurs aussi bien que des marchandises. Ce second bill passa dans la cession de
1823 (c'est le premier qui ait autorisé l'emploi de locomotives), et Stephenson fut nommé ingénieur en
chef du chemin, avec 7,500 fr. d'appointements (300
l. st.): il quitta alors Killingworth pour se fixer à Darlington avec sa famille. — Il s'était remarié heureusement en 1822, et avait épousé la fille d'un fermier
de Black Callerton, Elisabeth Hindmarsh, dont il n'eut
point d'enfants. — Chargé de construire le chemin de
fer et les locomotives, Stephenson s'acquitta de sa
mission avec sa fidélité ordinaire, parcourant constamment la ligne d'un bout à l'autre, et ne laissant
pas un pouce de terrain sans l'avoir étudié. Il partait
chaque matin, souvent bien avant le jour, avec un
morceau de pain et de lard dans sa poche. Vers l'heure
de midi il entrait dans quelque chaumière et demandait qu'on lui permît de faire griller son lard; s'il
trouvait avec cela des œufs, du lait ou quelques fruits,
il se félicitait d'avoir fait un bon repas. En général,
les gens du pays, vieillards comme enfants, étaient
réjouis de sa visite, à cause de sa bonne humeur et
de sa conversation utile et agréable. A la fin de chacune de ces journées, Stephenson allait rendre compte
à M. Pease des progrès du chemin, de son travail et
de ses espérances. Une anecdote donnera une idée de

sa probité. Il avait obtenu un brevet pour la fabrication de rails en fer fondu qu'il s'était mis depuis plusieurs années, comme industrie personnelle, à fabriquer
en grand : or, les directeurs du chemin s'étant réunis
pour décider quelle sorte de rails ils emploieraient,
en fer fondu et par conséquent à meilleur marché, ou
en fer forgé et laminé, et ayant fait appeler Stephenson en qui ils avaient toute confiance, pour qu'il leur
donnât son avis : « Quoiqu'il me fût facile, leur dit-il,
de gagner avec vous une assez forte somme (environ
500 l. st.), en vous recommandant mes rails, je vous
engage à n'en pas employer un seul, l'expérience
m'ayant appris combien le fer forgé est supérieur. »
Le 27 septembre 1825, il y a donc un peu plus de
trente-cinq ans, le premier chemin de fer fut enfin
ouvert en présence d'un immense concours de monde ;
il faut dire que plus de la moitié des spectateurs es-
péraient ou croyaient ne pas voir réussir l'entreprise ;
il ne manquait pas de gens qui se promettaient même
le plaisir de voir sauter en l'air les locomotives. L'enthousiasme n'en fut que plus grand lorsqu'on vit la
machine *l'Active*, dirigée par Stephenson lui-même,
traînant 34 wagons, parcourir noblement la distance
entre Stockton et Darlington. Le chemin a une longueur de 25 milles et présente une pente sensible de
Darlington, centre des mines de houille, au port de mer
de Stockton ; le convoi se composait de six wagons
chargés de houille et de farines, puis d'une voiture oc-

cupée par les directeurs de la compagnie et leurs amis, et de vingt et un wagons où quatre cent cinquante personnes environ avaient pris place, et enfin de six wagons chargés de houille. Cet immense convoi, traîné par une seule locomotive, ou remorqué depuis un point où l'inclinaison de la route était sensible par une machine fixe, parcourut la ligne avec une vitesse moyenne de six milles à l'heure ($9^{km.},556$), et son arrivée à Stockton fut saluée par les cris de l'admiration générale. La locomotive avait reçu la grande naturalisation, celle du succès, mais d'autres victoires lui étaient réservées dans l'avenir ; elle n'était encore, pour ainsi dire, qu'à l'état d'ébauche, et pouvait à peine lutter contre le roulage ; aussi les cochers et les chevaux à qui la ligne était ouverte, et qui en profitaient moyennant une redevance et une disposition convenable de leurs roues adaptées aux rails, luttèrent assez longtemps avec avantage, et l'on regarda comme un prodige de vitesse mécanique, lequel fut inséré dans une gazette locale, que *l'Active* qui avait provoqué une grande concurrence, eût atteint Stockton dans une course rivale, une minute seulement plus tard que la diligence qui avait suivi la route ordinaire. Néanmoins les calculs faits pour évaluer le revenu de ce premier chemin de quelque importance, furent dépassés d'une manière extraordinaire, et montrèrent quel avenir cette invention préparait à l'industrie. La compagnie avait compté envoyer à Stockton dix mille tonnes de houille par an; ce chiffre s'éleva au bout de quelques années à 500,000, et il a été depuis bien au delà.

En créant les chemins de fer on s'attendait si peu à trouver du bénéfice au transport des voyageurs que ce revenu fut d'abord considéré comme nul, et ce fut une agréable surprise pour les directeurs de voir chaque année ce produit augmenter dans une proportion incroyable, c'est-à-dire que, déjà en 1828, le chemin transportait trois ou quatre cents voyageurs par semaine. On avait commencé par acheter un vieux corps de diligence que l'on installa sur le châssis d'un wagon, et que l'on supposait devoir suffire au nombre de voyageurs qui se présenteraient, et de cette grossière diligence et de ces caisses à ciel ouvert, espèces de tombereaux, sans siéges, qui formaient ces wagons de 3e classe, comme ceux que nous avons vus en 1843 sur le chemin de Beaucaire à Nîmes, et dont M. Émile de Girardin, lors de la discussion des travaux publics en 1847, et le Journal des chemins de fer demandaient, pour raisons d'humanité, que l'usage fût aboli, on en est venu aux élégants et commodes wagons, qui transportent annuellement des millions d'individus, et aux magnifiques *salons* princiers et impériaux.

Quant à l'éclairage, John Dixon y pourvut le premier : lorsque, par les sombres soirées d'hiver, il avait à conduire, entre Stockton et Shildon, la voiture *the Experiment*, qui courait sur les rails du chemin, il achetait une chandelle d'un penny qu'il mettait généreusement au service de ses passagers, la plaçant tout allumée sur la table au centre de sa diligence, et c'est ce système d'une simplicité primitive, qui a donné l'idée de l'éclairage des wagons, qui est en usage aujourd'hui.

Plus la fin des travaux avait approché, plus Stephenson, quelque sûr qu'il fût de son fait, avait pu se demander si ce grand projet réussirait. Un jour qu'il parcourait la ligne avec son fils Robert et J. Dixon, ils dînèrent tous les trois dans une auberge de Stockton. Vers la fin de leur modeste repas, Stephenson fit apporter, contre son habitude, une bouteille de bon vin, et ayant rempli les verres, il se leva et dit d'un ton solennel : «A votre santé! je prévois que, lorsque je ne serai plus de ce monde, vous verrez le jour où les chemins de fer remplaceront dans notre pays tout autre mode de transport, où ils serviront de routes royales pour le roi et tous ses sujets. Le temps vient où le simple ouvrier trouvera plus économique d'aller en wagon qu'à pied. Je sais bien que toutes sortes d'obstacles sont encore à vaincre et qu'il m'a fallu dix ans pour faire *reconnaître* la locomotive de Killingworth; cependant, aussi vrai que nous sommes ici en ce moment tous trois en vie, vous verrez ce progrès, et mon plus grand désir serait d'y survivre, mais je sais qu'à mon âge je ne puis plus guère l'espérer. En attendant, je bois à votre santé, à la prospérité du

pays et à celle particulièrement de notre entreprise. »
Est-il beaucoup de souhaits qui se soient autant réalisés?

Le succès du chemin de fer de Stockton à Darlington démontra la nécessité d'un établissement pour construction de locomotives; et Stephenson, avec les 25,000 fr. qu'il avait reçus pour l'invention de sa lampe de sûreté et une somme égale, fournie par M. Pease et l'un des *amis*, fonda ou agrandit, au centre du district si industriel de Wallsend, l'usine de Newcastle, la seule qui existât alors et qui a fourni les locomotives dont toute l'Angleterre eut bientôt besoin, car nous voici arrivés à une nouvelle phase, à la grande phase de la vie de Stephenson : il allait se trouver appelé sur un plus vaste théâtre où des travaux plus importants allaient révéler au monde son génie.

La première locomotive, fabriquée par Stephenson, qui ait couru sur cette première voie parlementaire, a été conservée et est érigée depuis 1859 à Darlington sur un piédestal. Il vaut la peine de rappeler à propos de ce premier railway projeté par Éd. Pease, que lorsque Stephenson se fut élevé à une haute position, il n'oublia point l'ami qui l'avait comme conduit et tenu par la main, sans craindre pour lui-même le ridicule, et qui aimait, vers la fin de sa carrière, à faire admirer une montre d'or qu'il avait reçue de son

célèbre protégé et qui portait ces mots gravés : *Estime
et reconnaissance* : G. STEPHENSON à ÉD. PEASE. —
M. Pease mourut à Darlington, le 31 juillet 1858, âgé
de 92 ans.

Mais pourquoi n'indiquerions-nous pas un des résultats les plus remarquables du chemin de fer de
Stockton à Darlington : la création de la ville de
Middlesborough? En 1825, l'emplacement de cette
ville était seulement occupé par une ferme, isolée au
milieu de pâturages et de rives vaseuses. Mais quand
l'exportation de la houille parut devoir prendre des
proportions gigantesques, et que les ressources de
Stephenson et de ses locomotives furent devenues in-
suffisantes pour les besoins du commerce, M. Pease,
secondé par quelques-uns de ses amis, acheta cinq
ou six cents acres de terre en aval de Stockton, à
l'endroit où s'élevait cette ferme, dans le but de
former un nouveau port pour l'embarquement de
la houille que le chemin de fer menait à la Tees. La
ligne fut donc prolongée jusque là : on creusa des
bassins, une ville s'éleva avec des églises, des écoles,
une douane, un institut pour les ouvriers, des banques,
des chantiers de construction et des forges; en peu
d'années, Middlesborough devint un des points les
plus importants de la côte nord-est de l'Angleterre.
Dans l'espace de dix ans une population de six mille
âmes, portée depuis à quinze mille, occupait ces ter-

rains auparavant presque déserts. Aujourd'hui, grâce à la découverte de riches mines de fer dans le voisinage de cette ville et des collines de Cleveland, on y voit briller de tous côtés les feux de hauts fourneaux pour la fonte du fer et du cuivre, alimentés par le chemin de fer, qui leur apporte la houille dont ils ont besoin.

Rien n'est plus digne peut-être d'intérêt et d'attention que l'histoire des progrès qu'a réalisés depuis ses débuts jusqu'à l'heure présente, et avec tous ses perfectionnements de détail, la locomotive, on y reconnaît cette initiative de l'esprit humain qui semble caractériser notre époque. Cette fabuleuse vitesse avec laquelle sont emportés les convois de voyageurs dans les *trains express*, cette étonnante force de traction qui permet à une seule machine de remorquer, dans les trains de marchandises, des poids de l'effrayant tonnage de 700,000 kilogr., et avec tout cela l'étonnante souplesse de ce merveilleux moteur, aux membres de fer et aux muscles d'acier, qui ne cesse d'obéir, comme le plus docile coursier, à la main qui le guide et de se plier avec une si singulière facilité, et l'agilité d'un oiseau dans l'air, aux mouvements les plus délicats d'avant et d'arrière qui lui sont commandés, toutes ces merveilles réunies de la mécanique, de l'industrie et de l'art ont été accomplies dans le court espace de ces trente dernières années. On écrit la vie des conquérants, et on compte les victoires qu'ils ont remportées; quelque glorieuses qu'elles puissent être, les batailles qu'ils ont livrées ont toujours été sanglantes, mais celles de l'industrie et du génie sont des victoires que l'humanité peut sans réserve louer, célébrer et bénir. Stephenson a été l'un de ces vrais conquérants, et si la ville de Liverpool lui a élevé une statue, c'est qu'il a obtenu la gloire par le travail, le dévouement et le génie. — S'il comptait courir avec ses locomotives à la vitesse de vingt milles à l'heure, il rêvait celle de soixante et cent milles, et il disait à ses amis qu'il atteindrait une vitesse illimitée, pourvu que la machine ne se brisât pas en morceaux. Ce n'est pas à nous à parler, comme vitesse ou force, des locomotives Crampton, Engerth ou de la maison Cail et Cie, de Paris, quai Billy (fabrique de locomotives) qui nous disait, en février 1858, par l'un de ses honorables employés, qu'ils fourniraient facilement une locomotive marchant à raison de 2 $^1/_2$ kilom. par minute, environ 37 lieues par heure, mais qu'ils ne pouvaient garantir qu'avant une heure la machine et les wagons n'eussent pris feu et ne disparussent en poussière ou en fumée.

Reprenons et continuons cette histoire des premiers chemins de fer.

Depuis un grand nombre d'années on s'apercevait que les communications entre les deux importantes villes de Manchester et Liverpool, ne répondaient plus aux besoins croissants du commerce qui ne trouvait pas un débouché suffisant dans les canaux établis par l'Irwell et la Mersey, qui ne pouvaient plus être augmentés, la prise d'eau aurait manqué; il fallait alors souvent plus de temps à une balle de coton pour être transportée de Liverpool à Manchester que de New-York à Liverpool. Les machines à filer de Manchester restaient immobiles en attendant le coton qui formait pendant des mois ou des semaines des tas énormes dans les magasins de Liverpool, et d'autre part, les objets manufacturés à Manchester encombraient ses halles et ne pouvaient être expédiés sur Liverpool; une partie de ce transport se faisait à grands frais par le roulage, auquel il fallait bien recourir si les canaux gelaient en hiver, lorsque un spéculateur plus hardi que les autres, ayant suggéré l'idée que les chemins de fer pourraient transporter du coton aussi bien que de la houille, on fit un plan pour un railway, comme moyen de communication à la fois rapide et économique, qui relierait les deux villes; et les travaux préliminaires, levées de plans, etc., s'exécutèrent malgré la vive opposition des actionnaires de canaux qui tremblaient de voir s'anéantir leurs bénéfices et des habitants des rives du chemin projeté, qui pensaient que leurs terrains allaient être bouleversés et eux-mêmes ruinés. Le capital d'un de ces canaux, *Old Quay Company*, valait 1800 p. 100, c'est-à-dire 18 fois le capital primitif; l'autre canal de Bridgewater avait beaucoup contribué à l'immense fortune du duc de Bridgewater, à qui il procurait depuis vingt ans un revenu de 100,000 l. st. (2,500,000 fr.). Il est juste de rappeler que le duc de Bridgewater, propriétaire des vastes houillères de Worsley à trois lieues de Manchester; secondé par l'habile ingénieur Brindley, avait en quelques années fondé ce nouveau système de transport; il avait fait creuser à ses frais, sans crainte de voir toute sa fortune s'y engloutir, le beau canal de son nom qui commence à Manchester pour se terminer à Rancorn, avec une branche pour Worsley et Leigh; et qui, dans ses trente-six heures de cours, fut la première des voies de communication que l'Angleterre ait possédées. A l'exemple du duc, un grand nombre de propriétaires de mines avaient fait appel aux capitalistes du pays, et au bout de quelques années, mille lieues de navigation artificielle, destinées à être les *artères* fluviales du pays, avaient été livrées à la circulation des marchandises; mais les compagnies particulières qui exploitaient ces lignes, prélevaient des bénéfices exorbitants, tout en faisant les transports avec peu de soin et une lenteur extrême. « Les rivières sont des chemins qui marchent, a dit Pascal, et qui portent partout où l'on veut aller », ce qui n'empêchait pas les bateaux chargés de houille de mettre, en 1837, plus de vingt jours pour venir des mines d'Anzin à la manufacture de glaces de Saint-

Gobain, c'est-à-dire pour faire un trajet qu'un piéton aurait accompli sans effort en deux jours.

Depuis 1821, on s'occupait du projet d'un tram-road ou railway entre Liverpool et Manchester, et en 1824, une grande réunion avait été convoquée à Liverpool pour arriver à organiser une Compagnie; aussi comme lord Kenyon, ébloui par l'œuvre prodigieuse de Brindley, félicitait le duc sur le succès de ses projets, celui-ci lui avait répondu par ces mots prophétiques : « Nous serons bien heureux si nous parvenons à nous garantir de ces tramroads. »

Mais avant de nous porter sur le terrain de Manchester à Liverpool, disons quelques mots sur les moyens de communication tels qu'ils existaient jusqu'alors en Angleterre et ailleurs.

Chacun sait combien les dames voyagent aujourd'hui facilement en chemin de fer, et en 1842, S.-M. la reine Victoria adoptait déjà, de Londres à Windsor, ce moyen de transport. Mais, et sans remonter aux siècles de la chevalerie, du temps de François Ier, les duchesses et les comtesses n'avaient d'autres ressources pour suivre leurs maris à la cour ou dans un gouvernement, que de se faire porter en litière, ou de monter en croupe derrière un de leurs écuyers; elles endossaient un justaucorps par dessus leur corps de jupe, se cachaient le visage sous un masque, couvraient leur tête d'un chapeau d'homme, et chevauchaient bravement pendant cinq jours et plus par des chemins déplorables pour aller, par exemple, de Paris à Nantes. Mais pour diminuer les regrets de ne plus voyager comme nos pères, offrons à nos lecteurs de nous suivre rue d'Enfer, près la place Saint-Michel, d'où M*** faisait partir, tous les mercredis, pour Toulouse une chaise et une charrette. Le prix d'une place dans la chaise, « hardes à part », était de 180 livres 6 sous, et dans la charrette de 90 livres 6 sous. Notez que la charrette n'était pas couverte. La raison du prix élevé, c'était sans doute que la nourriture était comprise dans le prix des places. Le voiturier était à la fois cocher, palefrenier et économe. Invariablement vêtu d'une veste chargée de galons, de boutons et de grelots, la tête couverte d'une carapace de peau de loutre ou de peau de lapin dont la queue se promenait sur le collet de sa veste, il fouettait ses bêtes sur la route, rajustait au besoin ses harnais ou sa voiture avec un clou ou un bout de ficelle, détachait son attelage en arrivant à la dînée ou à la couchée, menait ses chevaux à l'écurie, les pansait avec le secours de l'hôte, revenait ensuite à ses voyageurs, leur faisait servir un maigre dîner, sur lequel étaient prélevés, outre les profits de l'aubergiste, ceux du conducteur et ceux de l'entrepreneur, et sur le soir il procurait à sa carrossée des lits s'il menait une chaise, du foin s'il ne conduisait qu'une charrette. Les voyageurs les plus délicats s'arrangeaient fort bien d'une vaste chambre garnie de quatre lits, et quand la voiture était trop pleine, on couchait trois ou quatre dans le même lit.

Mais en fait de diligences et de messageries, rien n'était comparable à la diligence de Lyon en 1763. Cette diligence établie au port Saint-Paul, partait de Paris de deux jours l'un à quatre heures du matin, et prenait pour chaque place 100 fr., pour chaque livre de hardes, 6 sous. « Cette voiture passe pour la plus utile et la plus commode du royaume, elle fait vingt lieues par jour. Les voyageurs sont rendus à Lyon en cinq jours en été, en six en hiver. »

Présentons un autre tableau passablement antérieur aussi aux chemins de fer :

« Les voitures publiques employées en Angleterre sont d'élégants carrosses dans le dernier goût, attelés de quatre coursiers impatients, fiers des brillants harnais dont ils sont revêtus. L'étranger qui doit monter pour la première fois sur ces voitures est fort embarrassé. Il y a deux sortes de places : *l'impériale*, appelée *outside*, est une espèce de vaste cage fort élevée où l'on grimpe comme on peut, et *l'inside*, qui répond à l'intérieur de nos voitures. Le voyageur *d'impériale* qui est arrivé le premier, s'empare, quel que soit son rang d'inscription au registre, de la meilleure place. Les diligences sont ainsi couronnées d'une douzaine de voyageurs, et l'on a peine à concevoir comment elles peuvent marcher rapidement sans danger ; car les places de l'intérieur étant au nombre de quatre seulement et n'étant pas toujours occupées à cause de la cherté du prix qui est double de celui de l'*outside*, le poids de la voiture, soutenue par quatre roues d'une extrême légèreté, se trouve tout entier dans sa partie supérieure. Mais à l'aspect des routes unies et sablées comme les allées d'un parc, le voyageur est bientôt rassuré. Ce qui n'étonne pas moins l'étranger, c'est l'élégance des conducteurs vêtus avec soin et qui ne se distinguent des voyageurs que parce qu'ils tiennent les rênes ; ils sont assis à côté d'eux.

« Au moment où la voiture s'ébranle, si le temps est frais ou pluvieux, chacun déploie ses trois ou quatre redingotes. Les hommes passent autour de leur cou une écharpe en tricot de laine rouge ; les femmes se cachent la tête dans le capuchon de leur pelisse et recouvrent la pelisse d'un manteau. On voit même des jeunes gens, déjà affublés d'un habit, d'un surtout et d'une redingote à plusieurs collets, la figure à moitié enfoncée dans leur écharpe rouge, descendre tout bottés dans d'énormes bas de laine qui leur couvrent les jambes, et demeurer ainsi emmaillotés pendant un trajet de trente lieues. C'est le seul moyen d'échapper aux incommodités d'une voiture sur laquelle on est exposé, dans tous les sens, à la pluie et au vent. Cependant en été, l'impériale anglaise est une place fort commode, la plus commode de toutes peut-être, parce qu'on y respire avec aisance et qu'on jouit du plaisir de promener ses regards sur les belles pelouses dont le pays est orné. »

Avant 1800 on lisait l'affiche suivante sur les murs de la cité de Londres : « Les personnes qui désirent aller de Londres à York ou de York à Londres, sont priées de se rendre à l'hôtel du *Cygne noir* dans Holborn à Londres, ou à York dans Coney Street ; elles y trouveront une diligence qui part les lundis, mercredis et vendredis, et accomplit le voyage en quatre jours si Dieu le permet. » La distance est de 220 milles, quatre-vingts lieues. L'importante route de Manchester à Liverpool n'était pas dans de meilleures conditions. « Je n'ai pas de termes, disait Arthur Young, pour décrire cette route *infernale*. J'engage très-sérieusement les voyageurs que leur mauvaise étoile pourrait conduire dans ce pays, à tout faire pour éviter cette maudite traverse, car il y a cent à parier contre un qu'ils s'y casseront le cou ou pour le moins un bras ou une jambe. Ils y trouveront à chaque pas des ornières profondes de quatre pieds et remplies de boue même en été, je laisse à penser ce que ce doit être en hiver. » En Écosse, à la même époque, les marchandises étaient transportées à dos de cheval. Jusqu'en 1750, plusieurs des grands chemins de l'Angleterre méritaient à peine le nom de routes publiques ;

la-voiture qui faisait le service entre Édimbourg et Glascow, villes distantes seulement de seize lieues, employait un jour et demi à ce trajet. En 1763, il n'y avait de Londres à Édimbourg qu'une seule diligence qui partait une fois par mois et qui prenait de douze à quatorze jours pour faire le voyage, — tandis que le 29 août 1860 nous avons quitté Liverpool à 4 h. après midi, et nous avons couché à Édimbourg où nous ne sommes, il est vrai, arrivé qu'après 11 heures. — « Entre le Havre et la capitale, disait de son côté M. Bayer dans ses Considérations sur les routes de France, les deux tiers du chemin sont tellement dégradés qu'ils seront bientôt impraticables ; la route de Marseille à Toulon n'est pas en meilleur état, non plus que celle d'Orléans à Paris. » En 1832, pour atteindre Brême depuis Halberstadt, un seigneur russe avait dix-huit chevaux de poste, quatre, six et huit pour ses trois voitures (nous étions dans la première), qui ne contenaient pourtant, en y comprenant les enfants, que douze personnes, et il ne s'engageait dans les sables du grand-duché d'Oldenbourg qu'avec trente-quatre chevaux, pour avancer très-lentement. — En Suisse et ailleurs les diligences ne cheminaient guère plus vite : en 1830, le voyageur qui partait de Genève de grand matin le lundi, n'arrivait à Paris que le-jeudi après midi, entre 4 et 5 heures, et avait besoin de se reposer au moins le jour suivant ; et le coche de Mégève (Savoie) mettait, malgré ses trois fortes mules, de 17 à 19 jours pour atteindre la capitale; en 1804, il n'y avait point de courrier direct de Lausanne à Neuchâtel, distance aujourd'hui franchie en 1 ¹/₂ h.; les lettres et les paquets passaient par Berne, et il n'y a que quelques années que grâce aux routes et aux péages intérieurs, un ballot arrivait plus vite et plus sûrement de l'Amérique à Genève que de Genève à Saint-Gall.

Mais retournons en Angleterre.

La compagnie du railway projeté entre Liverpool et Manchester, ne fut fondée et ne publia son Rapport qu'en octobre 1824, et G. Stephenson qui avait si bien réussi pour le tracé du chemin de fer de Stockton à Darlington, fut chargé par avance des études; il avait eu de fréquents entretiens à Killingworth avec des députations d'experts, et en 1825 une pétition avait été présentée au Parlement pour faire passer une motion qui autorisât la construction de ce nouveau chemin, que les propriétaires de canaux regardaient comme une chimère. Le projet fut vivement discuté; des pamphlets et des articles de journaux avaient paru en opposition; on disait aux propriétaires du terrain que le chemin de fer, par ses vapeurs pestilentielles, tuerait les oiseaux au vol, ferait périr leurs couvées de faisans, épouvanterait les renards, et qu'il n'y aurait plus de chasse possible. On effrayait les femmes en leur faisant croire que les étincelles des locomotives mettraient le feu à toutes leurs maisons, et qu'elles seraient empoisonnées par la noire fumée de houille qui s'échapperait des machines. Plus les chances de succès augmentèrent, plus l'opposition devenait violente; il fallait étudier le terrain et pratiquer un nivellement. Or, en 1821 dans une étude préliminaire, dirigée par M. W. James de West-Bromwich, l'employé qui portait le *théodolite* (instrument d'arpentage pour mesurer les hauteurs et les distances), ayant eu l'honneur d'exciter surtout la rage, on avait choisi pour cet office un boxeur déterminé, mais les *antithéodolites* lui opposèrent un gigantesque mineur qui le battit, et messieurs les géomètres avaient été accablés de pierres, et le théodolite mis en pièces; un autre employé qui portait la chaîne d'arpentage s'était vu entouré de mineurs, et menacé, s'il reparaissait, d'être précipité dans la mine; les paysans prenaient des bâtons, des fusils, des fourches, pour combattre l'ennemi commun, et les femmes et les enfants se joignaient de leur mieux à cette chasse. On tenta d'effrayer Stephenson, de le tourner en ridicule, il fut menacé de prendre un bain forcé, d'être noyé dans les marais. Rien ne put l'arrêter, et il vint à bout d'étudier, sinon complétement, du moins suffisamment le terrain. — Ce fut un temps fort curieux pour la discussion que celui où G. Stephenson comparut (25 avril 1825) devant la commission du Parlement (*Witness box*) nommée pour cet objet, et nous abrégerons, par convenance, ce débat de deux mois. Comme il prétendait faire passer son chemin par le Chat-moss, l'avocat Harisson et l'ingénieur F. Giles s'écrièrent que pour ceux qui connaissaient ce marais, c'était le comble de l'ignorance; on y enfonçait jusqu'aux genoux sur les bords, et de 34 pieds au milieu! On avait donné à Stephenson le conseil prudent de ne parler que d'une vitesse de 8 à 9 milles à l'heure; mais pouvait-on songer sans effroi, s'écriait-on dans le Parlement, à cette vitesse incroyable? et, sous la pression des convois les rails ne plieraient-ils pas? pourraient-ils supporter l'effort d'un train pesant 40 tonnes? les convois ne seraient-ils pas culbutés dans les courbes? cela était arrivé même à des diligences. Y avait-il du bon sens à vouloir construire des tunnels, des souterrains excessivement coûteux, pour des locomotives dont l'action dépendait toujours du temps, et qu'un coup de vent assez fort pour gêner la navigation sur la Mersey, ne manquerait pas d'arrêter! — Stephenson répondit à toutes les questions et objections qu'on lui adressa, avec autant de sang-froid et de clarté que de déférence, et grâce à son extrême prudence et à son expérience réfléchie des chemins de fer, il se tira de cet examen avec honneur, comme dans les nombreuses fois qu'il dut paraître au Parlement, quoique plusieurs eussent jugé d'avance que c'était à Bedlam qu'il fallait l'envoyer pour sa santé. « Si une locomotive, avec une vitesse de 8 à 9 milles à l'heure, rencontrait une vache sur la voie, lui avait dit avec la gravité d'un ton propre à le confondre un de ses interlocuteurs, n'en résulterait-il pas un accident très-grave? — Oui, très-grave..... pour la vache (*Yes, very awkward indeed — for the cow*), » avait répondu en souriant avec une bonhomie un peu ironique Stephenson. Mais la motion, quoiqu'elle eût été appuyée par les honorables Adam, Serjeant Spankie, Williers, Brougham et Joy, et présentée par les Huskisson, les Spring, le général Gascoygne, la motion fut rejetée, et le bill dut être retiré. Et remarquons que le chemin de fer de Stockton à Darlington était déjà en pleine activité et prospérité! — Au reste, on soutenait encore en 1831 à la tribune de la *Chambre des députés* à Paris que « les chemins de fer n'étaient bons qu'à servir de jouets aux curieux d'une capitale, et de wagons de transport pour les voyageurs de commerce dans quelques cas exceptionnels seulement. »

L'année suivante, 6 mars 1826, la motion fut de nouveau présentée, le bill subit l'épreuve d'une seconde et troisième lecture, et l'opposition fut moins violente : les propriétaires de canaux avaient bien offert d'employer des bateaux à vapeur sur la Mersey et les canaux et de réduire les tarifs, mais c'était pour eux trop tard. Cependant on ne manqua pas de nouveaux et anciens arguments contre le projet : les propriétés des pauvres veuves seraient envahies; le feu, le bruit et le sifflement des machines incommoderaient et poursuivraient les propriétaires jusque dans leur salle à manger; les bestiaux épouvantés ne voudraient plus brouter l'herbe, ni les poules pondre; la houille et le fer deviendraient hors de prix; le foin et l'avoine seraient invendables, et que deviendraient ceux qui aiment à voyager à la vieille mode? et les cochers, les selliers, les aubergistes? la fumée et le feu seraient choses intolérables; les chaudières éclateraient et les wagons sauteraient; les voyageurs seraient réduits en poussière; on serait asphyxié en traversant les tunnels, à cause de l'atmosphère viciée par le dégagement des gaz délétères enfermés dans ces souterrains, on n'en ressortirait qu'avec des fluxions de poitrine: « Nous pensons, disait en 1825 la *Revue britannique* qui a pourtant toujours été en avant de toutes les questions pratiques, que les habitants de Woolwich aimeraient autant être lancés sur une fusée à la congrève que de monter dans des voitures qui iraient d'un train de quinze à vingt kilomètres à l'heure. » « Nous espérons bien en tout cas, ajoute *the Quarterly Review*, que le Parlement n'autorisera pas une vitesse de plus de huit à neuf milles. » L'expérience a répondu à toutes ces objections, et à propos des charrons sans ouvrage, des selliers sans emploi et des chevaux abattus, on sait d'après les relevés officiels, que le nombre de chevaux employés en France depuis la création des chemins de fer, est aussi considérable que par le passé; et le prix des chevaux a sensiblement augmenté : quand leur nombre aurait diminué pour l'agriculture, ce serait au profit du bétail, et quand on en emploierait moins au transport des voyageurs et des denrées, l'entretien de chaque cheval demandant proportionnellement autant de terrain qu'il en faudrait pour entretenir huit hommes, les terres jusqu'alors consacrées à leur nourriture, pourraient l'être à celle de l'homme et à la culture du blé. — Enfin au 3e débat le bill passa à la majorité de 88 voix contre 41, et aussi à la Chambre des Lords : et, chose remarquable, les actions même du canal de Leeds et de Liverpool, auxquelles on croyait que le chemin de fer ferait le plus de tort, avaient augmenté. — Les frais parlementaires pour la concession, etc., s'élevèrent à la somme énorme de 27,000 liv. sterl. (675,000 fr.).

Il s'agit alors de choisir un ingénieur en chef pour toute l'entreprise : Stephenson fut nommé, et ses appointements fixés à 1000 l. st. Aussitôt il transporta son siége d'établissement à Liverpool, et se mit en mesure de commencer les travaux par l'*impossible*, c'est-à-dire qu'il prit en main le desséchement du Chat-moss. Cette entreprise était de la nature la plus formidable et bien faite pour effrayer un esprit d'une trempe ordinaire; il s'agissait en effet d'établir le chemin de fer au travers de ce marais d'une substance spongieuse et mouvante, sorte d'immense tourbière d'environ 4 milles de largeur sur 6 de longueur et de 10 pieds de profondeur, recouverte seulement çà et là d'une légère croûte d'herbe sur laquelle un homme pouvait à peine passer sans risquer d'y disparaître, le terrain y fuyait sous les pieds du plus léger coursier. Les premiers ingénieurs de l'époque avaient déclaré qu'il était impossible d'y établir une route quelconque, et qu'il fallait avoir absolument perdu la tête pour en concevoir seulement l'idée, et c'était sur cette surface mobile qu'il s'agissait pour Stephenson de faire un jour courir les pesantes locomotives traînant les immenses convois. Nous n'avons pas à entrer dans le détail des habiles mesures inventées par Stephenson pour opérer ce miracle; le drainage fut commencé en juin 1826; les premières tentatives pour raffermir le sol parurent n'avoir aucun résultat, les milliers et les millions de mètres cubes s'engouffraient sans lasser la persévérance et l'assurance de Stephenson et malgré les bruits qu'on répandait que c'en était fait des chemins de fer, que les travaux étaient interrompus, et qu'il avait péri dans le Chat-moss avec des centaines d'ouvriers et de chevaux. — Mais dès la fin de 1828, et au printemps de 1829, les directeurs de l'entreprise témoignèrent de l'inquiétude et une certaine impatience : on trouvait qu'il était temps de voir des rentrées et des intérêts des sommes exorbitantes, 470,000 l. st. (près de 12 millions de francs) qu'on avait déjà dépensées ou englouties. «Voyons, Georges, dit un jour à Stephenson un des directeurs, le quaker Cropper, il faut faire marcher tout cela et que ce chemin se termine au plus vite, il faut qu'il puisse s'ouvrir au 1er janvier prochain. » — « C'est impossible, répliqua Stephenson qui voulait le prouver.» — « Impossible! reprit le *quaker*, mot qu'il ne serait pas juste de traduire par *trembleur*, je voudrais voir l'empereur Napoléon t'apprendre que ce mot n'est pas dans le dictionnaire. » — « Eh bien! reprit Stephenson en se redressant avec un chaleureux sentiment de ses forces, donnez-moi de l'argent, des matériaux, des hommes, et je ferai ce que Napoléon lui-même n'aurait jamais su faire; oui, je ferai passer votre chemin de fer par le Chat-moss.» Grâce à l'énergie, à l'activité de Stephenson, à l'argent qui abonda, au zèle des travailleurs qui ne se relâcha ni le jour ni la nuit, l'ouvrage avança rapidement, les directeurs reprirent courage et bon espoir, et, à la surprise générale, six mois après le jour où s'était tenu le conseil en question, un wagon remorqué par une locomotive traversait, le 1er janvier 1830, le Chat-moss, amenant à Manchester, pour un banquet, les directeurs accompagnés de leurs amis; et les quatre milles du Chat-moss sont aujourd'hui, peut-être, la partie la plus sûre ou la mieux établie de la ligne : ils ont coûté 28,000 l. st., et non 270,000, comme on l'avait craint. — On doit remarquer parmi les travaux de ce chemin le percement du mont des Olives, étroit ravin de deux milles de lon-

gueur et en plusieurs endroits de cent pieds de profondeur, creusé dans le roc vif, et le viaduc de Sankey,
qui comprend neuf arches de cinquante pieds d'ouverture, à soixante-dix pieds au-dessus de la rivière; c'é-
taient là des ouvrages qui semblaient alors des travaux
de géants, mais qui depuis ont été dépassés sur beaucoup de lignes.

Toutefois on n'avait encore rien décidé sur le mode
de locomotion, et quelques-uns des plus timides pen-
chaient encore pour le vieux mode de traction par les
chevaux; mais la majorité l'emporta en faveur de la
vapeur. La question se balança ensuite entre les machines fixes et les locomotives. — La Compagnie était
inondée de projets de toute espèce, et tous les ingénieurs de France, d'Angleterre et d'Amérique l'avaient
prise pour point de mire. Les uns proposaient de faire
mouvoir les wagons à l'aide d'une force hydraulique,
les autres proposaient l'emploi du gaz hydrogène et
d'autres du gaz acide carbonique. La pression atmosphérique avait de chauds partisans; d'autres encore
voulaient une route avec des rails à engrenages; les
directeurs y perdaient un peu la tête. Stephenson persistait à demander des rails unis et des locomotives.
On nomma deux ingénieurs distingués, MM. Walker
de Limehouse, et Rastrick, pour éclairer la question,
ils l'étudièrent et rapportèrent en faveur des machines
fixes; ils exposèrent, après avoir visité les quelques
chemins de fer de houillères où l'on faisait usage de

locomotives, et les avoir comparés avec ceux qui avaient adopté les machines fixes, que les inconvénients et les avantages des deux systèmes pouvaient se balancer, mais qu'en somme, et sous le rapport d'exploitation, les machines fixes et à basse pression semblaient préférables. Ils recommandaient de diviser la route en dix-neuf relais ou stations distantes d'un mille et demi chacune, entre lesquelles s'opérerait la traction au moyen de vingt et une machines, c'est-à-dire que les convois seraient remorqués par des machines fixes ou disposées sur des points déterminés, à l'aide d'un câble, d'une chaîne qui s'enroulerait sur un tambour à manége mis en mouvement par la machine, à peu près comme pour certaines routes à plans inclinés ou à fortes rampes. Et voilà donc où auraient abouti tous les efforts de Stephenson! Il restait seul champion des machines locomotives, c'est-à-dire qui traînent la charge le long de toute la route; il voyait clairement qu'elles étaient parties inséparables d'un même système, que le rail et la roue étaient, comme il le disait, *l'homme* et *la femme,* l'un ne pouvait marcher sans l'autre. Le chemin de fer, son tracé et son système de chariots et de locomotives ont, en effet, entre eux une telle relation, qu'on ne saurait les considérer isolément; le plus petit défaut d'harmonie de l'un à l'autre aurait les plus dangereuses conséquences : la locomotive et ses wagons forment, par leur réunion, un seul et même appareil, une seule et immense machine; et si Walker avait conclu que la force de la machine était en raison inverse de sa vitesse, Stephenson concluait le contraire, et l'expérience a répondu.

Quoique le chemin de Manchester à Liverpool n'eût été construit dans l'origine qu'en vue de le consacrer au transport des marchandises, Stephenson supplia les directeurs de lui permettre de tenter l'épreuve des locomotives avant d'adopter le principe des machines fixes. — La locomotive n'avait pas dit son dernier mot, elle était susceptible de grandes améliorations, et il s'engageait, pourvu qu'on lui en donnât le temps, à construire une machine qui satisferait à toutes les conditions de vitesse, de commodité, d'économie et de sûreté qu'on pourrait exiger; et il fit tant d'impression par sa conviction si ferme et si profonde, qu'il détermina les directeurs du chemin, assez peu satisfaits d'ailleurs des machines de ce genre qui existaient à cette époque, à offrir un prix de 500 l. st. pour la locomotive qui, dans de certaines conditions spécifiées, accomplirait l'ouvrage de la manière la plus convenable; et les inventeurs de tous les pays furent appelés à présenter des modèles nouveaux de locomotives applicables au futur railway. Les conditions principales étaient, que la machine montée sur six roues ne pèserait pas plus de six tonnes, y compris sa provision de charbon; qu'elle consommerait elle-même sa fumée, c'est-à-dire sa houille, sans produire un grand dégagement de fumée; qu'elle traînerait sur un chemin de fer à plan horizontal ou de niveau une charge de 20 tonnes; qu'elle marcherait à raison de 15 à 16 kilom. à l'heure. Dans le cas où la machine n'aurait pesé que 5 tonnes, le poids à remorquer était réduit à 15 tonnes, le poids de la machine ne devait pas dépasser quatre tonnes pour la locomotive, qui n'aurait que quatre roues. La pression de la vapeur dans la chaudière ne devait pas excéder 52 livres par pouce carré, c'est-à-dire trois atmosphères et demie; la chaudière serait munie de deux soupapes de sûreté, l'une, celle de Papin, et l'autre une rondelle de métal *fusible* à une trop haute température; la hauteur totale de la cheminée ne devait pas excéder 15 pieds ($4^m,872$); la Compagnie aurait la liberté de soumettre la chaudière, le foyer, les cylindres, etc. à un effort de la presse hydraulique équivalant à une pression de $10\frac{1}{2}$ atmosphères, ou trois fois la tension ordinaire de la vapeur; la machine porterait un *manomètre* à mercure et à air comprimé avec une tige graduée, indiquant la pression au-dessus de 45 livres par pouce carré ou de trois atmosphères; enfin, son prix ne devait pas excéder 550 l. st. (13,750 fr.). La locomotive devait faire dix fois l'aller et le retour de l'espace choisi, ce qui représenterait à peu près le trajet de Liverpool à Manchester.

Le jour de l'ouverture de ce concours fut fixé au 1er, puis au 6 octobre 1826; on nomma d'avance pour juges M. Rastrick, de Stourbridge, Kennedy, de Manchester et Nicolas Wood, de Killingworth. « L'animal, qui en se nourrissant de gaz, disait la Revue britannique, doit nous faire voler sur nos routes, n'a pas encore été décrit: il paraît qu'il sera de la race des vélocipèdes, et qu'il aura six ou huit jambes alternativement en mouvement.»

Il s'agissait bien en effet de fabriquer une machine d'une nouvelle espèce, à qui il ne manque que sa propre volonté pour être animée, bête monstrueuse toute de fer et de cuivre, qui ne boit que de l'eau, qui ne mange que du feu et de la houille et qui ne marche que sur du fer, qui produit toutes sortes de bruits étranges, qui gronde, hurle ou siffle comme un serpent, qui lance des jets de blanche vapeur ou de noire fumée, comme la baleine lance de l'eau par ses évents; qui court comme Borée; dont la plénitude de bien-être est indiquée par la régularité de ses pulsations; qui, selon ses besoins, tempère, active ou règle ses mouvements, et qui, si on la néglige pour les soins continuels à lui donner ou pour la nourriture qu'elle dévore, prend le mors aux dents, fait d'horribles écarts; éclate comme la foudre et, comme une bombe gigantesque, renverse et écrase tout. Enfin, sans prétendre trouver dans la Parole de Dieu une description de la locomotive du XIXe siècle, et prenons garde qu'elle ne soit pas pour nous, ce qui arriverait si nous n'en rendions pas hommage au Créateur, une glorification du génie de l'homme, nous dirons avec l'Ecclésiaste : « *Rien de nouveau sous le soleil,*» c'est-à-dire que nous croyons avec l'Écriture qu'il n'y a rien de tellement nouveau que la Bible, cette Histoire toujours nouvelle du passé, du présent et de l'avenir, n'ait en quelque sorte préfiguré et annoncé. Sans vouloir attacher trop d'importance à ces versets de Job que nous traduisons, tout en leur laissant le voile de l'allégorie, nous ne laissons pas d'être assez frappé de cet avant-dernier chapitre, depuis le verset 6 ; pourquoi ces versets ne seraient-ils pas, en quelque mesure, une description prophétique des merveilles de la vapeur ? l'analogie est même matériellement assez exacte. Traduisons au chapitre XLI, depuis le verset 6, en omettant un ou deux détails : il est question, dans ce chapitre, du *Léviathan,* animal inconnu qui a fait chercher à laquelle des créatures de Dieu, d'une autre époque, antédiluvienne, ce portrait a pu s'appliquer. Voici donc une traduction de l'hébreu, dont nous présentons l'application à nos lecteurs :

6. *Son corps est composé de boucliers cachetés et fermés comme par un sceau,* 7. *bien adhérents les uns aux autres, sans aucune fissure qui donne passage à l'air ;* 8. *ils sont étroitement joints, et cloués ensemble d'une manière inséparable.* 9. *Ses éternuements* (est-ce les éternuements ou les coups de piston de ce monstre des mers qu'on a comparé aussi au Léviathan, le Grand Orient, *the Great Eastern ?* mais tenons-nous-en

en quelque sorte à la locomotive) *sont comme des jets de lumière, et ses yeux sont comme des rayons de l'aurore ;* 10. *Sa bouche vomit des flammes, et fait jaillir des étincelles,* 11. *De ses narines s'échappe une épaisse fumée, comme d'une cuve bouillante ou d'un étang ardent.* 12. *Son souffle allume des charbons, et un feu dévorant sort de sa gueule.* 13. *La force réside dans son cou, et devant elle bondit la terreur,* 14. *les muscles de ses chairs sont comme soudés ensemble, tout en elle est massif et inébranlable.* 15. *Son cœur est solide comme la pierre, même aussi dur que la meule inférieure* (la meule à broyer le grain se composait de deux pierres superposées et emboîtées l'une sur l'autre, dont la plus dure était placée en dessous), 16. *les plus braves tremblent quand elle s'élance, ils sont stupéfaits de lui voir tout rompre ;* 17. *l'épée, la lance et les traits s'émoussent contre elle sans la blesser,* 18. *elle se joue du fer comme de la paille, et de l'airain comme du bois vermoulu ;* 20. *les armes et les obstacles qui voudraient l'arrêter, elle s'en rit et les consume comme du chaume ;* 23. *elle fait bouillonner l'eau profonde comme l'eau d'une chaudière et rend la mer semblable à un vase où brûlent des parfums ;* 24. *elle trace derrière elle des sillons de lumière, et elle traîne dans la mer sa blanche chevelure ;* (avons-nous donc ici les paquebots à vapeur et les locomotives ?) 25. *il n'y a rien sur la terre qui puisse lui être comparé, elle est faite pour ne rien craindre,*

26. *elle regarde tout ce qu'il y a de plus haut, elle est (ou il est) comme un roi sur tous les animaux les plus redoutables.*

Ajouterons-nous qu'il est assez curieux qu'on ait de bonne heure appelé la *locomotive*, par comparaison avec le roi des animaux, le *roi des machines?* et nous n'avons pas oublié le *Dragon* de Trevithick. Nous doutons bien qu'on songe, après cette lecture, à reconnaître ou à chercher dans cette description un crocodile ou la baleine, le dragon ou un serpent terrible, pas plus qu'un éléphant, un rhinocéros ou un animal antédiluvien? quelque gigantesque mastodonte; et sans vouloir trop insister sur ce fragment que chacun du reste peut interpréter et apprécier à sa manière, nous ne répondons que de l'exactitude de notre traduction : nous pensons qu'en tout cas ces versets méritent, en regard des machines à vapeur, quelque attention.

Mais pour fabriquer, s'il est permis de s'exprimer ainsi, un animal pareil, pour le diriger, le bien élever, le pénétrer de docilité et lui communiquer en même temps son indomptable vigueur, nous ne pouvons, pas plus que G. Stephenson, nous passer de son fils Robert, à la recherche duquel nous devons nous mettre pour prendre part désormais avec lui à tous les travaux et succès de G. Stephenson, jusqu'au jour de sa mort, 12 août 1848, après laquelle nous consacrerons un dernier chapitre uniquement à Robert.

CHAPITRE VII.

CHAPITRE VII.

Concours de Liverpool.

Nous nous sommes proposé, pour le concours prochain de locomotives à Liverpool, de nous mettre à
la recherche de Robert Stephenson, qui avait passé en
Amérique; il nous faut pour cela revenir de quelques
années en arrière.

Lorsque Robert quitta à l'âge de quinze ans, en
1818, l'école de Newcastle (*Bruce's Institution*), il fut
confié, pour son instruction, à Nicolas Wood à Killingworth. Il devait apprendre tout ce qui correspond
au travail des mines, et pendant près de trois ans il
fut employé comme sous-inspecteur à la mine de
Westmoor. Ce genre d'occupation n'était pas toujours
sans danger, comme le prouve l'anecdote suivante.
Quoique la lampe de sûreté (*Geordie Lamp*) fût déjà
généralement en usage à la houillère de Killingworth,
et qu'il fût même défendu sous peine d'une ½ couronne d'amende (2 sh. 6 d.), de travailler dans la mine
avec une simple lampe, il était difficile de faire observer la recommandation, et les inspecteurs eux-mêmes
contrevenaient parfois à la défense. Un jour Nicolas
Wood, accompagné de Robert et du sous-inspecteur

Moodie que nous connaissons, s'avançait le long d'une profonde galerie d'extraction, Wood et Robert avaient à la main, l'un une chandelle et l'autre une simple lampe. Ils arrivèrent à une place où des pierres s'étaient détachées de la voûte. Wood, qui marchait le premier, commençait à franchir cet amas, lorsque le gaz, le *gaz grisou* fit explosion par les fissures de l'éboulement, en jetant par terre nos trois mineurs. De tous côtés, houilleurs et ouvriers, dans la frayeur que le feu ne se manifestât à d'autres parties des galeries plus dangereuses encore, coururent vers une ouverture de la mine qui communiquait au dehors. Robert et Moodie, dont les lumières s'étaient éteintes, ne pensèrent aussi, après avoir pu se relever, qu'à fuir à travers l'obscurité le plus vite possible du côté d'une sortie, ils tombèrent ainsi sur un cheval que l'explosion avait étourdi et renversé ; ils étaient cependant à moitié chemin, lorsque Moodie s'arrêtant dit à Robert : « Halte ! mon garçon, allons chercher le chef ![1] » Et tous deux retournèrent. Ils trouvèrent Wood abasourdi, couvert de contusions, étendu tout de son long, avec des brûlures aux mains ; ils l'emportèrent à eux deux hors de l'endroit dangereux, et Wood ne s'exposa plus jamais sans une lampe de sûreté dans les parties dangereuses de la mine.

Le temps que Robert passa à Killingworth fut éga-

---

1. *Stop laddie, we maun gang back, and seek the Maister.*

lement utile pour lui et pour son père. Les soirées étaient ordinairement consacrées à la lecture et à l'étude, et le père et le fils travaillaient ensemble comme deux amis. La discussion tombait-elle sur les locomotives? le fils s'animait encore plus que le père, il proposait des améliorations et des modifications à la machine qu'on pouvait voir fonctionner sur la voie à charbon; Georges faisait les objections et défendait son ouvrage, mais les idées de Robert le remplissaient de joie et d'espoir.

Ces soirées contribuèrent à décider G. Stephenson à envoyer son fils, dès l'année 1820, à Édimbourg, pour y perfectionner son éducation scientifique, et quoique le jeune homme ne restât à l'Université que six mois (lesquels coûtèrent à son père 80 l. st.), Robert profita de ce laps de temps plus que beaucoup de jeunes gens de six ou huit semestres académiques : il y apprit la physique de John Leslie, la chimie de Hope et de J. Murray, et l'histoire naturelle de Jameson; et Georges Stephenson eut la vive satisfaction de voir son fils revenir d'Édimbourg, au printemps de 1821, avec le prix de mathématiques qu'il avait remporté à l'Université.

Robert continua à étudier la théorie et la pratique de la mécanique sous la direction de son père, construisant avec lui des locomotives dans la fabrique que Stephenson avait fondée à Newcastle, et qui devint elle-même comme une Université d'où sortirent peu à peu pour tout le royaume britannique comme pour l'Europe, l'Amérique et les Indes, les ingénieurs de locomotives. Cependant, durant plusieurs années l'usine (*Stephenson Factory*) ne travailla qu'avec peine, et même le bon Edw. Pease voulait se retirer, mais Stephenson n'eût pas été en mesure de le dédommager.

En 1824, Robert, dont la santé avait souffert, quitta la maison paternelle et Newcastle, sur le conseil même de son père, pour passer en Colombie (Amérique du Sud), où on l'avait appelé pour le charger de l'étude et de l'exploitation de mines d'or et d'argent dans la province de Vénézuela. Ce changement d'air et de scène lui fit du bien et lui rendit la santé; mais, après avoir fondé, au prix de beaucoup de fatigues durant trois années, la Compagnie des mines d'argent de la Colombie, Robert reçut, vers le milieu de 1827, une lettre de son père qui l'invitait fortement à revenir en Angleterre, pour y prendre lui-même la haute direction de la fabrique de Newcastle, la *locomotive* étant appelée à faire, bientôt probablement, son épreuve décisive. Robert céda, il obéit à l'invitation de son père qui avait besoin de lui pour le développement de ses plans, l'exécution de ses idées; il revint, en passant par les États-Unis et le Canada, et il arriva à Liverpool en décembre 1827. — Mais, dans ce voyage, il fit rencontre d'un homme qui n'a pas joué un rôle peu important dans l'histoire de la locomotive. Pendant que Robert Stephenson atten-

dait dans le golfe de Darien, sur la mer des Antilles,
dans la petite ville de Carthagène, alors cruellement
dévorée par la fièvre, qu'un vaisseau mît à la voile
pour New-York, il remarqua un jour dans la salle
vaste et nue de la misérable auberge de l'endroit,
deux individus qu'il reconnut pour deux compatriotes.
L'un de ces hommes était d'une très-haute taille,
très-élancé, remarquablement maigre : c'était Richard
Trevithick, qui revenait des mines du Pérou sans un
sou, il est vrai, mais la tête pleine de projets ; il re-
tournait en Angleterre pour y fonder une société
d'exploitation de mines d'or qui enrichiraient à *millions* ses actionnaires. En attendant, ces deux individus avaient fait route, tant bien que mal, à travers les
fleuves et les forêts, et ayant abandonné leur bagage
et à peine vêtus, ils avaient atteint Carthagène. — On
se rappelle que la machine à haute pression de Trevithick, destinée à courir sur les routes ordinaires,
était de 1802 ; le modèle en était remarquablement
bien exécuté, il avait trouvé comme rareté mécanique
sa place à Londres ; il y resta chez un marchand d'an-
tiquités et de curiosités jusqu'en 1811, où un certain
Fr. Uvillé, du Pérou, vint en Angleterre pour y chercher quelques machines propres à l'épuisement des
mines d'or et d'argent de son pays, dont quelques-
unes étaient d'une richesse extraordinaire : celle de
San-José, par exemple, dans le district de Huancavé-
lica (République de Costa-Rica). Uvillé trouva peu

d'encouragement. L'atmosphère raréfiée des hautes régions des Cordillères, comme la presque impossibilité de transporter de pesantes machines sur des montagnes à peu près inaccessibles, le manque de combustible et le peu d'énergie des habitants semblaient opposer des obstacles presque invincibles à une exploitation profitable. Uvillé était sur le point de retourner sans espoir au Pérou, lorsqu'un jour à Londres, dans une des rues de Fitzroy Square, il tomba dans la boutique d'un certain Roland, où était exposé le modèle à vendre d'une machine à vapeur : c'était celui de Trevithick. Frappé de sa simplicité, notre Péruvien l'acheta aussitôt pour vingt guinées, et l'ayant emporté à Lima, capitale du Pérou, il établit d'après ce modèle une machine à vapeur sur les plus hautes cimes de Pasco (Cerro de Pasco) au sud-est du lac de Lauricacha, près de la source du fleuve des Amazones, et de la fameuse mine de Potosi qui a fourni à elle seule plus de 8 milliards de francs. Au reste, les mines étaient si abondantes dans cette contrée qu'elles sont devenues proverbiales ; il suffisait d'y creuser la terre pour y rencontrer des filons d'argent et d'or. *« C'est de la terre*, dit Job, *que l'on extrait les saphirs et les pierres précieuses, et l'on y trouve la poudre d'or.* » Le succès d'Uvillé dépassa son attente ; il se forma à Lima une société qui entreprit d'épuiser l'eau des mines ; cette Compagnie fit construire deux machines à vapeur, et Uvillé repartit en

1814 pour aller chercher Trevithick et l'associer à la spéculation. En octobre 1816, Trevithick s'embarqua lui-même, après avoir expédié des machines pour 2,500,000 fr. Il fut reçu à son arrivée à Lima comme un bienfaiteur du pays. Le vice-roi lui donna une garde d'honneur; Uvillé écrivit aux actionnaires que le ciel leur avait envoyé l'homme de génie qui les comblerait de trésors; on allait fondre la statue de *Don Ricardo Trevithick* en argent massif; ses amis apprirent son triomphe, et ils comptaient déjà le gain des mines par centaines de mille l. st., et tout cela avait fini par la rencontre qui avait étonné Robert Stephenson! *Don Ricardo Trevithick*, redevenu le pauvre Richard Trevithick, avait confirmé lui aussi, le proverbe espagnol, qu'*une mine d'argent mène à la pauvreté et une mine d'or à la misère;* ce qui n'empêche pourtant pas la mine de Valenciana, dans le district de Guanaxato, de n'avoir jamais rapporté moins de 60 millions par an, et d'avoir donné 2, 3 et même 12 millions de profit par an à ses actionnaires: cette mine qui occupe environ mille ouvriers, n'a qu'une profondeur de quarante pieds sur une étendue horizontale de plus de dix mille pieds. — Le Pérou d'ailleurs tire aujourd'hui plus d'argent de son *guano* que de toutes les mines exploitées sur son territoire.

Robert Stephenson prêta généreusement 50 l. st. à Trevithick pour qu'il pût retourner en Angleterre, mais quoique Trevithick ait encore fait parler de lui en 1831, où il proposait, devant un comité de la Chambre des communes, une nouvelle voiture à vapeur pour routes ordinaires, il n'eut point de part à la victoire finale de la locomotive.

A la suite de cette longue digression, retournons vers G. Stephenson à Liverpool, et transportons-nous avec Robert dans la capitale du charbon (*Forth Street Works*), à Newcastle.

Une fois le concours décidé, Georges se mit, sans perdre de temps, à faire établir la machine demandée dans son usine de Newcastle, sous la surveillance immédiate de Robert, qui faisait de fréquentes visites à Liverpool, en même temps qu'une active correspondance avait lieu entre le père et le fils; et Swanwick a témoigné du vif intérêt qui s'attachait aux discussions orales ou écrites de ces deux puissants génies, occupés à résoudre les difficultés pratiques de la locomotive. — Rappelons, pour être juste, qu'en 1825, Hackworth, directeur du railway de Darlington, avait fait une modification importante aux locomotives jusqu'alors en usage, en disposant les cylindres latéralement à la chaudière, et en remplaçant la chaîne sans fin par une bielle d'accouplement : les roues motrices étant mises par là en communication avec les autres, la transmission de mouvement devint plus directe et l'adhérence des roues fut mieux utilisée pour la production du mouvement.

Robert Stephenson appela sa locomotive *Rocket* ou *Fusée*, pour indiquer d'avance la rapidité de sa marche, et il inaugura la poésie dragonienne des noms de locomotives, la *Comète*, l'*Étoile*, le *Météore*, l'*Éclair*, l'*Hécla*, l'*Hippogriffe*, le *Centaure*, l'*Etna*, le *Crocodile*, etc. Mais la question des locomotives avait fait du chemin, le concours proposé excita l'émulation des inventeurs, et le 6 octobre 1829 d'autres ingénieurs que les Stephenson s'engageaient avec eux dans la lice, et ne les laissèrent point seuls disputer le prix.

Au jour assigné cinq machines étaient enregistrées et réunies près Liverpool, sur le plateau de Rainhill, qu'on avait choisi pour servir aux épreuves; ce plateau présente une surface parfaitement horizontale sur une longueur d'environ deux milles (3218 m.). Un concours immense de personnes de toutes les classes de la société parmi lesquelles on distinguait beaucoup de dames, attirées par la curiosité ou des intérêts divers, étaient venues prendre part à ce spectacle ou *tournoi*, qui ouvrait en quelque sorte une ère nouvelle dans l'industrie. — Chaque machine devait accomplir dans un jour vingt voyages, c'est-à-dire parcourir dix fois, en allant et revenant, la distance convenue, ce qui faisait environ pour ces dix épreuves 35 milles (ou 12 lieues); la vitesse ne devait pas être moindre de dix milles par heure, et pour éviter toute confusion ou erreur, on avait décidé que

chaque machine serait essayée séparément, et à différents jours.

La *Fusée*, déjà éprouvée par Robert sur le chemin
de Killingworth, où elle avait très-bien manœuvré,
avait été expédiée de Newcastle par Carlisle à Liverpool : c'était maintenant à elle à démontrer si Stephenson, qui n'avait guère subi jusqu'alors que des
oppositions, même de la part des directeurs, était,
ou non, un homme de parole digne de toute confiance :
on allait prononcer souverainement sur le mérite du
père et du fils.

Le jour désigné était le 1ᵉʳ du mois, mais pour
laisser le temps d'équiper, pour le mieux, les machines, les directeurs du concours reculèrent le terme
jusqu'au 6. On remarqua alors un fait peu important
en un sens, mais qui était en rapport avec les habitudes d'ordre, d'exactitude et d'activité des Stephenson : inscrite en 3ᵉ sur la liste, la locomotive de Robert se trouva prête à marcher avant les autres, et, par
conséquent elle commença la première ses épreuves. —
Elle parcourut, ce jour, une distance de 12 milles en
53 minutes. La *Fusée* fut appelée de nouveau, au matin du 8 octobre, et après 57 minutes employées à
chauffer jusqu'à la température ou pression de 52
livres par pouce carré, elle accomplit, en traînant un
convoi de 12,942 kil., soit 12 tonnes et 15 quintaux,
le parcours de 35 milles en une heure 48 minutes,

arrêts compris, et une seconde fois en 2 heures 3 minutes. Son maximum de vitesse fut de 29 milles (45
kilom.) à l'heure[1], c'est-à-dire qu'elle réussit admirablement, puisqu'elle avait réalisé une vitesse double
et même triple de celle exigée, qui n'était que dix
milles à l'heure. Sa moyenne de vitesse, dans ses vingt
épreuves, fut de 15 milles, 24 kilomètres ou 6 lieues
de poste; et, attelée à une voiture contenant 36 voyageurs, elle communiqua plusieurs fois à ce wagon
une vitesse de dix lieues par heure, 40 kilomètres, à
la grande joie et à l'admiration des directeurs qui y
prévoyaient le succès de l'entreprise. Séparée de son
tender et allégée de son poids de 12 $\frac{1}{2}$ tonnes, la
Fusée courut même à la vitesse de 35 milles à l'heure,
soit 14 lieues ou 56 kilomètres. En remontant sur un
plan incliné, sa vitesse fut de 4 lieues à l'heure; cette
dernière expérience démontra ce fait important que
les locomotives pourraient s'élever le long de certaines pentes.

Ces épreuves étaient la meilleure réponse au Rapport de MM. Walker et Rastrick, qui avaient conseillé
les machines fixes.

L'excellent quaker Cropper, qui avait été dans la
Compagnie l'avocat le plus décidé du système des machines fixes, fut émerveillé et vaincu: «A présent,
s'écria-t-il, voilà que Stephenson a mis au monde son

____

1. Le mille anglais vaut 1609ᵐ,3.

enfant! » C'est bien en effet cette locomotive, la première puissante de ce système, qui a appris à notre siècle les prodiges que l'on devait attendre des chemins de fer; et les locomotives destinées au railway de Manchester à Liverpool furent construites sur le modèle de la *Fusée*.

Nul n'ignore aujourd'hui qu'une machine *locomotive* est une double machine à haute pression, sans condenseur, *qui se traîne elle-même*, c'est-à-dire qui porte elle-même le moteur et *qui dispose de son excès de puissance pour remorquer*, outre sa charge d'eau et de combustible, *un nombre plus ou moins considérable de véhicules* composant un convoi. Introduite dans des cylindres tantôt visibles et extérieurs, tantôt intérieurs (système Stephenson), la vapeur met en action, par une bielle articulée à la tige du piston, l'arbre ou l'essieu auquel sont fixées les roues motrices. Rappelons brièvement que la *Fusée* était montée sur quatre roues assez hautes; qu'elle pesait 4316 kilogr., que sa chaudière de forme cylindrique avait $1^m,83$ de longueur et comprenait une boîte à feu de $0^m,91$ de long sur 0,91 de hauteur; que le *tuyau d'échappement de la vapeur* se dégageait *dans la cheminée*, et enfin que *sa chaudière était tubulaire*, ou que la flamme du foyer y traversait 25 tubes de $0^m,76$ de diamètre.

Quelques mots nous paraissent nécessaires pour

expliquer ces dernières dispositions, qui constituaient deux découvertes importantes.

1° *L'échappement de la vapeur dans la cheminée*, idée admirable dont on a fait honneur à un physicien français, M. Pelletan, consiste en ce que Stephenson fit aboutir dans la cheminée le tuyau de la vapeur qui, après avoir agi sur les pistons, s'élance avec rapidité et entraîne mécaniquement à sa suite une grande quantité d'air : ce mouvement détermine un nouvel appel d'air ou d'oxygène, et ce jet de vapeur, qui auparavant ressortait des cylindres par la soupape avec bruit et sans utilité, activa dès lors prodigieusement la force du tirage ou la combustion. Une difficulté qui avait forcé un esprit de la trempe de Stephenson à réfléchir pour la résoudre, donna lieu à ce résultat inespéré. — Comme les voisins se plaignaient de tous côtés du bruit affreux que faisait la vapeur, Stephenson eut l'idée, pour calmer les plaintes, d'envoyer cette vapeur surabondante dans la cheminée, et ce fut pour lui un véritable trait de lumière, comme une révélation : cette espèce d'aspiration régulière par la cheminée, dès qu'il l'eut réalisée, donna naissance à un tirage extraordinaire qu'il n'aurait pu obtenir par aucun autre moyen, et ce principe a supprimé très-heureusement le ventilateur Séguin. — C'est par cet artifice si simple du *tuyau-soufflant* que Georges et Robert virent se doubler la puissance de leurs machines. — Au reste l'emploi d'un jet de vapeur pour produire un courant d'air avait été indiqué très-anciennement par Vitruve, et après lui par Philibert Delorme, dans son *Architecture* (1597), où il est dit : *Autre remède et invention contre les fumées.* « *Il serait très-bon de prendre une pomme de cuivre ou deux, de la grosseur de 5 à 6 pouces de diamètre, ou plus qui voudra, et, ayant fait un petit trou par le dessus, les remplir d'eau, puis les mettre dans la cheminée à la hauteur de 4 ou 5 pieds ou environ, afin qu'elles se puissent échauffer quand la chaleur du foyer parviendra jusqu'à elles, et par l'évaporation de l'eau causera un tel vent qu'il n'y a si grande fumée qui n'en soit chassée par le dessus. Ladite chose aidera aussi à faire flamber et allumer le bois estant au feu, ainsi que Vitruve le marque au sixième chapitre de son premier livre;* » mais Georges et Robert Stephenson eurent le mérite d'appliquer les premiers ce principe aux locomotives.

2° *La chaudière* de la *Rocket* était *tubulaire*, c'est-à-dire traversée dans toute sa longueur par 25 tubes, avons-nous dit, de $0^m,76$ de diamètre, car c'est à cette année 1829 que l'on rattache l'apparition des tubes de chaleur, ou de ces très-petites cheminées horizontales de cuivre qui, régnant le long de la chaudière, multiplient considérablement les points de contact de l'air chaud ou du feu avec l'eau qui remplit les intervalles des tubes : la chaleur se trouve ainsi communiquée sur mille points à l'eau qui entre en ébullition avec une très-grande rapidité, à cause de la vivacité

du feu : la production de vapeur fournie par le géné-
rateur est considérable, et les coups de piston se
succèdent incessamment avec une incroyable vitesse.
On prétend que M. Séguin avait appliqué en 1828, sur
le chemin de fer de Saint-Étienne, une chaudière tubulaire à une locomotive qu'il avait reçue de Newcastle, et dont la faiblesse l'avait frappé ; mais vers le
même temps M. Booth, secrétaire général de la Compagnie de Liverpool, faisait mettre la même idée à
exécution par le génie pratique de Robert. Charles
Dallery d'Amiens, 1801, et Stevens de New-York,
1807, paraissent avoir pu songer à quelque chose de
pareil pour des bateaux à vapeur. Aujourd'hui les locomotives ont de 100 à 300 de ces tubes de cuivre à
courants d'air chaud ; la *surface de chauffe*, comme
on dit, qui ne dépassait guère dans la *Fusée* 5 à 6
mètres carrés, a été portée vers 1835 à 40 ou 45
mètres, et depuis à 100 et 200, et la pression de la
vapeur à 7, 8 et jusqu'à 9 atmosphères. — Les locomotives actuelles marchent à la pression de 5 à 7
atmosphères, suivant les circonstances de la route. —
L'action ou le jeu des tubes n'avait pas laissé de présenter d'abord certaines difficultés : une première fois
ils avaient éclaté, et Robert en avait écrit avec désespoir à son père, lui disant que tout était perdu, mais
par retour du courrier il recevait une lettre lui indiquant un procédé, par lequel il venait lui-même de
remédier au danger.

-—Il est clair qu'on ne pouvait employer sur des locomotives que des cheminées d'une hauteur médiocre;
les longues cheminées, en vue du tirage, auraient compromis la stabilité de tout le système, et obligé d'accroître, au delà de toute proportion raisonnable, les
dimensions des ponts et des souterrains sous lesquels
passent les locomotives; d'autre part, avec les courtes
cheminées le tirage aurait fait défaut à la combustion que favorisait, à un si haut degré, cette longue
série de tubes aspirateurs du feu du foyer. Le tuyau
soufflant de vapeur qui entraine et balaie incessamment et l'air chaud et la fumée qui occupe le tuyau
de la cheminée, avait triomphé victorieusement dé
ces difficultés et répondait à tout. — Le jet de vapeur
dans la cheminée et la chaudière tubulaire ont ainsi
donné, avec autant de puissance que de simplicité,
un résultat bien au delà de toutes les espérances que
les premières locomotives avaient fait concevoir.—
La locomotive de R. Stephenson était suivie d'une
voiture à quatre roues ou train d'approvisionnement
appelé *tender*, dont le milieu est une plate-forme pour
le chauffeur et le mécanicien, en arrière de la porte
du foyer. Le mécanicien a sous la main les poignées
des robinets régulateurs du niveau de l'eau; et sous
les yeux les soupapes et le manomètre, pour apprécier la force de la vapeur; le magasin de coke est à
portée du chauffeur, et le contour du tender contient
le réservoir d'eau, assez souvent renouvelé, puisqu'à

chaque kilogr. de charbon brûlé correspond une dépense de 5 à 6 kilogr. ou litres d'eau, amenés dans la
chaudière pour y être convertis en vapeur par le jeu,
combiné avec la machine, d'une pompe alimentaire; et
les locomotives ne dépensent pas moins de 6 à 7 kilogr. de combustible par heure et par force de cheval.
—La force de la *Rocket* était de 13 chevaux (*chevaux-*
vapeur). On sait que les ingénieurs estiment la force
d'un cheval par un poids de 75 kilogr. élevés à 1 mètre
de hauteur en 1 seconde de temps, soit 4,560 kilogr.
par minute, ou qu'ils l'évaluent à 273 dynamies par
heure, chaque dynamie étant de 100 kilogr. élevés à
1 mètre, et la quantité de houille nécessaire pour obtenir cette force dans les locomotives est, en moyenne,
de 6 ³/₄ kilogr., sans comprendre le charbon qu'on
brûle pour chauffer la chaudière avant la mise en
train; mais la force dynamique continue d'un *cheval-*
vapeur qui est toujours dans l'ardeur du premier coup
de collier, serait plutôt de trois chevaux pour les
vingt-quatre heures, si l'on considère qu'un cheval de
chair et d'os ne peut guère travailler que 8 heures
sur 24.

La locomotive de Robert était un véritable chef-
d'œuvre et présentait toutes les dispositions principales
que l'on trouve réalisées dans les machines actuelles.

Que devinrent, dira-t-on, les autres machines rivales? La deuxième, essayée le 10 août, la *Nouveauté*

(*Novelty*) de MM. Braithwaite et Ericsson avait une chaudière à galerie, à surface de chauffe très-développée, mais la vapeur, au sortir du cylindre, s'échappait dans l'air; la machine était très-économique de construction, elle portait son combustible, ainsi que sa provision d'eau, dans une bache entre les roues sous la chaudière. La *Nouveauté* marcha d'abord avec une vitesse moyenne de 12 kilomètres à l'heure, mais ayant fait éclater par deux fois les tuyaux d'alimentation de la chaudière, et celle-ci présentant des fentes qui donnaient passage à l'eau, elle fut retirée. L'opinion publique cependant se déclara assez en sa faveur. Elle n'avait point de tender, le feu était activé par des soufflets ajustés et jouant avec la machine, selon une idée de Trevithik. On admira sa légèreté, la forme compacte et élégante de toutes ses parties; et les directeurs, par estime et par reconnaissance, commandèrent deux appareils de ce genre à MM. Braithwaite et Ericsson. Dégagée de son convoi elle avait atteint, en allant et revenant, une vitesse moyenne de neuf lieues, 24 à 28 milles à l'heure, et marché même avec une rapidité de 13 lieues à l'heure. (Ericsson, né en Suède, en 1803, est l'inventeur de la machine à calorique pour bateaux à vapeur, dont nous avons parlé dans la biographie de Fulton).

La *Sans-Pareille*, sortant des ateliers de M. Timothy Hackworth, ne fut prête et essayée que le 13; elle avait aussi plusieurs des dispositions aujourd'hui adoptées. Outre, comme dans la *Fusée* de Stephenson, un tuyau-soufflant ou jet de vapeur débouchant dans la cheminée, sa chaudière était cylindrique, et la consommation de combustible y fut très-considérable; mais elle se trouvait excéder de 400 livres, avec son tender et sa provision d'eau, la limite de poids fixée, elle était donc hors de concours, néanmoins on l'essaya : au 8e tour ou à sa huitième épreuve, après avoir fait 22 ½ milles, 36 kilom. en 1 heure 37 minutes 16 secondes, sa pompe alimentaire éclata, par suite, probablement, d'un feu trop vif; elle était donc hors de service et fut retirée.

La 4me, *Persévérance,* de M. Burstall, avait éprouvé quelque accident dans le transport jusqu'à Liverpool : ayant été reconnue, après un essai de de 5 à 6 milles à l'heure (8 kilom.), ne pouvoir remplir le but, elle ne subit pas d'autres épreuves.

Enfin la *Cycloped*, pesant 3 tonnes, proposée par M. Brandreth de Liverpool, et mue par un cheval de manége à l'intérieur, terminait la liste des machines; cette dernière sortait évidemment des conditions exigées et ne pouvait réaliser un travail suffisant ou un résultat bien utile, aussi ne fut-elle pas admise à prendre part à cette lutte remarquable.

Le 14 août, la *Nouveauté*, remise en état, réclama une dernière épreuve, mais un nouvel accident à sa machine entraîna la décision des juges, d'ailleurs un peu fatigués.

Le prix de 500 l. st. fut donc remporté par la *Fusée* (*the Rocket*) de Robert, mais celui-ci en fit honneur à son père, et à M. Booth, trésorier de la Compagnie, à qui l'on attribuait la chaudière tubulaire.

La locomotive avait donc enfin gagné son procès ;
la bataille du Blücher avait été une grande victoire ;
l'heure du triomphe avait sonné, le système des chemins de fer était inauguré ; un nouvel instrument, le
cheval de bronze, était confié à la civilisation, et les
actions du chemin de Liverpool à Manchester mon-
tèrent aussitôt de 10 p. 100. — Georges et Robert ne
montrèrent ni orgueil de cette victoire, ni ressentiment contre ceux qui avaient été longtemps les ar-
dents adversaires des *locomotives :* après tant d'opposition, Stephenson distinguait seulement « ses bons et
ses mauvais amis. »

Dans le concours à peu près du même genre que
celui de Liverpool, ou concours de locomotives qui
eut lieu les 10 et 11 septembre 1851 pour le trajet
du Sœmering au faîte des Alpes noriques, sur les frontières de la Hongrie en Autriche, près Glocknitz,
route de 43 kilomètres, à forte rampe, accessible
pourtant aux *locomotives ;* le prix était de 20,000 du-
cats impériaux, 237,000 fr., et fut remporté sur les
machines rivales par la *Bavaria*, à huit roues, de 160

chevaux de force, du poids avec son tender de 68 tonnes. La *Bavaria* gravit la pente de 28 millimètres à la vitesse de 12 kilom. à l'heure; elle sortait des ateliers de M. Maffei, célèbre ingénieur à Munich. Les directeurs achetèrent les trois autres machines concurrentes, mais au prix était encore attachée la commande de cinq autres locomotives pour le railway du Sœmering. Le tunnel au sommet de la rampe a 1500 mètres environ de longueur; il est à 3132 pieds de hauteur au-dessus du niveau de l'Adriatique et à 1828 au-dessus de la station de Glocknitz ; la montagne s'élève encore de 400 pieds au-dessus. Les zigzags de ce chemin si pittoresque passent presque constamment à côté de précipices et de gouffres effroyables.

Le tracé du chemin de Liverpool à Manchester avait précédé, ce n'est pas tout à fait la marche logique, le choix du moyen de locomotion, mais Stephenson avait gagné d'avance, devant lui, son procès.

Le tunnel de Liverpool est à cent vingt-trois pieds au-dessous du sol et a 1 mille ¼ de long sur une largeur uniforme de 22 pieds et une hauteur de 16: il fut achevé cette année 1829, et une fois éclairé au gaz ouvert au public, moyennant 1 shelling par personne, au profit des familles de ceux des ouvriers qui avaient péri en le construisant. L'eau avait plus d'une fois fait invasion, des éboulements avaient eu lieu, et les ouvriers refusaient de continuer et de reprendre l'ouvrage; Stephenson, en conjurant chaque fois le danger et le bravant le premier lui-même, les avait toujours ramenés au travail. Le tunnel de Liverpool porte les wagons au centre du luxe et des affaires, et passant sous une partie de la ville, il conduit les marchandises de la station de Edgehill, jusqu'aux docks de Wapping.

Le tracé entre Liverpool et Manchester fut achevé le 14 juin 1830, et à l'occasion d'une réunion tenue dans l'une de ces villes pour l'inaugurer, le train fut tiré par la *Flèche* (*the Arrow*), une des nouvelles locomotives, où les plus récents perfectionnements avaient été adoptés. G. Stephenson lui-même conduisait la machine, et le capitaine Scoresby, le navigateur circompolaire, se tenait à côté de lui sur la machine et marquait la vitesse du train. Une grande masse de peuple était assemblée aux deux extrémités, comme le long de la ligne, pour admirer le nouveau spectacle d'un train de voitures tiré par une machine à la vitesse de dix-sept milles à l'heure. A leur arrivée à Manchester en 2 heures, les directeurs se montrèrent également étonnés et charmés, et ils témoignèrent de « leur haute approbation pour l'habileté et l'infatigable énergie déployées par M. G. Stephenson, qui a conduit ce grand ouvrage national à un heureux terme, lequel promet des résultats aussi avantageux pour le pays que pour les propriétaires. » Au retour à Liverpool, le soir, la *Flèche* traversa le Chat-moss à la vitesse de

27 milles à l'heure, et atteignit sa destination, Liverpool, en 1 heure et demie.

Le chapitre suivant conduira tous nos lecteurs heureusement, nous l'espérons, de Liverpool à Manchester.

CHAPITRE VIII.

CHAPITRE VIII.

Chemin de fer de Liverpool à Manchester, et autres railways.

Avant de voir s'ouvrir le premier chemin de fer à grande vitesse pour voyageurs et marchandises, ne devrions-nous pas dire un mot des tentatives répétées, faites vers cette époque pour appliquer la vapeur aux voitures sur les routes ordinaires? On sait, par exemple, que la diligence à vapeur de M. Gurney parcourut journellement, pendant quatre mois, en 1831, la route de Glocester à Cheltenham, qui embrasse 3 lieues et demie. Elle faisait le trajet en 1 heure, portant 36 personnes avec leurs bagages, mais au mois de juin de la même année, une portion de route ayant été réparée et chargée de terre encore molle, on fut obligé, pour vaincre la résistance qu'opposait ce sol nouveau, d'employer un surcroît de force et une partie de l'appareil se brisa. Parlerons-nous de la voiture à vapeur du même inventeur (en 1829), qui, sur la route de Reading à Bath, effrayait les chevaux de la diligence de Bath? monterons-nous dans la diligence à vapeur de Hancock, entre Greenwich et Brighton, ou de Ogle et Summers, entre Londres et Southamp-

ton, ou des Church et des Anderson? ou suivrons-
nous les expériences qui firent prendre à MM. Moulinié
et Revon, de Genève, déjà en 1825, un brevet à Paris
et à Londres? tel n'est pas notre dessein. Disons seulement que Stephenson avait calculé que si une machine à la vitesse uniforme de dix milles à l'heure,
entre Londres et Birmingham, peut conduire 20 à 30
voyageurs à 1 shelling par mille, la même machine,
sur un chemin de fer, marcherait à la vitesse de 30 à
40 milles avec 200 ou 300 voyageurs au moins; et,
disait-il, « une voiture sur routes ordinaires ne peut
marcher qu'avec 3 ou 4 chevaux de force, tandis que
nos locomotives sont de 20 à 30 chevaux, et nous en
pouvons construire de 50 et 100 chevaux de force. »

Notre sujet nous ramène spécialement aux chemins
de fer.

L'ouverture du chemin de Liverpool à Manchester
eut lieu le 15 septembre 1830. Huit locomotives, sor-
ties des ateliers de Stephenson et déjà essayées et
éprouvées, étaient sur la voie. De fortes palissades
avaient été dressées des deux côtés des tranchées profondes qui avoisinent Liverpool, pour éviter les accidents qui auraient pu résulter de la pression de la
foule énorme accourue pour ce spectacle. Des con-
stables et des soldats en grand nombre étaient chargés
de tenir la voie libre. L'achèvement de ce grand travail était considéré avec raison comme un événement

national, et il fut célébré en conséquence. L'Angleterre et Stephenson ouvraient l'ère des chemins de
fer, la locomotive entrait en possession de son empire.

Le duc de Wellington (*the iron Duke*), alors premier ministre, avait cru devoir assister à cette cérémonie avec sir Robert Peel, secrétaire d'État : on y
remarquait, parmi d'autres personnages distingués,
le prince Esterhazy, lord Hill, et M. W. Huskisson,
membre du Parlement, comme représentant de la ville
de Liverpool, l'un des hommes d'État les plus éclairés
de l'Angleterre et l'un des partisans les plus zélés de
l'entreprise, depuis son origine.

Le *Northumbrian*, conduit par Georges Stephenson
lui-même, ouvrit la marche, à 11 heures moins un
quart, au son de la musique et aux acclamations d'enthousiasme de la multitude : il était suivi de six autres
locomotives, chacune avec son convoi : le *Phénix*, locomotive conduite par Robert Stephenson ; l'*Étoile du
Nord* (*North-Star*), par Robert Stephenson, frère
cadet de Georges ; la *Fusée* (*the Rocket*), par Joseph
Locke ; le *Javelot* (*the Dart*), par Th. L. Gooch ; puis
la *Flèche* (*the Arrow*), par Fréd. Swanwick ; la *Comète*
et le *Météore*, emmenant environ 600 personnes. —
De toutes parts s'élevaient et retentissaient les applaudissements d'une foule immense de spectateurs sur
tous les points de la ligne, émerveillés à la vue de ce
grand convoi lancé avec une vitesse de 24 milles, 8
lieues à l'heure, et filant sous leurs yeux, tantôt bien-

au-dessus, tantôt au-dessous de leurs têtes, selon les circonstances du tracé et du pays, — lorsqu'un cri d'effroi vint interrompre l'allégresse. — A moitié chemin, à Parkside, à 17 milles de Liverpool, qu'on avait franchis en 56 minutes, le convoi s'arrêta pour renouveler sa provision d'eau, et là survint un déplorable accident qui jeta un voile funèbre sur ce jour de fête. M. Huskisson avait mis pied à terre, et après avoir conversé un instant avec l'un des entrepreneurs du chemin, M. J. Sandars, il voulut aller dans ce *beau jour*, disait-il, serrer la main du duc de Wellington, qui lui avait fait de son wagon un signe de réconciliation et d'amitié; il serrait la main qu'on lui avait tendue, lorsqu'il vit s'approcher doucement et sans bruit deux locomotives, c'étaient la *Fusée* et le *Phénix*, qui devaient dépasser la voiture du duc pour atteindre la station. Des cris de se retirer l'avertirent, mais après quelques mouvements incertains pour s'échapper ou retraverser la voie, troublé et atteint par la *Fusée*, M. Huskisson fut précipité sur les rails où il eut une jambe broyée, et les blessures de la locomotive ne pardonnent guère plus que celles du roi des animaux; on le releva la jambe et la cuisse cassées en deux endroits, et tous les muscles mis à découvert depuis la cheville du pied jusqu'à la hanche. Les premières paroles qu'il prononça furent: « C'est ma faute, j'en mourrai, » et en effet il expira le soir même. Madame Huskisson eut l'horrible douleur d'être pré-

senté à ce déplorable accident. — Le duc de Wellington et sir Robert Peel refusaient de continuer leur
route sur Manchester, mais les directeurs s'opposèrent
fortement à ce brusque retour sur Liverpool, disant
que cette résolution porterait un coup fatal au chemin
de fer, et qu'il serait impossible de répondre du maintien de la tranquillité publique, si les voitures n'arrivaient pas à Manchester à l'heure dite, attendues
comme elles l'étaient avec une si vive impatience et
anxiété.

On remarqua que le *Northumbrian* qui transporta
M. Huskisson au presbytère d'Ecles, petit village à
4 lieues de Manchester, avait franchi cette distance de
15 milles en 25 minutes, c'est-à-dire avec une vitesse
de 36 milles, plus de 12 lieues, à l'heure; cette rapidité, alors inouïe, frappa le monde d'étonnement,
comme aurait pu le faire un phénomène inattendu; et
quelque vitesse qu'on ait obtenue depuis, on est toujours revenu et demeuré à la recommandation de
Stephenson de ne pas chercher à dépasser en moyenne
40 à 50 kilomètres (10 à 12 lieues) à l'heure. — Cette
mort tragique d'un Huskisson, dont nous avons con-
templé la statue à Liverpool, fut un bien vif chagrin
pour Stephenson, et déprécia d'abord sensiblement
les actions du chemin de fer. «Puisqu'un ministre
d'État, disait-on, a été tué par le chemin de fer, qui
pourrait y voyager en sûreté?» Stephenson ne perdit
point courage, il continuait à former des ingénieurs,

à assurer la voie, et il inventait le système complexe des signaux, des plaques tournantes, etc.

Le chemin de Saint-Étienne fut ouvert vers cette époque; la Compagnie avait fait acheter à Newcastle deux locomotives.

Lord Brougham, en déplorant dans le Parlement la mort d'un ami et d'un collègue, fit ressortir cependant la grandeur admirable des travaux, viaducs, tunnels, ponts et tranchées, l'importance de ce succès et ses conséquences matérielles et morales; et les ingénieurs Grainger et Buchanan, d'Édimbourg ne pouvaient assez s'étonner, dans leur Rapport, de ce que sur la voie de fer et dans les wagons on voyageait plus doucement et plus agréablement que sur les chaussées les mieux macadamisées; ils mentionnaient ce fait prodigieux « qu'ils avaient vu dans un convoi marchant à la vitesse extraordinaire de 28 milles (9 lieues) à l'heure, des dames et des messieurs causant entre eux avec le plus grand sang-froid. » — « Il est impossible de décrire, dit à ce sujet la Revue britannique, l'ivresse, l'enthousiasme général excité par cette nouvelle, cette merveilleuse invention. Lorsque ces routes étonnantes seront ramifiées dans toutes les directions, l'Angleterre ne formera plus qu'une seule grande ville. »

Les résultats commerciaux du chemin de fer de Liverpool à Manchester dépassèrent promptement les prévisions et les espérances les plus hardies. Les chemins de fer, avait-on dit, étaient à peine bons pour les marchandises; au point de vue des voyageurs, ils devaient être nécessairement des entreprises ruineuses, parce que les gens riches pourraient seuls payer les tarifs élevés qu'entraîneraient les frais de premier établissement; mais quoique les propriétaires de canaux se fussent empressés d'abaisser leurs prix et d'accroître la vitesse de leurs transports, le chemin de fer ne tarda pas à transporter 1,000,000 kilogr. de marchandises par jour; et, quant aux voyageurs, il transporta, pendant les 18 premiers mois, et pour ce trajet de 1 ½ heure, qui prenait auparavant 4 heures, 700,000 personnes, sans éprouver aucun accident.

Le chemin avait coûté trente millions de francs.

La supériorité des machines de Stephenson se manifestant chaque jour davantage, la Compagnie finit par refuser aux différents compétiteurs qui se présentaient encore de temps en temps l'autorisation de se servir de la ligne pour leurs essais. Par suite, bientôt après, d'améliorations incessantes, Stephenson dut remanier ou faire établir d'autres rails, les premiers étant devenus insuffisants en raison de l'accroissement de vitesse et de poids des locomotives.

Il y a sur ce point de l'Europe une telle activité, un tel mouvement commercial, les manufactures, les usines y sont si nombreuses et si rapprochées qu'il a fallu y multiplier les chemins de fer avec un luxe dont on n'a pas d'exemple en aucun autre pays. Liverpool, sur la mer d'Irlande, qui a aujourd'hui près de 400,000 habitants n'en avait que 3,000 en 1700. Manchester, la première ville de l'univers pour les filatures, le tissage et l'impression du coton, en compte plus de 350,000; nous y avons admiré les établissements si parfaitement organisés de MM. John Ashbury, à Openshaw, qui, dans leur vaste étendue, occupent, pour construction de wagons, etc., près de 3000 ouvriers. Le comté de Lancaster, foyer d'une si prodigieuse industrie, a plus de 2,100,000 habitants.

L'établissement de ce premier chemin de fer provoqua l'exécution successive de tous les autres railways de la Grande-Bretagne, et les chemins de fer anglais ont amené l'établissement de ce système de locomotion dans les diverses contrées des deux mondes, car nous voilà parvenus de progrès en progrès à cette grande période de la vie de Stephenson pendant laquelle il conseilla, dirigea et construisit la plupart des innombrables chemins de fer qui sillonnent en tous sens la surface de l'Angleterre. Chacun de ses pas fut marqué par quelques nouveaux perfectionnements que Robert réalisa dans la *Planète*, 30 décembre 1830, et dans le *Simson*, janvier 1831. — C'est à cette époque que remonte l'addition d'une 3e paire de roues, qui augmente la sûreté et la stabilité du système.

Les facultés inventives de Georges Stephenson

étaient continuellement en activité, et le résultat ré-
compensait ses efforts : il avait le bonheur d'avoir dans
son fils un aide aussi intelligent que dévoué, et sa
force en fut doublée. Ils accomplirent ensemble des
œuvres admirables qui dépassent tous les travaux
dont l'antiquité nous a transmis la mémoire ; nous
en citerons tout à l'heure un exemple. — Sachons
aussi remarquer la rare habileté avec laquelle Stephenson discernait les qualités morales et pratiques
des ouvriers et ingénieurs ou des mécaniciens et constructeurs qu'il devait employer : son coup-d'œil d'aigle,
comme celui de Napoléon Ier pour discerner ses soldats, ne se laissait égarer ni par la bonté de son
cœur, ni par une influence quelconque.

En 1830 fut ouverte aussi la ligne de Canterbury à
Whitstable, qu'il fit construire par ses élèves et camarades John Dixon et Locke, ligne seulement de 6 milles
et qui, comme celle de Stockton à Darlington, fut en
partie desservie par des machines fixes et en partie
par des locomotives. Fr. Giles, autrefois adversaire du
système de Stephenson, construisit les lignes de New-
castle-Carlisle et de Londres-Southampton ; Brunel,
celle de Londres-Bristol, et Braithwaite, dont nous n'a-
vons pas oublié la locomotive, celle de Londres-Col-
chester.

En 1831, on posa la première pierre du railway de
Londres à Birmingham, l'un des plus importants de

L'Angleterre puisqu'il traverse la moitié du royaume, et qu'il met la capitale en communication avec presque tout le nord du pays; sa longueur est de 110 milles (40 lieues). Rappelons ici une petite anecdote au sujet de ce chemin dont les premières études avaient déjà commencé en 1825. Lorsqu'il fut enfin question, en 1830, de nommer un ingénieur, un fort parti voulait, tout en désignant Stephenson, lui donner pour aide ou contrôleur, un ingénieur avec lequel il avait eu un assez sérieux démêlé dans la construction du chemin de Liverpool à Manchester. Lorsqu'on lui en fit la proposition, il demanda un moment de réflexion, afin d'en conférer avec son fils. Alors tous deux entrèrent dans un cimetière, celui de Saint-Philips, voisin du lieu des séances du Comité, et examinèrent l'affaire. Georges Stephenson, habitué de bonne heure aux luttes et ne craignant pas d'en être arrêté, aurait consenti à accepter cette espèce de coopération, mais ce ne fut point l'avis de Robert : « Tout ou rien, mon père, » lui dit-il. — « Eh bien! me voilà décidé, » dit Stephenson, qui rentra dans la salle pour faire part au Comité de sa résolution. — « Eh bien! vous aurez tout, » s'écria le président (*Then all be it!*), et aussitôt il fut nommé avec son fils ingénieur en chef. — Le chemin de Londres à Birmingham a coûté 90 millions de francs; il fut commencé en 1833, mais ne put être achevé et ouvert à la circulation que le 15 septembre 1838.

Il semble regrettable d'avoir à constater que les mêmes difficultés et les mêmes oppositions dans le Parlement et chez les grands propriétaires qui avaient depuis 1824 empêché la ligne de la Grande-Jonction, et qui avaient failli faire échouer la ligne de Manchester à Liverpool, se reproduisirent pour le chemin de Birmingham à Londres. Cette ligne devait traverser la ville de Northampton, mais les habitants parvinrent à faire changer le tracé, qui dut au prix de travaux très-coûteux se maintenir à une assez grande distance, et peu d'années après, ils réclamaient à grands cris leur participation aux avantages du chemin, et il fallut leur faire un embranchement qui avait entraîné, par le fait de leur opposition, un surcroît inutile de dépenses, d'un demi-million de livres sterling. — Telle était sur certains points l'animosité des propriétaires, que les ingénieurs ne pouvaient lever leurs plans que la nuit, à l'aide de lanternes sourdes; on cite un ecclésiastique, dont l'opposition se traduisit en démonstrations tellement menaçantes, qu'on dut recourir à l'expédient de lever le plan de sa propriété, pendant qu'il était en chaire, occupé à prêcher à ses paroissiens; et le colonel Sibthorpe déclarait publiquement qu'il aimerait mieux voir un voleur dans sa maison qu'un ingénieur dans sa propriété, et qu'il considérait « le premier comme beaucoup plus respectable que le second.» La Compagnie fut forcée de négocier avec les grands propriétaires, qui se firent payer les terrains qu'ils çédaient, le triple de leur valeur réelle, mais Robert surmonta tout, aidé de Gooch, qui présida à beaucoup de travaux. Les frais parlementaires s'élevèrent, au chiffre exorbitant de 2,000,000 de francs; enfin le nombre des personnes qui avaient foi dans l'avenir des chemins de fer, était encore fort restreint. Un économiste anglais, fort distingué, écrivait dans son *Dictionnaire de conversation*, art. des *Chemins de fer*, publié plusieurs années après l'ouverture du chemin de Liverpool à Manchester : « Nous doutons qu'il y ait en Angleterre beaucoup d'autres points sur lesquels il fût prudent d'établir un chemin de fer. » On croit rêver lorsqu'on lit dans les journaux du temps que les habitants d'Éton célébrèrent une fête, sous la présidence du marquis de Chandos, lorsque la chambre des Lords repoussa une première fois le bill du chemin de fer de Londres à Bristol qui devait passer par leur ville, et pour lequel on avait déjà dépensé 30,000 l. st. (750,000 fr.). — La science de quelques-uns était encore contraire aux railways. De hautes autorités médicales affirmaient que les tunnels en particulier, exposeraient le public aux rhumes, aux catarrhes, à la phthisie. Le docteur Lardner, attaché au Conseil des ingénieurs civils, et partisan déclaré du système atmosphérique ou à machines fixes, démontrait, par des calculs de physique et de chimie, que les tunnels, qui ne causaient aucune préoccupation à Stephenson, auraient pour résultat inévitable la destruction de l'air respirable, et, par conséquent, la suffocation des gens, sans compter leur asphyxie par la production du gaz acide carbonique. Le système des locomotives, pensait-on, n'était point destiné à durer, cette invention diabolique de cerveaux brûlés serait bientôt réduite à néant, et les locomotives, reconnues inutiles ou nuisibles, vendues pour du vieux fer; — et qui, de notre âge, n'a pas entendu de pareils propos?

Outre les travaux d'art du chemin, tunnels, ponts, viaducs, chaussées, qui furent immenses et pleins de difficultés, sans parler de la tranchée de Blisworth, qui a un mille de long, et sur plusieurs points 65 pieds de profondeur, il fallut, par l'opposition des habitants de Northampton à passer par leur ville, creuser un tunnel à Kilsby, de près d'une lieue de long, à 160 pieds au-dessous du sol. Un entrepreneur s'en était chargé, moyennant un prix à forfait de deux millions et demi; les sondages avaient rassuré sur la nature du sol. Les travaux avançaient, quand on reconnut avec effroi, sous une couche de terre glaise de 40 pieds de profondeur, la présence d'un grand banc de sable plein d'eau, qui s'étendait pendant 500 mètres dans la direction du chemin et que les sondages n'avaient pas touché. On sait ce que ces nappes d'eau, et cette presque impossibilité de fixer le terrain, causent d'embarras, de frais et de dangers. Robert Stephenson, ingénieur de l'entreprise, se

montra le digne fils de son père dans cette grave occasion, et seul ne perdit pas courage. Tandis que
d'une part, comme frappé de la foudre et aussi
effrayé qu'un voyageur sans défense qui a rencontré
un serpent boa, le malheureux entrepreneur se mettait au lit et mourait de chagrin en peu de jours, et
que de l'autre, les ingénieurs rassemblés se pronon-
çaient pour l'abandon du travail, le jeune Stephenson
examinait les terrains et obtenait de poursuivre l'entreprise sous sa propre responsabilité. Le tunnel, haut
et large de trente pieds, se revêtait sous sa direction
d'une voûte de briques cimentées, qu'une troupe
d'ouvriers posaient à mesure que d'autres faisaient
les fouilles. De puissantes machines étaient disposées
auprès des puits pour extraire les eaux dès qu'elles
se faisaient jour ; mais tout à coup le sable mouvant
fit irruption avec une telle masse d'eau, que les travailleurs, réfugiés sur une espèce de radeau, se virent
menacés d'être serrés contre le haut de la voûte ;
l'aide-ingénieur qui les dirigeait, n'eut que le temps
de se jeter à la nage, traînant le radeau à l'aide d'une
corde qu'il tenait entre ses dents, jusqu'au puits le
plus voisin, par où tous furent remontés sans accident ; mais, malgré le travail des pompes, l'eau monta
très-rapidement, remplit le tunnel et noya tous les
travaux. Les machines à vapeur fonctionnèrent inuti-
lement pendant longtemps sans pouvoir abaisser le
niveau de l'eau. Les directeurs désespérés voulaient,

comme au Chat-moss, abandonner l'entreprise, mais les Stephenson ne se décourageaient pas pour si peu! Ils persistèrent, proportionnant la puissance des appareils à celle du mal, et demandant qu'on leur accordât encore quinze jours. Avant ce temps, Robert qui avait pris sur lui la reprise des travaux, vit l'eau baisser et il finit par l'épuiser. « *L'homme, dit Job, met une limite aux ténèbres, et il sonde tout jusqu'à l'extrémité: les pierres, l'obscurité et même l'ombre de la mort. Le torrent, se débordant d'un lieu habité, se jette dans des lieux ténébreux où on ne met plus le pied, mais ses eaux tarissent enfin et s'écoulent par le travail des hommes.* » Pour donner une idée de la force mécanique employée à cette opération, disons que 1250 hommes, 200 chevaux et 13 machines à vapeur ou à épuisement, y furent employés sans interruption pendant huit mois, et que jour et nuit, pendant ce temps, R. Stephenson fit élever près de 10,000 litres d'eau par minute, pour ne parler que de celle qui provenait des sables mouvants. Entre la pose de la première pierre et l'achèvement du tunnel 30 mois s'écoulèrent, 36 millions de briques y furent employées, et l'on y dépensa 9 millions de francs. — Les travaux antiques étonnent moins quand on les compare à ceux de l'industrie et de l'audace moderne, qui ne recule ni devant le percement du mont Cenis, ni devant un tunnel proposé par M. Thomé de Gamond, qui ferait traverser le Pas-de-Calais en vingt-cinq minutes, ni devant un pont aux arches de 300 pieds de hauteur, proposé par M. Boyd pour relier de même l'Angleterre à la France : la distance est de 7 lieues, et la profondeur des eaux dépasse ici et là 50 mètres. « *L'homme intelligent met la main aux roches les plus dures*, dit la Parole de Dieu, *il renverse les montagnes jusqu'en leurs fondements, il fait passer les fleuves à travers les rochers fendus, et ses yeux y voient tout ce qu'il y a de précieux ; il met à sec le lit des rivières, et fait briller la lumière dans les ténèbres.* »

Le chemin de fer de Lyon à Saint-Étienne fut ouvert en mars 1833 à la circulation ; dans ses 58,000 mètres d'étendue, environ 14 lieues, il traverse trois souterrains : ceux de Terre-Noire, de Gisors et de la Mulatière, dont la longueur totale est de 2,900 mètres. Les frais de construction, évalués d'abord à 10 millions, se sont élevés à 15. Les autres chemins de la France, en pleine circulation, étaient à cette époque, ceux de Saint-Étienne à la Loire, parcours 5 ¼ lieues ; Andrezieux à Roanne, 16 ¾ lieues ; d'Épinal au canal de Bourgogne, 7 lieues ; de Paris à Saint-Germain, 4 ¼ lieues.

Pendant bien des années, le nom de Georges Stephenson tint une grande place dans toutes les entreprises des chemins de fer. Il était l'ingénieur en chef de la plupart des principales lignes, dont il parcourait sans cesse les travaux, à cheval, à pied ou en voiture; sa correspondance était des plus étendues; il avait à Londres un bureau d'affaires; il avait conquis la gloire et la fortune; il venait d'achever cette ligne du North-Midland qui faisait partie de la grande ligne de communication entre Londres et Édimbourg, l'un des rêves de l'illustre ingénieur: sa vie avait été heureuse et prospère. — Une remarque que nous devons faire, c'est que Stephenson se servit de très-bonne heure du télégraphe, et qu'il fut un des premiers à en comprendre et à en utiliser tous les avantages.

En 1840, il commença à sentir le besoin de prendre un peu de repos, la vieillesse lui semblait arriver. Il se réfugia avec sagesse et de son plein gré dans ce repos qui sied à un homme qui a accompli une grande œuvre. Il donna sa démission de sa fonction d'ingénieur en chef et se fit remplacer, d'abord pour le tracé des lignes du sud, par son fils et par les Dickson, les Hackshaw et les mieux doués de ses élèves. Il pouvait se reposer, l'homme qui avait exécuté pour un milliard cinq cents millions de travaux, et enrichi ses amis et ses ennemis, rendant à ceux-ci le bien pour le mal! N'avait-il pas assaini ce terrible marais de Chat-moss, qui s'était tout couvert de fermes d'une grande valeur, tandis que jadis on y apercevait à peine une pauvre vache égarée.—Il s'était retiré en 1838, pendant la construction du chemin de Derby à Leeds, à sa campagne d'Alton-Grange près Ashby, puis dans son domaine de Tapton, près de Chesterfield, mais la longue habitude d'une vie si activement occupée ne permettait pas à Stephenson de rester oisif. Il entreprit donc, pour son propre compte, des opérations d'extraction de houille qui lui étaient familières et de fabrication de chaux. Ces opérations, organisées sur une grande échelle et conduites avec sa prudence ordinaire, furent couronnées d'un plein succès et lui procurèrent des bénéfices considérables. Les travaux de création de l'exploitation à Snibston, avaient été difficiles, et l'eau, cette vieille ennemie, aurait forcé d'autres peut-être qu'un G. Stephenson à abandonner les travaux, mais les pompes travaillèrent, et quoiqu'à 166 pieds on eût rencontré le granit, on n'en persista pas moins à chercher la mine de charbon, qu'on trouva à 22 pieds plus bas. — On sait tout le bien que Stephenson a fait à Clay - Cross avec son ami Binns, l'intendant de ses écoles et de ses établisse-ments; et plusieurs propriétaires des environs, lords Stamford, Talbot, le marquis de Hastings, profitèrent de son exemple et de ses améliorations.

En 1844 (18 juillet) fut ouverte la ligne de New-castle à Darlington, qui achevait de relier la Tamise à la Tyne. A cette occasion, Georges Stephenson et un certain nombre de personnes intéressées dans les entreprises de chemins de fer, franchirent en neuf heures, par un train spécial, la distance de Londres à Newcastle. Cette vitesse et cet événement furent célébrés. Toute la population s'était mise en habits de fête, et le soir, dans la salle du Musée, un banquet fut offert à Stephenson et à son fils Robert: c'était une véritable ovation!

Trente ans auparavant, Stephenson, alors simple ingénieur, travaillait dans ce voisinage à la construction de sa première locomotive. Lentement et péniblement, il avait parcouru son chemin. Après des luttes nombreuses, dans lesquelles son courage et sa confiance n'avaient jamais faibli, il avait fini par faire triompher son idée, par créer le grand système des chemins de fer; et il revenait, dans son pays natal, pour recevoir les félicitations et les témoignages bien mérités de la reconnaissance de ses concitoyens.

Il y avait là un noble exemple et un puissant enseignement.

CHAPITRE IX.

CHAPITRE IX.

G. Stephenson. — Sa mort.

Sur un chemin de fer, dont la double nervure,
Aux miracles de l'art soumettant la nature,
Courait en noirs filets sur les monts nivelés,
Les fleuves asservis et les vallons comblés,
La fière locomotive[1], en sifflant élancée,
Du bruit de ses pistons frappant l'air agité,
Volait, rasant le sol, par la vapeur poussée,
    Et défiant dans sa rapidité
L'attelage divin par Homère chanté.
      Comme une comète enflammée,
      Elle jetait aux aquilons,
      En épais et noirs tourbillons,
      Sa chevelure de fumée.

Trente wagons, chargés d'hommes et d'animaux,
Étaient dans son essor entraînés sur sa trace.
On eût dit un village, habitants et troupeaux,
Qu'un ouragan fougueux emportait dans l'espace;

---

1. *La machine de Watt*, voy. Fables de G. Viennet (1837).

> Et de cette merveille avides spectateurs,
> Tous les peuples du voisinage
> Couraient saluer son passage
> De leurs transports admirateurs.

a dit le poëte, et nous lisons au *1er livre des Chroniques*, ch. XXIX, v. 28 : *Puis il mourut dans une heureuse vieillesse, rassasié de jours, de richesses et de gloire, et* SALOMON, *son fils, régna à sa place;* — mais c'est de Georges Stephenson, et non du roi-prophète qu'il s'agit pour nous.

Le repos de Stephenson ne pouvait être inactif : de tous côtés on réclamait sa coopération et ses conseils. Deux voyages consécutifs en Belgique avaient commencé à ébranler sa santé; il avait fait le premier en 1835 avec son fils Robert, à la demande du roi Léopold, qui, ayant vu fonctionner la ligne de Manchester à Liverpool, avait compris toute l'importance pour le pays où il était depuis peu monté sur le trône, du nouveau mode de communication et de transport. Ce monarque, si éclairé et si dévoué au bien de son peuple, consulta Georges et Robert sur le système de chemins de fer dont il voulait doter son royaume couvert de mines de houille, de rivières, de canaux et d'une population qu'enrichiraient les chemins de fer. Déjà, en 1834, avait paru un projet de loi, grâce à l'initiative énergique et persévérante du roi, pour une concession de Bruxelles à Anvers, et malgré une certaine opposition des ministres mêmes. — Dans une seconde excursion, sur une nouvelle invitation du roi, cette même année 1835, Stephenson dut conférer avec S. M. Léopold Ier et ses ministres sur la meilleure et la plus prompte exécution du réseau à adopter, et il examina le tracé de la Flandre occidentale : le premier chemin de fer belge, de Bruxelles à Malines, fut ouvert cette année 1835, un an seulement après la loi qui l'avait décrété. — Lors d'un troisième voyage en Belgique, en 1837, à l'occasion de l'ouverture de la ligne de Bruxelles à Gand, et dans le grand *festival* qui eut lieu pour ce jour d'inauguration, Stephenson eut l'honneur d'être *acclamé*, dans un festin avec les ministres belges, l'ambassadeur anglais, et six ou huit cents des principaux personnages des villes et du pays. Après qu'on eut porté la santé du roi et une ou deux autres, on porta celle de Georges Stephenson, et toute l'assemblée se leva avec enthousiasme pour le toast qui célébrait l'homme de génie. Le jour suivant il dîna à Lacken avec LL. MM. le Roi et la Reine, qu'il dut accompagner le soir, avec la cour, au bal de la ville de Bruxelles. A l'entrée du cortége dans la salle, chacun se demanda avec curiosité : *Où est Stephenson?* — Le fils du vieux Bob ne se doutait pas encore qu'il fût devenu un homme célèbre.

Le système national des chemins belges fut achevé en 1844; il avait coûté, pour le réseau prévu ou accompli à cette époque, environ 6 ½ millions de l. st.

(162,500,000 fr.) pour travaux, gares, locomotives et rails : nulle part l'argent de l'État, car c'est le Gouvernement qui a construit dans ce pays presque tous les chemins de fer, n'a été employé plus économiquement et plus utilement. — En 1845, Stephenson fut invité par la Compagnie de Sambre-et-Meuse qui avait obtenu une nouvelle concession, à venir donner ses précieux avis techniques : dans ce quatrième voyage, il était accompagné de ses amis, MM. Sopwith, habile géologue du Northumberland et Starbück, le minéralogiste. Il prit connaissance avec eux de toutes les circonstances de la ligne proposée par Couvins et la forêt des Ardennes jusqu'à Rocroi, en deçà de la frontière française. Charbons, ardoises, machines, cultures, tout attirait son attention : il se montra enchanté de la beauté du pays, de ses ressources, de l'activité de ses habitants, et ses remarques à ses compagnons leur firent trouver le voyage trop court; en même temps il préparait son Rapport pour la Compagnie avec Sopwith.

Les ingénieurs belges voulurent profiter de cette occasion ou de sa présence à Bruxelles pour le fêter dans un banquet splendide qui eut lieu à l'Hôtel de Ville. Un piédestal de marbre sur lequel fut placé son buste, ornait le fond de la salle, et les hommes les plus distingués de l'art et de la science prirent part à cette fête. Stephenson fut acclamé à son entrée comme le *Roi des chemins de fer*, et le plus intéressant pour lui fut de voir apparaître au milieu du repas sur la table du banquet et sous un arc-de-triomphe un modèle de la *Fusée* en chocolat et en sucre. — (*Do you see the Rocket!*) «*Regarde la Fusée!*» cria-t-il à Sopwith; ce genre d'hommage qui s'adressait aussi à son fils, lui fut le plus sensible de tous ceux qu'on lui prodigua. — Le jour suivant, 5 avril, il devait avoir un entretien particulier avec le roi; il se rendit au palais et fut reçu par Léopold Ier de la manière la plus honorable et la plus cordiale; le roi parut enchanté de son long entretien avec Stephenson, qu'il fit causer familièrement sur toutes les questions : commerce, industrie, fabriques, usines, relatives aux chemins de fer, et il témoigna sa satisfaction à Stephenson, en lui serrant la main comme à ses collègues, Sopwith et Starbück. En quittant Lacken, et après avoir repris son chapeau qui lui avait servi d'instrument de démonstration, Stephenson dit à Sopwith : «A propos, je craignais toujours que le roi ne regardât le fond de mon chapeau; vois-tu? il n'aurait pas vu quelque chose de beau.» L'ouvrier à la veste de mineur ne s'était pas attendu à communiquer un jour à un souverain ses connaissances géologiques : il y avait peut-être de la poussière de charbon au fond de ce chapeau. — La même année, Stephenson fit encore un voyage en Belgique pour y examiner la ligne projetée de la Flandre occidentale, et proposer, à la suite d'une inspection de dix jours, quelques modifications. — Les chemins de fer belges exécutés par l'État ou par des Compagnies sous certaines conditions, formaient, en 1855, un développement de 560 kilomètres, en 1857 de 740; ils ont tous été faits sous la garantie de l'État, et selon des conditions qui ont été exécutées.

A peine Stephenson était-il de retour en Angleterre, qu'ayant été prié de donner ses idées sur le projet d'un chemin de fer du nord en Espagne, il s'offrit pour accompagner dans ce pays, sans autre rétribution que ses frais de voyage, son ami sir Joshua Walmsley, et plusieurs autres personnes intéressées dans le projet en question. Dans cette excursion, il rejoignit à Paris sir W. Mackenzie[1], qui les accompagna jusqu'à Tours et leur montra les travaux. Dans ce voyage d'Espagne, sir J. Walmsley put remarquer avec quelle perspicacité Stephenson observait tout : pâturages, chevaux, mœurs, paysages, et surtout les routes. Lorsqu'ils arrivèrent près de Bordeaux au grand pont de chaînes suspendu de Cubzac, qui a cinq travées, et qui, dans ses 500 mètres de longueur sur la Dordogne, donne passage aux navires; non content d'une première inspection, il retourna sur ses pas

---

1. Simple ouvrier, de Liverpool, à ses débuts, sir W. Mackenzie, entrepreneur de travaux publics, et constructeur en France des chemins d'Orléans, du Havre et de Dieppe, et dont on a dit que la vie avait été plus utile à d'autres qu'à lui-même, est mort en 1851 (25 octobre), entouré de la considération, de l'affection, de l'estime et laissant une fortune de plus de 12,500,000 fr.

pour reparcourir le pont dans toute sa longueur : «Ce pont n'est pas solide, dit-il; il ne peut pas supporter la pression voulue, et il risquerait de rompre si un corps de troupes venait à y passer.» Il résolut de faire part de ses craintes aux autorités, et quoique sa prédiction ne se soit heureusement pas réalisée, son observation n'en est pas moins un avertissement aux constructeurs de ponts suspendus. Ils passèrent les Pyrénées et reconnurent la direction susceptible d'un tracé, à travers ce pays si pittoresque, par Irun, Saint-Sébastien, Santander et Bilbao; puis ils atteignirent Madrid, où ils furent reçus par le général Narvaez (duc de Valence), et ils proposèrent une ligne de Madrid au golfe de Biscaye; — mais il tardait à Stephenson d'être de retour en Angleterre, où le rappelaient l'amour du foyer et de pressantes affaires; il était absent depuis plus d'un mois. Il voyagea nuit et jour, sans s'arrêter et sans cesser de dicter des lettres ou des instructions pour sir J. Walmsley qui en admirait la clarté et la brièveté. Quoiqu'il pût dicter pendant douze heures de suite, Stephenson n'aimait pas à prendre lui-même la plume, probablement parce qu'il avait appris fort tard l'écriture.

La fatigue d'un voyage rapide, le changement de climat et les privations auxquelles il fut soumis pendant une exploration de dix journées à travers la Vieille-Castille et jusqu'à l'Escurial au pied des monts de Guadarama, avaient compromis assez gravement sa santé. Déjà malade lorsqu'il arriva à Paris, il voulut néanmoins passer outre, afin d'arriver au Havre à temps pour prendre passage sur le paquebot de Southampton. A peine à bord, une pleurésie se déclara, et on crut devoir le saigner abondamment. Il arriva cependant chez lui sans autre accident, et se rétablit peu à peu après quelques semaines ; sa santé se ressentit cependant toujours de cet ébranlement.

Peu après l'ouverture du railway de Manchester à Liverpool et déjà en 1831, Stephenson avait fixé sa résidence à sa campagne d'Alton-Grange, dans le comté de Leicester, où il fit exploiter et utiliser pour le railway de Swannington à Leicester, les charbons de Snibston ; puis, pendant la construction du chemin de Derby à Leeds, il se retira, vers 1840, dans son beau domaine de Tapton-House, près Chesterfield, où il passa tranquille ses dernières années. Il y était à la tête des importants charbonnages de Clay-Cross, créés par lui sur un terrain que son fils Robert, excellent géologue, avait reconnu riche en fer et en houille.

Stephenson était plus occupé à Tapton de ses serres, de ses melons et de ses ananas, que de chemins de fer ; il y menait la vie et le train d'un gentilhomme campagnard fort à son aise, élevant du bétail, faisant des expériences sur les engrais et assistant aux réunions agricoles du voisinage. Il faisait de fréquentes promenades à cheval sur son fidèle Bobby, qu'il avait amené de Newcastle et qu'on rapporte avoir été si bien dressé qu'il se tenait sans broncher tout à côté d'une locomotive en feu. Bobby avait vingt ans lorsqu'il mourut, après avoir obtenu de son maître pour ses dernières années une honorable retraite. — Nous savons que Stephenson, dans sa jeunesse, avait réussi à faire croître des choux magnifiques dans son humble jardin de Killingworth ; maintenant à Tapton-house il jouissait de se voir entouré de plantes rares, de melons et d'ananas, de raisins, de fleurs et de beaux fruits, dans lesquels il n'avait pour rival que le duc de Devonshire, qui possédait les plus beaux produits végétaux de l'Angleterre, grâce à l'habileté de son jardinier, ce J. Paxton, qui a été l'architecte du fameux *Palais de Cristal.* — Stephenson s'était fait construire des serres qu'il chauffait par un procédé de son invention, avec de la vapeur reconvertie en eau, à peu près comme on le pratique aujourd'hui pour beaucoup de buanderies. — Son amour d'enfance pour les animaux se ranima ; il suivait avec intérêt l'itinéraire aérien des abeilles de Mrs. Stephenson et il applaudissait aux travaux de l'oiseau, architecte ingénieux d'un nid de mousse et de brins d'herbe. Il avait des chiens favoris, des vaches et des chevaux des plus belles espèces, des lapins et des oiseaux. Il faisait admirer à ses visiteurs sa superbe basse-cour, et personne ne connaissait mieux que lui les mœurs et les habitudes des oiseaux du pays. Cette connaissance était le fruit d'une longue observation de la nature par un homme qui l'aimait véritablement et qui, profondément admirateur de ses œuvres, tout en recherchant les causes des effets, rapportait tout au Créateur. Sur tout son domaine il n'y avait pas un nid qu'il ne connût, et il faisait la ronde chaque jour pour s'assurer que rien ne manquait à aucun des nombreux membres de sa ménagerie domestique. — Nous ne pouvons nous empêcher de citer de lui une petite anecdote. Non content d'obtenir d'énormes concombres, il s'était mis en tête de faire pousser droits cette espèce de légume tortu et courbe ; longtemps ils furent rebelles à ses efforts, quoiqu'il leur variât toutes les circonstances d'air, de chaleur et de lumière ; enfin il imagina de les enfermer tout jeunes dans des tubes cylindriques de verre, faits exprès, et il put enfin présenter un jour à une société agricole du voisinage, des concombres droits et mûrs, en ajoutant : « Je les ai enfin bien attrapés ! »

Au milieu de ses loisirs, il continuait à prendre intérêt à ce qui avait fait le principal emploi de sa vie, et il consacrait une bonne partie de son temps aux consultations qu'ingénieurs, inventeurs et ouvriers venaient de toutes parts lui demander. Envisageant avant tout les questions de chemins de fer au point de vue commercial, il était pénétré de cette vérité que la condition essentielle de leur succès était qu'ils satisfissent non - seulement aux besoins du public, mais que leur exploitation ou trafic fût profitable aux actionnaires. De sa position centrale de Tapton, il était à même de surveiller les quatre grandes lignes, à travaux gigantesques, qui s'exécutaient en même temps: celle du Midland, celle de York and North-Midland, celle de Birmingham à Derby, et celle de Manchester à Leeds, et sur tous les points qu'il considérait comme destinés à devenir des centres de chemins de fer, et par conséquent de population, de commerce et d'industrie, il eut soin de faire construire de bonnes demeures pour les ouvriers, avec de petits jardins, une salle d'école et deux chapelles, l'une pour le culte anglican ou national de sa patrie, et l'autre pour le culte *methodist.* — Il aimait à avancer et à protéger les jeunes gens, et le premier comme le dernier conseil qu'il leur donnait, fut toujours: Persévérez. En 1847, dans une soirée à l'Institut mécanique de Leeds, invité à prendre la parole, il termina en disant: « Je ne suis devant vous qu'un simple mécanicien, mais je me suis élevé à ce point, d'une plus basse condition qu'aucun de ceux qui sont ici, et tout ce que j'ai accompli, je le dois à la persévérance. Dans le désir d'encourager des jeunes gens à faire comme moi, je leur dis: Persévérez.» — «Apprenez par vous-mêmes, avait-il coutume de dire à ses disciples, qui étaient pour lui comme de sa famille, affermissez les principes; redoublez d'efforts et d'application, et vous arriverez!» Et la suite prouva combien ses conseils avaient été utiles à plusieurs. — Un des plus illustres compatriotes de Stephenson, le grand Newton, à qui l'on demandait comment il avait fait ses sublimes découvertes, avait répondu : « En y pensant toujours » ; Stephenson fit les siennes comme l'illustre Newton, en y pensant et en y travaillant sans cesse. Il s'était accoutumé à envisager une question sous toutes ses faces, à soigner les détails aussi bien que l'ensemble, et tout ce qui sortit de ses mains ou se fit sous sa direction, était exécuté avec la perfection ou la loyauté la plus consciencieuse ; on se sert encore de ses locomotives aux États-Unis, et la *Vesta d'Yverdon,* première locomotive venue en Suisse, de Newcastle-on-Tyne, a couru sur la plupart des lignes françaises et belges, et tous les gens du métier l'ont reconnue pour une admirable machine. On sait que la *Fusée,* quoiqu'elle ait, dans les cinq ou six années qui suivirent le concours de Liverpool, traîné humblement du charbon, était d'une supériorité de construction et de vitesse si réelle que, lorsque le Cumberland élut pour maire M. Agliouby, elle fit, pour en porter la nouvelle de Midgeholme à Kirkhouse, 4 $^1/_2$ milles en 4 minutes.

Stephenson se montra doué des qualités de cœur les plus excellentes. Nous l'avons vu comme père, comme fils, comme camarade ; il sut se faire chérir comme maître de l'armée de travailleurs qu'il avait à

commander, et de cette école de jeunes ingénieurs
(les Locke, John Dixon, Vignolles, Th. Gooch, Swanwick, Birkenshaw, Cabrey, etc.), qui devinrent si habiles près de lui : tous avaient en lui une confiance
aussi illimitée que méritée. Jamais général ne fut plus
aimé de ses soldats que Stephenson de tous ceux qui
travaillèrent sous ses ordres, et dont il était toujours
prêt à reconnaître les services ou à encourager le talent. Aussi était-il fort intéressant de l'entendre, à
l'ouverture de ses lignes, attribuer à l'activité et aux
soins de ses lieutenants l'heureux achèvement des
travaux, tandis que ceux-ci, de leur côté, se plaisaient
à en rapporter tout l'honneur à leur chef. Il était impossible de ne pas être frappé de l'ordre, de la régularité et de l'activité qui régnaient dans sa vaste usine
de Newcastle, qui comptait plus de mille ouvriers; la
paie montait à plus de 25,000 fr. par semaine; dans
la salle des chaudières, qu'ils appelaient le *salon de
musique,* les brasiers, les marteaux et les soufflets à
vapeur formaient le concert. — Les ateliers de Newcastle étaient montés en 1846 de manière à fournir
une locomotive par semaine : on peut juger par là du
développement qu'avaient pris les chemins de fer. —
L'établissement continue à prospérer, et nous avons
eu l'occasion d'être conduit de Magenta à Milan, le
22 août 1859, par une locomotive sortie des ateliers
des Stephenson.

L'humble position de ses parents apprit de bonne

heure à Georges Stephenson à ne compter que sur lui-même, mais le secret de ses succès consista beau-coup plus dans le judicieux emploi de son temps; et n'est-ce pas là souvent la source des plus grands triomphes, comme la preuve et l'indice des grands caractères? Sa correspondance était très-étendue , et quoiqu'il redoutât beaucoup d'écrire lui-même, il lui arrivait fréquemment de dicter dans un jour à son secrétaire qui l'accompagnait dans ses courses, vingt ou trente lettres chargées de chiffres, quelquefois pendant douze heures de suite, de sorte que celui-ci, épuisé, tombait de sa chaise et lui demandait une pause. Pendant les années de 1834 jusqu'à la fin de 1837, peut-être les plus occupées de sa vie, il fit dans ses divers voyages plus de sept mille lieues, et cependant six mois entiers de ce temps furent passés à Londres (*Great George Street*). Il pouvait rester des nuits de suite dans sa voiture, et au jour, il était aux affaires jusqu'à la nuit. Toutes ses forces semblaient sans besoin de relâche à son service; la nuit, ou le repos du lit lui servit souvent, comme à Brindley, à résoudre des problèmes; toute son activité était si bien à la disposition de sa volonté, qu'il pouvait se réveiller et se lever à l'heure qui lui convenait, et se mettre à l'ouvrage, et rien ne le lassait: ni un second, ni un troisième, ni même un centième essai.

Jamais il n'ambitionna la réputation, la gloire ou les richesses. Il fut simple, modeste, franc, généreux et hospitalier. Sa maison de Tapton était largement ouverte aux visiteurs; Mrs Stephenson contribuait par son amabilité et son affection pour son époux au charme d'une hospitalité si précieuse à ses élèves; et l'atmosphère de *comfort* de cette demeure la rendit un centre de douces joies et de vraie gaieté. Le caractère de Stephenson offre une combinaison frappante de ces qualités solides que les Anglais considèrent comme essentielles et nationales. Il appartenait à cette race du nord, si remarquable par l'énergie, l'individualité, l'industrie persévérante. Il avait les charlatans en horreur, mais il était disposé à tendre la main à ceux qui inventaient quelque chose d'utile, comme à secourir le malheur avec lequel il sympathisait, et il ne manquait pas l'occasion d'encourager ceux qui luttaient contre les difficultés de la vie, qu'il avait, lui, surmontées avec tant de bonheur; mais il voulait qu'on acceptât courageusement la lutte. Un jour, il reçut la visite d'un certain Smith, de Nottingham, dans une position plus que modeste, qui venait lui présenter et recommander à son attention un *manomètre* de son invention. Au premier mot, et du premier coup d'œil, Stephenson comprit l'instrument et s'écria : « Je comprends votre affaire, cela fonctionnera parfaitement bien. » Smith fut enchanté de ces paroles et de l'air de bonté avec lequel elles étaient prononcées; en quittant Stephenson, il crut pourtant convenable de lui demander ce qu'il lui devait pour cette consultation. — « Comment! ce que vous me devez? repartit Stephenson, rien, rien du tout; mais voici ce qu'il vous faut faire; envoyez-moi ce manomètre à mon usine, je l'éprouverai avec une de nos chaudières, et, s'il est bon, comme je le crois, je ferai mettre la chose dans la Gazette et engagerai le public à s'en pourvoir, ou bien, vous me vendrez votre invention *ce que vous voudrez.*» Il savait glisser dans la main d'une pauvre veuve ou d'un vieillard infirme, un billet de cent francs avec une délicatesse qui les laissaient dans le doute de savoir si ce n'étaient pas eux qui lui avaient rendu service. Il fit une pension viagère au pauvre Robert Gray, de Newburn, en souvenir de ce que cet ancien camarade l'avait accompagné à l'église le 28 novembre 1802, jour du mariage de Georges avec la jolie Fanny Henderson.

A l'honneur de S. M. le roi des Belges, plus encore que de Stephenson, rappelons qu'il avait reçu, en 1835, à la suite de son premier voyage en Belgique, la décoration de l'ordre de Léopold Ier. La seule faveur que, dans tout le cours de sa vie, il ait demandée au gouvernement de son pays, fut la simple nomination, dans une commune rurale, d'un facteur de la poste, près Chesterfield. — Jamais il ne voulut prendre part aux spéculations de chemins de fer. Une preuve de la prévoyance avec laquelle il jugeait l'avenir d'une ligne, c'est qu'il prit dans celle du North-

Midland, 420 actions, qui représentaient une grande partie de sa fortune, mais toutes les actions de chêmins de fer qu'il eut entre les mains, ne furent jamais pour lui un sujet de jeu. La satisfaction de sa conscience, le bon emploi de son temps, les succès de son fils, qu'il avait cherché à élever au plus haut degré d'habileté, et la paix de ses derniers jours, furent tout ce qu'il ambitionna. — Ses ouvriers le regardaient comme un père. Pour être employé dans ses travaux à Clay-Cross, il fallait que tout homme marié consentît à payer, par quinzaine, une contribution d'un shelling, les célibataires de huit pence, et les jeunes gens de cinq, moyennant quoi ils avaient part à l'association de secours mutuels, d'instruction et de plaisirs, soit bibliothèque, musique, jeu du cricket, et droit aux primes pour fruits, légumes, primeurs, etc.

Il venait assez souvent à Londres dans les bureaux de *Great George Street,* où Robert donnait audience comme un ministre d'État: il était vêtu d'une longue redingote noire, avec cravate blanche, et à sa montre pendait un paquet de grosses breloques, suivant le goût de son temps.

Au printemps de 1848, Stephenson avait été invité à Wittington, près Chesterfield, chez son ami et ancien élève Swanwick, pour s'y rencontrer avec le philosophe américain Emerson. La conversation roula d'abord sur les circonstances de caractère que déterminent l'habitude, l'air, le climat, le sol, puis on passa à l'électricité, aux mœurs des habitants de l'Angleterre et de l'Amérique, et Emerson dit plus tard, qu'il valait la peine de traverser l'Atlantique, ne fût-ce que pour voir Stephenson, tant il y avait de force de caractère dans cette rare intelligence. Mais sa santé s'était affaiblie. Il paraît qu'il passait trop de temps dans ses serres chaudes, et qu'il y gagna une fièvre intermittente. — Sa vie, si longtemps occupée et si utile, se termina d'une manière douce et paisible, après quelques jours seulement de maladie, dans sa soixante-septième année, le samedi 12 août 1848; et les Manuels chronologiques inscrivirent bien cette année la mort du grand écrivain français Châteaubriand, et du chimiste suédois Berzélius, mais non celle de Stephenson. Il avait pourtant assez vécu pour voir son nom écrit dans les Annales des géants de l'industrie, et bien peu des enfants de la terre peuvent se mesurer avec lui. — Ses restes mortels, qui ont été déposés dans l'église de la Trinité, à Chesterfield, furent suivis du concours de toute la population de cette ville et des environs. Ses ouvriers réclamèrent de porter eux-mêmes son cercueil ; le Conseil communal et tous les notables du voisinage se joignirent au cortége. Une simple pierre indique aujourd'hui le lieu du repos du *père des chemins de fer*.

Sa statue, commandée au fameux sculpteur J. Gibson[1], par les compagnies réunies de Manchester, de Liverpool et de la Grande-Jonction, était en route pour l'Angleterre lorsqu'il mourut ; elle a été placée dans la salle de Saint-Georges à Liverpool. Une autre fort belle statue de marbre, de grandeur naturelle, exécutée après sa mort par Bailey, occupe le milieu de la gare de la ligne Nord-Ouest ou de Liverpool, à la station d'Euston-Square, à Londres ; on la doit à l'initiative de la Société des ingénieurs - mécaniciens, dont il avait été le fondateur et le président, et à une souscription, à laquelle 3,150 ouvriers ont voulu se joindre pour 2 shellings chacun. Le constable de la gare qui nous promenait autour de ce noble monument, le 4 septembre 1860, en répondant à nos questions sur Georges et Robert Stephenson qu'il avait connus et vus souvent, avait les larmes aux yeux, en nous parlant de ce véritable grand homme, et il se montra fort ému d'apprendre que nous voyagions uniquement dans le but de réunir des matériaux relatifs à sa vie ; et on peut désirer que le burin d'un A. Bovy, à qui les arts doivent la médaille d'un Arago, d'un Gay-Lussac, d'un Berzélius, et en dernier lieu d'un A. de Humboldt, reproduise aussi pour la postérité, les traits d'un Georges et d'un Robert Stephenson.

____

1. John Gibson, fils d'un jardinier, né à Gyffin, près de Conway dans le North-Wales.

Un an avant sa mort, quelqu'un qui voulait lui dédier un ouvrage, vint lui demander ce qu'il devait
mettre après son nom sur la dédicace et quels étaient
ses titres : « Je n'ai rien à ajouter à mon nom, répondit Stephenson, rien avant et rien après, je crois que
vous feriez bien de mettre tout simplement

A GEORGES STEPHENSON.

Je suis pourtant, avait-il ajouté, chevalier de l'ordre de Léopold, et on a bien voulu me faire membre
de la Société royale des Sciences et de celle des Ingénieurs, mais j'ai pensé jusqu'à présent que ces titres
n'iraient guère avec mon nom; je suis membre toutefois de la Société de Géologie, et me suis laissé nommer à la présidence de l'honorable association des
mécaniciens de Birmingham. » Cette société était presque toute composée d'ouvriers. « Autrefois, disait-il,
on m'écrivait à *G. Stephenson* tout court, à présent
je suis *George Stephenson, of Tapton-House near
Chesterfield.* » Il refusa vers cette époque d'être candidat au Parlement pour South-Shields et ne voulut
point accepter le titre de *chevalier (knight)* que lui
offrit plus d'une fois sir R. Peel.

Et ce nom seul de Georges Stephenson pouvait suffire en effet, car aussi longtemps que des rails relieront des contrées qui semblaient devoir rester si
éloignées les unes des autres, aussi longtemps que la
locomotive sillonnera les routes en dévorant l'espace,
aussi longtemps la mémoire du houilleur du Nor

thumberland, du père des chemins de fer, de Georges Stephenson, sera honorée.

Il pouvait dire devant un Comité de la Chambre des communes, qu'il n'y avait pas un chemin de fer de l'Angleterre, de l'Écosse ou de l'Irlande auquel il n'eût pris quelque part. — Chacun de ses pas avait été pour lui un nouveau degré pour de futurs progrès. — Il avait satisfait au proverbe anglais, qui est maintenant devenu universel : *Time is money*, en économisant à l'Angleterre annuellement, en prenant le nombre moyen des lieues franchies et des voyageurs, et le comparant avec le temps qu'il aurait fallu pour parcourir cette même distance par les anciens moyens de transport, 111 millions d'heures, et 2 millions de l. st. pour le produit moyen de ces heures de travail, et 80,000 l. st. sur le transport des marchandises; il est vrai que c'est dans la supposition que le nombre de voyageurs et des lieues accomplies fût devenu avec l'ancien système ce qu'il est avec le nouveau. En tout cas, Stephenson pouvait certes dire dans la dernière réunion de la Société des Ingénieurs à Birmingham, à laquelle il assista le 26 juillet 1848 et où il lut un Rapport de sa façon sur une machine à déraciner les mauvaises herbes (il se souvenait de Callerton) qu'*il n'espérait n'avoir pas tout à fait vécu et travaillé en vain*. A cette époque le nombre des personnes employées en Angleterre, en y comprenant leurs familles, ou gagnant

leur vie dans les chemins de fer, était de 303,727.
Dans les derniers temps de sa vie, Stephenson allait
souvent de Liverpool en visite à Newcastle revoir les
lieux et les amis de son enfance. « J'ai été aujourd'hui
à Callerton, disait-il un jour à un ami; j'ai vu les
champs où j'arrachais les navets moyennant deux
pence par jour et où j'ai souffert plus d'une fois de
l'onglée, je vous assure. » En 1847 il inventa un nouveau frein *automoteur*. On comprend en effet que les
catastrophes qui peuvent résulter des chemins de fer
semblaient à quelques-uns balancer les incontestables
avantages de ce nouveau mode de circulation; et l'impossibilité d'arrêter, du moins presque instantanément
un convoi, était et est encore un problème suprême
des chemins de fer, mais qui paraît s'approcher d'une
espèce de solution, en adoptant le système proposé
tout dernièrement par M. E. Flachat.

Le frein de Stephenson était construit d'après un
plan auquel il avait longtemps songé et il se recomman-
dait par sa simplicité, d'où son nom *automoteur*, agis-
sant par soi-même. Comme on lui parlait d'en prendre
un brevet : « Tout ce qui peut augmenter, répondit-
il, la sûreté des chemins de fer, est d'une telle importance à mes yeux, que j'aime mieux faire cadeau
de mon invention au public, et je m'estimerai heureux et suffisamment récompensé s'il peut, en évitant
une collision dangereuse, sauver la vie ne fût-ce que
d'une personne. »

« Nous l'avons dit, Stephenson était simple et sans prétentions dans ses manières et dans ses actes, mais toujours digne. Il donnait l'exemple à ses compagnons, et pour beaucoup d'entre eux cet exemple fut plus profitable que les livres et les écoles. Lorsqu'il se fut élevé à une position éminente, et qu'il se trouva en rapport avec les principaux personnages du pays, il prit sa place au milieu d'eux sans embarras et comme s'il eût été dans sa sphère naturelle. Sir Robert Peel l'avait plus d'une fois invité à venir à son château de Drayton dans le Shrewsbury, où, dans les intervalles de sa vie parlementaire, il aimait à réunir, avec la large hospitalité anglaise, les hommes les plus distingués en tous genres. Stephenson écarta longtemps ses avances; il craignait, disait-il, de se voir « mêlé dans ce beau monde, » mais enfin il céda aux instances de sir R. Peel. Son esprit d'observation, joint à beaucoup de sagacité, de pénétration et de finesse, prêtait une véritable originalité à sa conversation, et le rendait un agréable compagnon pour les jeunes gens comme pour les vieillards. Quoique plus homme d'action que de théorie, il y avait peu de questions sur lesquelles il n'eût porté son attention et exercé ses facultés de manière à avoir des opinions arrêtées. A Drayton, la conversation roulait ordinairement sur des questions de sciences ou d'économie politique, et il y prenait une assez grande part. Une discussion fort vive s'engagea un jour entre lui et le savant minéralogiste Buckland au sujet d'une des théories favorites de Stephenson sur la formation des terrains houillers, mais le docteur qui avait l'avantage de manier la parole avec beaucoup de facilité, réduisit son adversaire au silence. Le lendemain matin, avant le déjeuner, Stephenson se promenait l'air sérieux dans le parc, lorsque sir W. Follett vint à lui et lui demanda à quoi il songeait. « Je songe, répondit Stephenson, à cette discussion que j'ai eue hier avec Buckland, je suis convaincu que j'avais raison, et si je parlais aussi bien que lui, je l'aurais certainement battu. » — « Mettez-moi au courant de votre affaire, reprit sir William, et nous verrons si je ne puis pas faire quelque chose pour vous. » Ils s'assirent sur un banc et l'homme de loi se fit bien expliquer la question, et en écouta le développement et les détails avec tout l'intérêt et toute l'attention d'un avocat étudiant la cause importante qu'il va plaider. Lorsqu'il se fut bien pénétré de son sujet: « A présent, dit-il à Stephenson, j'attends Buckland de pied ferme.» — Sir Robert Peel fut mis dans le secret, et après le dîner ramena adroitement la discussion de la veille. Une nouvelle lutte s'engagea, mais entre sir W. Follett et le docteur, et cette fois le savant fut battu par l'avocat. « Que dites-vous de cela? demanda en souriant sir Robert Peel à Stephenson. — Je pense, répondit celui-ci, que de toutes les puissances de la terre, il n'en est pas à mon avis qui soit comparable à une langue bien pendue. »

Cependant il modifia un autre jour son opinion sur cette question, car pendant cette même visite à Drayton une des dames lui ayant demandé quelle était la force la plus grande dans la nature? «Cette question n'est pas difficile, avait répondu Stephenson; ce sont les yeux d'une femme pour l'homme qui l'aime, puisque le souvenir de ses yeux peut le faire revenir du bout du monde, et je ne connais pas dans la nature une pareille force d'attraction.»

Une autre fois la société observait du haut d'une terrasse un convoi de chemin de fer, qui filait à l'horizon, laissant derrière lui une longue traînée de blanche vapeur. «Tenez, Buckland, dit Stephenson au docteur, j'ai une question à vous faire. Pouvez-vous nous dire quelle est la force qui fait marcher ce train? — Je suppose, répondit le minéralogiste, que c'est quelqu'une de vos grosses machines. — Mais qu'est-ce qui fait marcher la machine? — Probablement un de vos habiles mécaniciens de Newcastle. — Et moi, je vous dis, reprit Stephenson, que c'est la lumière du soleil. — Comment cela? — Rien de plus simple. C'est de la lumière qui a été enfermée pendant des myriades d'années; celle qu'absorbent les plantes et les végétaux pendant leur croissance n'est-elle pas nécessaire pour la formation de la houille ou la condensation du carbone, si elle n'est pas elle-même du carbone sous une autre forme? et maintenant, après avoir été enfouie fort longtemps dans les entrailles de la terre, cette lumière est ramenée au grand jour, et se trouve forcée de travailler comme vous le voyez dans cette locomotive, pour le bien de l'humanité. » Il y avait assurément du génie et de la modestie dans cette idée de Stephenson qui savait voir l'œuvre de Dieu dans les couches de houille et les locomotives.

Pendant le cours d'une autre visite, en 1847, à Drayton, il fut invité à assister à l'inauguration du chemin de fer de la vallée de la Trent, dont il avait donné le tracé plusieurs années auparavant. Un bien grand revirement s'était opéré dans l'esprit public, depuis l'époque où il avait projeté une première ligne à travers ce même district. Cet homme, jadis dénoncé comme le dévastateur des propriétés, comme le perturbateur de la tranquillité des campagnes, se voyait salué aujourd'hui comme un des bienfaiteurs du pays. Sir Robert Peel, le premier personnage politique de l'Angleterre, le traitait en ami, en parlait comme de l'une des gloires nationales et l'appelait le premier philosophe pratique de l'Angleterre. Douze membres du Parlement, sept baronets et toute l'aristocratie territoriale de la province, des représentants du clergé, de l'armée (le général A' Court), des corporations industrielles s'étaient réunis à Tamworth, pour célébrer l'ouverture de cette ligne et pour louer et fêter Stephenson.

Peu après cette inauguration si flatteuse pour lui,

il fut encore invité à une réunion à Manchester où on voulait honorer et récompenser J. P. Westhead, l'inspecteur en chef du chemin de Manchester à Birmingham ; mais Westhead fit remarquer lui-même au banquet qu'on devait tout rapporter à Stephenson, le créateur de toutes les entreprises de chemins de fer, et le précurseur, l'inventeur du nouveau système de locomotion en Angleterre et dans le monde entier.

En 1849, d'après un journal anglais *The Morning Advertiser*, en moins de vingt-cinq ans depuis l'invention de la locomotive, l'Europe seule et les États-Unis avaient fait exécuter plus de 9000 lieues de chemins de fer, c'est-à-dire une plus grande longueur qu'un chemin de ceinture qui ferait le tour du globe. — On conçoit que c'est en Amérique que les chemins furent bientôt les plus longs et les plus nombreux. Tout les a favorisés : les terres ne coûtaient rien pour ainsi dire ; le bois ne donnait que la peine de le couper, le pays est plat et les stations peu nombreuses. On n'y est donc pas obligé de faire ces fréquents et énormes terrassements qui absorbent tant d'argent en Europe, près des villes populeuses. — Les locomotives franchissent aux Alleghanys des rampes de 40 à 50 millimètres.

En 1843 avait apparu, patroné par Brunel, le système atmosphérique qui correspondait en quelque sorte, aux machines fixes avec un autre principe que la vapeur, savoir : le vide produit dans l'immense tube de bronze ou piston couché entre les rails, et, par suite, l'entraînement des wagons, malgré une déperdition de la force motrice qui peut être évaluée d'après une expérience même de Stephenson, à 74 p. 100. Or, en 1848, l'année même de la mort de Georges Stephenson, tous les tuyaux Brunel du chemin de fer atmosphérique de Devonshire, sur une longueur de 40 kilomètres, avaient fait place aux locomotives, et justifié l'assertion hardie de Stephenson, qui avait appelé ce système une corde de sable qui ne tiendrait pas et qui finirait par une grande mystification (*a great humbug*). Robert Stephenson avait été aussi l'adversaire déclaré de ce système, et, en France, le parcours de 2200 mètres sur le chemin de Paris à Saint-Germain, concédé en 1844, construit d'après le système atmosphérique et ouvert en 1847, n'a pas donné les résultats de célérité, de sûreté et d'économie qu'on avait espérés, et on sait que dans les derniers mois de 1860 il a été remplacé par la locomotive.

— *L'Esprit de Dieu souffle où il veut* et comme il veut; nous avons vu un simple mineur s'élever de la classe la plus humble au sommet de la gloire et de la fortune, et sans s'être démenti dans la lutte pénible de ses débuts, ne point s'enorgueillir de la faveur pu-

blique, quand elle eut, enfin, donné raison à ses prophétiques instincts; au reste, la carrière la plus obscure
est honorable quand elle est bien remplie, et le succès
dépend souvent des circonstances.

*Fais seulement de tout ton pouvoir ce que tu as à
faire,* dit l'Ecclésiaste.

CHAPITRE X.

CHAPITRE X.

Robert Stephenson.

Quoique la vie de Robert Stephenson se soit écoulée en grande partie près de son père, auquel il n'a survécu que de onze années, du 12 août 1848 au 12 octobre 1859, il n'a pas fait un moins bon usage du temps que Dieu lui dispensa, et des facultés éminentes qui le distinguèrent, mais il s'est trouvé dans des circonstances plus favorables ou bien plus propres à le seconder : le petit-fils du vieux Bob apprit de bonne heure à lire et à écrire à Long-Benton ; nous l'avons suivi au collége Bruce ; nous l'avons vu remporter le prix de mathématiques à Édimbourg, être sous-inspecteur à la houillère de Killingworth, étudier les mines de la Colombie, de 1824 à 1827, obtenir le prix au concours de locomotives de Liverpool, 14 août 1829, s'associer aux grands travaux de son père, entreprendre à son tour des lignes spéciales, telles que celle de Londres-Birmingham et accomplir des merveilles au tunnel de Kilsby.

Comme exemple de l'industrie et de l'application de

Robert Stephenson lorsqu'il était encore dans l'adolescence, on aime à citer le trait suivant. Un ingénieur de ses amis, M. Th. Harrison, était engagé un soir dans une discussion dans la bibliothèque de Robert, lorsque celui-ci se leva et prit un livre sur les tablettes, pour éclairer ou justifier son opinion. M. Harrison observa que le livre était un manuscrit très-bien écrit. « D'où avez-vous cela » ? lui demanda-t-il. Robert répondit : « Lorsque j'étais au collége, je savais combien mon père avait de peine à pourvoir aux dépenses de mon éducation, aussi j'étudiais mes leçons avec la plus scrupuleuse attention, pour pouvoir les redire sans faute ; lorsque je fus à l'Université, j'étais parvenu à écrire mot à mot chaque leçon orale de mes professeurs, et tous les soirs, je les recopiais avant de me coucher, et vous en voyez la collection dans ces manuscrits reliés de ma bibliothèque.»

Voici un autre trait, qui prouve toute la confiance de Georges Stephenson dans le caractère et les talents de son fils.

Lors du projet de la ligne de Leicester à Swannington, qui devait ouvrir une communication entre la ville de Leicester et les charbonnages de ce comté, M. Ellis, membre de la Société des Amis, et qui fut plus tard président du Midland-Railway, avait projeté l'entreprise, mais il éprouvait de la difficulté à réunir des souscriptions : il se rendit à Liverpool pour inviter Georges Stephenson à venir examiner le tracé; c'est ce que fit ce dernier, et alors M. Ellis lui parla de la difficulté de trouver des souscripteurs. «Donnez-moi une feuille de papier, dit Georges, et je vous procurerai bientôt de l'argent.» La feuille se couvrit bien vite de signatures, et Georges fut prié en conséquence de se charger de la direction des travaux, mais sa réponse fut qu'il avait déjà tant d'entreprises de chemins sur les bras qu'il ne voulait pas s'embarrasser dans de nouvelles. — « Pourrais-tu au moins nous recommander quelqu'un ? dit M. Ellis. — Oui, dit Stephenson, je pense que mon fils serait capable de conduire à bien l'affaire. — Et répondrais-tu pour lui ? — Sans doute, » — et Robert fut nommé ingénieur-directeur de la ligne à 27 ans.

En 1844, Robert Stephenson reçut la croix de l'ordre de Léopold Ier de Belgique, et en 1846, la grande croix de Saint-Olaf de Norwége : il avait été chargé cette année-là d'examiner le tracé pour la Norwége.

En 1847, il devint membre du Parlement (Chambre des Communes) pour le district de Whitby, dans le comté d'York. Considéré comme le premier ingénieur du pays, membre de la célèbre Société royale de Londres et d'autres sociétés savantes, Robert Stephenson a été pendant plusieurs années et jusqu'à sa mort, le président du Corps des Ingénieurs civils; il était à la tête de l'immense fabrique de locomotives de Newcastle, dirigée aujourd'hui par un de ses cousins et un associé. Nous avons remarqué dans l'une des salles supérieures de cet établissement, le monument, sous dimensions réduites, proposé pour Georges Stephenson par la ville de Newcastle, c'est-à-dire sa statue, et aux quatre coins du piédestal, quatre statuettes, le représentant dans des degrés inférieurs de la profession de mineur.

- Ingénieur en chef de la compagnie de Londres et du Nord-Ouest (North-Western), puissamment riche, considéré comme une des sommités du pays, Robert a disposé d'un crédit immense, dû à sa position et à son mérite, il a présidé à l'étude d'un nombre considérable de chemins de fer dans les cinq parties du monde; il a été enfin l'inventeur des ponts - tubes de Conway et de Menaï, dont l'entreprise paraissait chimérique, et dont le succès a été triomphant; aussi, avant de poursuivre, nous ne pouvons nous contenter de traverser ces deux ponts avec la rapidité de la locomotive qui emporte les voyageurs de Chester à Holyhead.

Le premier que nous trouvons sur notre passage est celui de Conway, sur la rivière de ce nom, qui prend sa source à Llyn-Conway, dans la principauté de Galles, extrémité sud, vers les monts de Penmachno, et a son embouchure dans la mer d'Irlande:

la Conway sépare les comtés de Denbigh et de Carnarvon, et a été célèbre dans les temps les plus anciens, pour ses perles, dont parle Pline, et dont une
forme l'un des ornements de la couronne de S. M.
la reine Victoria. Tout ce pays est fort remarquable
par ses beautés pittoresques, ses souvenirs histo-
riques et son caractère de romantique grandeur. On
comprend que les ponts de chaînes suspendus, tel
que celui élevé par Telford, en 1826, sur la Conway,
ne pouvaient convenir à la circulation rapide des chemins de fer, à cause des oscillations résultant du mode
de leur construction et de l'énorme pesanteur des
convois. Jeter des piles dans la rivière pour un pont
en pierre, c'était gêner d'autre part la communication
si on les multipliait trop, et on s'exposait dans le cas
contraire à donner aux arches une ampleur au delà
de toute prudence ; il fallait donc, ou renoncer à faire
passer le chemin de fer d'une rive à l'autre, ou trouver un moyen qui conciliât la hardiesse du pont suspendu et la rigidité du pont de pierre ou de fonte.
Telles étaient les données du problème que Robert
Stephenson résolut, malgré toutes ses difficultés, avec
l'aide de M. Fairbairn, de Manchester.

Laissons pour ce pont-tube de Conway des détails
spéciaux que nous retrouverons à propos du *Britannia
tubular bridge,* et disons que l'antique manoir et château de Conway, situé sur les collines de Denbigh (bâti
sous Édouard Ier, en 1284, après la conquête du

pays de Galles), domine de ses ruines imposantes la rivière et le pays. Le pont-tube débouche au pied de ces ruines splendides, qui témoignent, dans leur sublime étendue et dans les traces des boulets, de la résistance que cette forteresse redoutable pouvait opposer à l'ennemi : le pont s'étend au pied des vieilles ruines, à moitié détruites, formant une seule travée de 400 pieds de longueur et de 18 de hauteur, au-dessus des plus hautes eaux, et sur l'autre rive, une construction figurant un château-fort crénelé et à mâchicoulis, dans le style du château, s'avance dans la rivière pour recevoir l'autre extrémité du tube. — Mais le tube n'a pu être fabriqué à la place qu'il occupe aujourd'hui; on dut choisir, pour le mettre en œuvre, une langue de terre s'avançant dans la Conway, et là, sur une plate-forme en partie sur la terre ferme, et en partie sur pilotis dans le lit de la rivière, on établit une usine complète, dont le bruit retentissant annonçait au loin que là venait de naître une ville industrielle.

Le tube, de 412 pieds de long et du poids de 1300 tonnes, a été amené et monté le 6 mars 1848, par les mêmes moyens que ceux que l'on a employés pour le pont Britannia, et qui seront décrits plus loin. Placés au sommet du tube, MM. Georges et Robert Stephenson, le père et le fils dirigeaient cette opération difficile et périlleuse, assistés de MM. Brunel, Rendel, Fairbairn, Bidder, Frank Forster, le capitaine Claxton et le constructeur, M. Evans. — La première pierre de la maçonnerie avait été posée le 15 juin 1846. Ce pont qui unit la principauté de Galles à l'Angleterre, ne se compose que de deux tubes : il a été le premier en ce genre, et Robert Stephenson y fit passer le 15 avril 1848, la première locomotive, qu'il conduisait lui-même.

Mais le train nous emmène à Bangor, dans l'île romantique d'Anglesey, sur la mer d'Irlande.

A dix-sept milles de Conway est le pont *Britannia* (*Britannia tubular bridge*), aux proportions plus colossales encore. Essaierons-nous de décrire ce canal en fer qui traverse le détroit de Menaï, lequel en cet endroit a plus de 1,100 pieds de longueur? Racontons d'abord brièvement l'histoire de ce pont, chef-d'œuvre du génie moderne, et que les Anglais sont fondés à considérer comme l'une des merveilles du monde; et empruntons à un ami, M. Ch. Bousquet, de l'école centrale de Paris, ces explications qu'il a coordonnées près de nous sur des matériaux anglais, avec l'esprit organisateur d'un jeune ingénieur.

« Lors de la construction de ce chemin, et quand il s'est agi d'établir une communication par voie ferrée entre les deux rives, qui sont très-élevées au-dessus du niveau de la rivière qu'on traversait jusqu'alors dans un bac par *Ferry-Bangor*, on avait eu un moment la pensée d'utiliser le pont suspendu de Telford qui est à un mille de là, mais on ne donna pas suite à cette idée ; on comprit qu'un tablier aussi flexible et aussi sujet aux oscillations que celui d'un pont de fil de fer, n'était nullement propre à servir de viaduc pour le passage de locomotives et de wagons, dont le poids est de beaucoup supérieur à celui des plus lourds chars de roulage. On finit par se décider à construire, à un mille de là et plus près de Carnarvon, un ouvrage tout spécial et mieux approprié à sa destination. Le problème à résoudre était assez complexe. — Il fallait une construction parfaitement rigide et en même temps assez légère pour ne pas plus gêner la navigation que ne le faisait le beau pont de ce Telford, surnommé le *grand pontife de l'Angleterre*. Plusieurs projets furent successivement présentés et élaborés. Robert Stephenson avait proposé un pont en fonte à deux arches et dont la hauteur à la couronne devait être de 100 pieds : l'emplacement qu'il avait choisi pour l'établir, le même qu'occupe actuellement le pont Britannia, se prêtait admirablement à son projet, attendu qu'au milieu du détroit se trouvait un rocher de schiste appelé *Britannia-Rock*, parfaitement propre à former la base de la pile. Ce roc satisfaisait, comme on le voit, à la première condition, mais non à la seconde. Le projet fut rejeté. C'est alors que l'illustre ingénieur, qui ne savait ce que c'était que de se décourager, se livrant à des recherches incessantes, proposa son système tubulaire, que nous allons décrire.

Deux tubes rectangulaires en tôle et juxtaposés re-
lient les deux rives du détroit, à une hauteur de 100
pieds au-dessus du niveau des plus hautes eaux. Chacun de ces tubes a une hauteur de 30 pieds vers le
milieu et une largeur suffisante pour l'établissement
d'une voie ; les deux tubes juxtaposés forment ainsi le
système de double voie, usité sur toutes les lignes
de chemins de fer et indispensable pour la circulation en deux sens opposés. R. Stephenson et Fairbairn, bien connu pour ses constructions en tôle et
ses expériences sur la résistance du fer, aidés de MM.
Hodgkinson et S. Clark, avaient déclaré cette forme
tubulaire ou plutôt rectangulaire la plus convenable,
après avoir fait une série d'essais sur de petits tubes
de section cylindrique, elliptique et rectangulaire, et
leur opinion s'accorde parfaitement avec les théories
émises sur les résistances des matériaux. On démontre
en effet par l'analyse, que la résistance d'une pièce de
section rectangulaire, soumise à un effort de flexion,
croît comme le carré de sa hauteur et seulement proportionnellement à sa largeur, ce qui explique et
justifie suffisamment l'emploi si fréquent, dans les constructions actuelles, de pièces dont la hauteur est sept
à huit fois plus grande que la largeur.

Chacun des tubes du pont Britannia se compose
d'un plafond et d'un plancher reliés latéralement par
des feuilles de tôle; tous les deux sont formés de deux
surfaces de tôle distantes d'environ $0^m,40$ et reliés par

une série de cloisons verticales au nombre de 9 dans
le plafond et de 7 dans le plancher. On le conçoit, le
système de jonction des différentes feuilles de tôle
qui composent le tube, a dû différer selon leurs po-
sitions relatives. Dans la partie supérieure les tôles
tendent à se comprimer et les bouts à se superposer
sous l'influence des efforts fléchissants. Dans la partie
inférieure, au contraire, elles tendent à s'allonger. Pour
parer au premier inconvénient on a dû placer les tôles
bout à bout et les relier par des plaques superposées
et rivées sur joints, tandis que pour prévenir l'allon-
gement et la séparation des feuilles, il a suffi d'en superposer les bouts et de les river.

Le pont ayant une longeur de 1,330 pieds, on ne
pouvait songer à jeter d'une rive à l'autre un tube de
pareille longueur, sans soutiens intermédiaires. On
construisit donc 3 piles divisant le pont en 4 travées
dont deux, celles du milieu, ont 460 pieds et les
deux autres 230 seulement; la largeur des culées et
des piles complète la différence de longueur, de 1,220
à 1,330 pieds. La pile centrale, appelée *Britannia to-
wer*, est fondée sur le rocher mentionné plus haut et
dont elle a pris le nom. Sa hauteur est de 148 pieds
au-dessus du niveau des hautes eaux, or les tubes ne
sont eux-mêmes qu'à 100 pieds; il reste donc 48 pieds
de maçonnerie pour cette pile, un peu moins pour
les deux autres qu'on a moins élevées, maçonnerie
du reste assez inutile, qui donne au pont l'aspect ori-

ginal de tours flanquées au milieu de l'eau et reliées par un long canal de fer.

On conçoit aisément qu'un tube allant d'une rive à l'autre ne pouvait être construit d'une seule pièce ; sa fabrication comme sa pose eussent été une impossibilité. Chaque travée possède donc ses deux tubes spéciaux juxtaposés, dont les extrémités viennent s'implanter dans des ouvertures rectangulaires pratiquées dans les piles et garnies de cadres en fonte pour assurer la solidité. On serait tenté de croire que ces tubes reposent simplement sur les maçonneries ou plutôt sur les cadres dont nous avons parlé, comme on a l'habitude de le voir pratiquer dans les constructions ordinaires, mais ici l'on avait affaire à un système exclusivement en métal dont les variations de longueur, provenant des alternatives de chaud et de froid, sont très-sensibles. Il était donc essentiel de donner libre jeu aux différents mouvements qui pourraient se manifester et de prévenir ainsi toute déformation du tube, toute désagrégation des piles. Pour arriver à ce but, voici les dispositions qui ont été prises. Les tubes ont été solidement et invariablement fixés dans la maçonnerie de la grande pile du milieu, tandis que les parties reposant sur les piles intermédiaires et sur les culées, ont été rendues susceptibles de glisser sur des rouleaux de fonte de 6 pouces de diamètre, enchâssés dans des cadres de fer forgé. Des boulets roulant dans des rainures, servent en outre à supporter une partie de la charge, tout en remplissant les mêmes fonctions que les rouleaux. Grâce à ces diverses précautions, chacun des tubes partant du centre s'allonge et se raccourcit impunément chaque année, de 12 pouces environ de l'hiver à l'été et *vice versa*. Cette grande sensibilité aux influences de la température a été mise habilement à profit par les ingénieurs, qui établirent, à l'une des extrémités du pont, un thermomètre *monstre*, dont l'aiguille, mise en mouvement par l'action du tube, marque sur un cadran la température du moment.

Ces détails sur les différentes parties constituantes de ce pont étant comprises, on trouvera logique que nous disions un mot sur les opérations difficiles et dangereuses de la pose. En effet, l'esprit, tout en admirant la grandeur de cet ouvrage, se demande tout naturellement comment des masses aussi lourdes ont pu être soulevées et suspendues à une telle hauteur.

Les tubes des deux travées de tête, comme on l'a dit, les plus petites, ont été fabriquées sur place. A cet effet, d'immenses échafaudages avaient été élevés entre les culées et les piles jusqu'à la hauteur convenable pour servir de plancher provisoire pendant leur fabrication, et jusqu'à ce qu'étant achevés ils reposassent d'eux-mêmes sur les maçonneries. Les difficultés à surmonter ne furent pas là bien sérieuses.— Quant aux tubes des deux grandes travées, ils furent,

en raison de leurs dimensions, mis en place tout dif-
féremment. Fabriqués le long du rivage, ils furent
successivement chargés sur des pontons ou grands
bateaux rectangulaires en bois ou en tôle, longs de
98 pieds, larges de 25, déplaçant un volume de 1,900
pieds cubes d'eau, munis de valves qu'on pouvait à
volonté ouvrir et fermer, suivant qu'il s'agissait de
les remplir d'eau ou de les remettre à flot en les vi-
dant au moyen de pompes, et susceptibles de porter
chacun un poids de 400 tonnes. Pour chaque tube on
employait huit pontons, ce qui formait un système
capable de supporter 3,200 tonnes; or, un tube seul
pèse 1,700 tonnes; il restait donc une puissance de 1,500
tonnes qu'on avait à disposition en cas d'accident, et
cette précaution était importante : une valve pouvait
s'ouvrir, et une voie d'eau se déclarer dans les flancs
d'un ponton, qui se remplissant peu à peu devenait
alors inutile. De puissants cabestans établis sur les
rives et à chaque pile, mus chacun par 50 hommes,
étaient destinés à amener les tubes sur les pontons et
à les manœuvrer ensuite. On commençait l'opération
de grand matin au moment où les eaux étaient basses :
le tube était mis à flot, venait alors la marée qui soulevait peu à peu tubes et pontons; pendant que le
phénomène naturel se produisait, on manœuvrait au
moyen de cabestans la masse flottante jusqu'à ce
qu'elle fût arrivée entre les piles. Une fois les eaux à
leur plus haut niveau, on ouvrait les valves, les pon-

tons se remplissaient peu à peu et descendaient en quittant le tube qui reposait alors sur des appuis provisoires établis au bas des piles. — Restait à soulever cette charge énorme à une hauteur de 100 pieds. Cette opération difficile fut effectuée au moyen de 3 presses hydrauliques. Les deux plus petites étaient placées sur la pile Britannia, à 40 pieds au-dessus du niveau que devait occuper le tube; la troisième, beaucoup plus puissante et capable à elle seule de supporter ce dernier, était installée sur l'une des piles intermédiaires. Un système de barres de fer formant chaîne et reliées par des traverses de même métal, embrassait le tube et le mettait en communication avec les presses. Ces dernières avaient une course de 6 pieds, en sorte que le soulèvement ne pouvait s'opérer que par stations successives de même hauteur. On soulevait d'abord à 6 pieds, puis les presses étaient dégagées de leur charge qui reposait provisoirement sur les appuis; les pontons étaient redescendus et remis en communication avec le tube que l'on montait de nouveau à 6 pieds, ainsi de suite jusqu'à ce qu'on fût arrivé au niveau définitif. Pendant toute la durée des opérations, Stephenson, aidé de ses ingénieurs, se tenait sur le tube, d'où il dirigeait lui-même toutes les manœuvres avec un rare coup d'œil et un imperturbable sang-froid. Comme les distances étaient trop grandes pour se servir de la voix, les ordres étaient transmis par signaux; chaque cabestan portait son numéro ou sa lettre qu'il suffisait de montrer du haut du tube pour annoncer qu'on s'adressait à lui ; puis des drapeaux de différentes couleurs servaient à indiquer dans quel sens il fallait tourner. Grâce à l'intelligente et habile direction de l'illustre ingénieur, le montage des quatre tubes formant les deux grandes travées s'est effectué successivement à différentes époques, sans qu'on ait eu à déplorer le moindre accident, le moindre retard. Tout a été ponctuellement exécuté comme il avait été prévu, aux applaudissements enthousiates d'une foule immense, qui couvrait de ses flots les rives avoisinantes.

Commencé en 1847, le pont Britannia fut inauguré et subit sa première épreuve le 5 mars 1850. Trois ans avaient donc suffi pour élever 1,500,000 pieds cubes de maçonnerie et fabriquer 11,000,000 kilogr. de tubes, à l'aide de 2,000 ouvriers, travaillant à la fois, et moyennant la somme de 601,865 l. st. (plus de 13,000,000 fr.)

D'après les calculs de Stephenson, cette construction pourrait supporter onze fois son propre poids. L'épreuve la plus sérieuse à laquelle les tubes des grandes travées aient été soumis, a consisté à placer dans leur milieu un train de charbon pesant 300 tonnes et qui dut y stationner pendant deux heures consécutives. Sous l'influence de cette charge, et malgré leur longueur, ces tubes présentèrent une courbure si peu sensible que la *flèche* ne dépassa pas trois pouces. Ce résultat satisfaisant consacra définitivement, au point de vue de l'exécution du moins, le *système tubulaire*, et ouvrit une ère nouvelle aux constructions en tôle ou en fer, dont l'usage s'est répandu depuis lors partout avec une si prodigieuse rapidité. Il lui reste encore à subir une dernière épreuve, qui sera décisive : c'est celle du temps. Les changements qui peuvent se manifester dans l'état moléculaire du métal, par suite des vibrations; les effets désastreux de la rouille souvent insaisissables à la vue, ne nous forceront-ils pas un jour à y renoncer? Telle est la question que l'avenir seul peut résoudre. »

Robert Stephenson traversa le premier le pont *Britannia*, le 5 mars 1850, avec trois locomotives : la Cambria, le St.-David et le Pégase; il conduisait la première et avait avec lui MM. Bidder, Trevithick, Edwin et Latimer Clark, Appold et Lee : ils traversèrent ce long corridor à la vitesse seulement de 7 milles à l'heure; le poids était de 90 tonnes pour cette première épreuve, et ils firent à dessein des haltes dans le pont, sans avoir beaucoup, il est vrai, à jouir de la vue et du silence solennel qui régnait autour d'eux : le tube est percé de fort petites ouvertures pour la ventilation et le dégagement des gaz. — A midi un dernier train d'épreuve, c'est-à-dire les trois locomotives traînant 24 wagons de charbon et

800 passagers, glissèrent lentement et majestueuse-
ment dans ce grand viaduc aérien pour en ressortir
en triomphe.

Après son discours de remercîments aux ingénieurs
et aux constructeurs qui l'avaient si bien secondé,
Robert Stephenson ajouta : « N'oublions pas, au milieu des efforts de la science, de rendre hommage au
Créateur, qui a daigné abaisser un regard de bénédiction sur notre entreprise. J'espère que nous saurons
continuer à rechercher Sa faveur. »

Le pont Britannia suffirait seul pour immortaliser
le nom de Robert Stephenson. Sur chaque culée ont
été placés, comme ornement, des lions colossaux en
pierre dans le style égyptien. Les vaisseaux passent
librement sous le tube, les flots tourmentés du canal
de Saint-Georges assiégent en vain les masses formi-
dables qui le soutiennent, et leur éternel murmure
se mêle au torrent retentissant des trains qui s'en-
gouffrent dans la grande galerie de fer.

Telle est la singulière grandeur de ce pays où nous
jouîmes, dans la nuit du 29 août 1860, d'un bel arc-
en-ciel lunaire, et tel est l'intérêt qui s'attachait pour
nous au château de Conway et aux ponts - tubes, et
l'espèce d'attraction que ces scènes grandioses exercent
sur le voyageur, qu'après avoir été emporté dans le
train qui va en huit heures de Londres à Holyhead,
et avoir pris sur l'autre rive, au débouché du

pont de Telford, le bateau à vapeur qui nous ramena à Liverpool, nous revînmes à Conway, où nous étions le 4 septembre au matin. Ces lieux avaient pour nous du charme, et nous les oublierons d'autant moins que nous avons eu l'avantage de nous trouver, par excès de curiosité particulière et de liberté britannique, engagé dans le tube au moment du passage même d'une locomotive.

Pendant notre retour de Holyhead, en traversant en calèche conduite par un jeune garçon et attelée d'un bel âne de Bangor, le pont suspendu jeté par Telford au-dessus de la mer, et en contemplant cette contrée du pays de Galles, d'une si singulière beauté, nous aurions volontiers répété avec un poëte anglais :

« Que de scènes variées et toujours nouvelles nous entourent ! des bois, des collines, des tours, des vallées, des montagnes aux cimes neigeuses, le bruit sourd des torrents écumeux, puis à travers les rochers épars les ondes calmes de l'Océan, les bateaux qui exploitent ses bords poissonneux et les navires à voiles qui sillonnent ses flots. »

C'est Robert Stephenson qui a construit le beau pont de Newcastle en bois et en fer (*High Level Bridge*), de 400 pieds de longueur au-dessus de la ravine noire et profonde qui sépare les villes de Newcastle et de Gateshead, et au fond de laquelle coule la Tyne. Conçu par M. W. Brandling, ce pont, aussi pittoresque et aussi imposant, à divers égards, que celui de Menaï, a mérité le nom de Roi des ponts de chemins de fer; il sert à la fois aux voitures et aux piétons, ayant été bâti selon les principes combinés des ponts suspendus et des viaducs. — C'est Robert Stephenson qui a construit, à Berwick, le pont *Victoria*, en pierre et en briques, dont le premier pilotis fut enfoncé à la vapeur, le 6 octobre 1846, à 32 pieds en quatre minutes. — C'est encore lui qui a construit deux autres ponts-tubes, en fer fondu et forgé; l'un sur la branche Damiette du Nil, sur la terre des Pharaons et des Pyramides; l'autre sur le large canal qui traverse un bras du Nil, près de Besket-al-Saba : ce dernier pont a huit arches, de 80 pieds chacune, et deux arches centrales; la longueur totale de la poutre de suspension, au-dessus du Nil, est de 157 pieds; les pilotis furent enfoncés de 32 pieds dans un sol mouvant, au moyen de la cloche à plongeur, organisée de manière à ce que les ouvriers pussent travailler au fond de l'eau, à déblayer le terrain, et ensuite à construire, sous l'eau également, la maçonnerie. A Besket-al-Saba, les trains ne passent pas dans l'intérieur du tube, mais au-dessus, comme au nouveau pont-tube à claire-voie sur l'Aar, à Berne.

Mais puisque les ponts-tubes paraissent devoir constituer pour la postérité le titre de gloire spécial de

Robert Stephenson, citons quelques lignes de la Revue britannique, numéro de novembre 1853 :

« Voici à son tour le Canada qui salue M. Robert Stephenson comme un bienfaiteur, parce que cet ingénieur vient de démontrer aux habitants de Montréal la possibilité de jeter sur le Saint-Laurent un pont de fer, qui bravera les montagnes de glace par lesquelles ont été emportés jusqu'ici tous les ponts de ce vaste fleuve qui sert de débouché au trop-plein des cinq grands lacs du Nord, véritables mers intérieures. Or, sous peu de temps, aux portes de Montréal, va arriver le chemin de fer de 250 milles d'étendue, qui reliera l'État du Maine (États-Unis) à cette ville par le pont Victoria. Commencé en 1854, ce pont-tube aura deux milles de long, c'est-à-dire qu'il est cinq fois plus long que le pont Britannia : il n'a pas moins de vingt-quatre arches de deux cent quarante-deux pieds chacune, avec une grande arche centrale de trois cent trente pieds, sous laquelle passent librement les vaisseaux ; les fondations de ces piles sont posées dans le roc vif au fond du fleuve. La voie passera dans des tubes de fer, de 16 pieds de large, de 10 à 12 pieds de haut, posés à 60 pieds au-dessus du niveau du Saint-Laurent, qui coule dessous avec une vitesse de dix milles à l'heure. Les rapports entre le Canada et les États-Unis en recevront une activité croissante, et la belle colonie du Nord va recueillir les fruits de l'entreprise hardie tentée par Robert

Stephenson. C'est par cette route qui ouvre une vaste étendue de territoire fertile à l'émigration, que le bois, le fer du Canada, les marchandises anglaises vont s'échanger contre les céréales et le coton des États-Unis, car le majestueux Saint-Laurent avec la chaîne des grands lacs divise tout le Nord du continent américain en deux régions distinctes, mises en communication par le pont de Montréal. »

Et voici ce que nous lisions, le 9 novembre 1859, dans un autre journal: « Un grand événement vient de s'accomplir au Canada. Le pont Victoria, le plus grand ouvrage de R. Stephenson, a été livré au public. C'est depuis plus de cinq ans que l'on travaillait à la construction de ce pont merveilleux; une locomotive l'a enfin traversé et le Saint-Laurent n'est plus un obstacle à la libre communication du Canada avec les États-Unis. Ainsi l'œuvre du génie se continue même après la mort terrestre.

On ne peut rien citer de comparable à ce pont colossal qui n'a pas coûté moins de 50 millions de francs, et le Saint-Laurent, dont la débâcle a rasé et anéanti maintes fois les constructions massives des quais de la ville de Montréal, a dû accepter la servitude que lui ont imposée les Robert Stephenson et les ingénieurs américains. Le poids total des tubes s'élève à environ 10,000 tonnes; la masse de la maçonnerie a dépassé 3 millions de pieds cubes, ce qui représente un poids de 250,000 tonnes.

Ce pont est le monument le plus grand des temps modernes : il fait partie du *Great-Trunk Railway*, qui a quatre cents lieues d'étendue.

C'est Robert Stephenson qui, en sa qualité de président de la Société des Ingénieurs, fut chargé de remettre un superbe cadeau de vaisselle de la valeur de 30,000 fr. à Fr. Pettit Smith, dans un festival en l'honneur de l'invention de sa vis d'Archimède ou hélice de propulsion. L'hélice a été depuis spécialement employée pour bateaux à vapeur, parce qu'elle laisse les flancs du navire libre et qu'elle ne gêne pas l'usage des voiles. L'hélice fut d'abord essayée dans l'*Archimède*; puis en 1839 on l'appliqua en Angleterre à un vaisseau de guerre, le *Rattler*.

L'invention de l'hélice est d'ailleurs réclamée par différents ingénieurs, les Dallery, les Ericsson, les F. Sauvage; c'est depuis 1844 et 1845 qu'elle a été substituée aux roues, comme agent de propulsion nautique, dans la marine de toutes les nations.

Robert Stephenson publia aussi des Rapports sur le système des canaux et des docks de Londres et de Liverpool. Il prenait un grand intérêt à toutes les questions commerciales et scientifiques.

C'est lui que le Conseil fédéral helvétique appela, en juin 1850, pour lui faire examiner la question du tracé des chemins de fer de la Suisse ou le consulter

.sur les plans et sur les principaux embranchements, .et qui avait donné, en octobre 1850, le conseil de suivre les vallées pour les voies ferrées, en profitant des lacs; il redoutait l'enfouissement infructueux d'un énorme capital si l'on s'écartait de ce principe. Il est vrai que l'on n'était pas arrivé au temps où la plus grande rapidité constante de circulation, tant entravée par les transbordements, semble être devenue d'une absolue nécessité. « Lorsque l'eau peut être utilisée, disait Robert Stephenson, ce moyen de transport laisse tous les autres derrière lui, au point de vue de l'économie; » il n'était donc pas partial pour les chemins de fer. Le premier railway suisse date de 1847 : il était destiné à relier Zurich à Bade (canton d'Argovie), mais le service des marchandises n'y fut établi qu'en 1850. — Les chemins de fer traverseront-ils les Alpes? On travaille au percement du Mont-Cenis. — En attendant, la Suisse continue de lutter contre les obstacles que lui opposent la nature et la configuration du sol, pour relier sur son terrain la France, l'Italie et l'Allemagne.

En 1851 Robert Stephenson présenta au Comité de l'Exposition (*Exhibition*), dont il était membre, le plan du Palais de cristal pour la première Exposition universelle, tel que le proposait son ami l'architecte-jardinier, ce Paxton que nous connaissons, et il fit partie de la Commission royale de l'Exposition. — C'est lui qui a tracé aux Indes, en 1855, le chemin de fer de 195 kilomètres de longueur, de Calcutta aux houillères de Raneegunge, avec un prolongement de 960 kilomètres jusqu'à Cawnpore. C'est enfin lui que le pacha d'Égypte avait appelé, au sujet d'un chemin de fer d'Alexandrie à Suez, par le Caire, à travers le détroit: la ligne d'Alexandrie au Caire est son ouvrage, et Méhémet-Ali le consulta au sujet du percement de l'isthme de Suez, qu'il contribua à faire repousser à la Chambre des Communes. « L'argent, dit-il, peut vaincre toute difficulté, mais commercialement parlant, je le déclare franchement, ce projet n'est pas exécutable.» Cette question n'est pas tranchée, et l'on sait toute l'activité, tout le patriotisme et le talent que M. Ferdinand de Lesseps a mis au service de l'entreprise de ce canal, qui, sans détours immenses et sans solution de continuité, ferait communiquer, par la mer Rouge et la Méditerranée, l'Europe, l'Afrique septentrionale et les Indes.

Verrons-nous l'achèvement de ce grand percement de l'isthme de Suez? et assisterons-nous à celui de l'isthme de Panama, lequel, sans doubler le cap Horn, ferait arriver directement de l'Océan Atlantique à l'Océan Pacifique? Le canal de Nicaragua et le chemin de fer de 64 kilomètres de l'Amérique centrale, font bien communiquer les deux Océans, mais le canal ne peut recevoir de bâtiments de fort tonnage, et les frais de transport, transbordements, etc., sont considérables. S. M. l'Empereur Napoléon III, lorsqu'il n'était encore que Louis Napoléon Bonaparte, avait, avec cette haute perspicacité qui le caractérise, dirigé déjà l'attention sur cette question.

En 1855, d'après un Rapport de Robert Stephenson à la Société des ingénieurs civils, les chemins de fer exécutés en Angleterre comprenaient dans ce réseau, dont les fils parcourent en tous sens la surface du Royaume-Uni, une longueur de 1297 kilomètres, et le capital engagé était de 7 milliards 150 millions de francs; mais, avec une haute modestie, l'auteur de ce Rapport affirmait, dans une des dernières réunions auxquelles il assista à Newcastle, que « la locomotive et les chemins de fer n'avaient point été l'œuvre du génie d'un seul homme, mais le produit des efforts collectifs d'un peuple de mécaniciens.»

Enfin nous devons terminer, car Robert Stephenson approchait de sa fin, il va être dit de lui comme de tous ces rois dont nous parle la Bible: *Puis il mourut.* Sa santé avait été un peu ébranlée par les fatigues que lui avait causées le pont Britannia, et le 16 octobre 1859, nous lisions dans un journal, l'article nécrologique suivant:

« Nous regrettons vivement d'avoir à annoncer la mort de l'éminent ingénieur civil, Robert Stephenson. Par une coïncidence fatale, l'Angleterre perd presque en même temps, ses deux plus célèbres ingénieurs, Isambart Brunel et Robert Stephenson. Ces deux hommes ont laissé, pour perpétuer leur mémoire, d'impérissables monuments. Tous deux sont morts prématurément.»

« Ils ont été, dit M. E. Flachat, recommandés et signalés à l'attention publique dès leurs premiers pas, au moment où les chemins de fer ouvraient aux capitalistes et aux ingénieurs les opérations les plus vastes et les plus utiles à la civilisation. Tous deux ont mené cette admirable course en hommes supérieurs par le talent et par le caractère... Les ingénieurs ont suivi, avec un intérêt toujours croissant, les phases de la lutte entre ces deux hommes, lutte toute pacifique qui a fini par les attacher l'un à l'autre par les liens d'une vive amitié, mais qui, malgré sa forme courtoise, n'en a pas moins été profonde et grande comme l'art qui en était le terrain.»

Mais ouvrons le *Times*, n° du 13 octobre 1859, qui témoigne de toute la sympathie nationale à la perte de l'homme de génie, que l'Angleterre et l'Industrie pleuraient depuis quelques heures ; traduisons :

« La mort de Stephenson a suivi de bien près celle de Brunel. Tous deux hommes d'un rare génie, tous deux rois de leur profession, ils sont allés ensemble à leur repos, et toute espèce de lutte, d'efforts et de gloire a cessé pour eux. Fils, l'un et l'autre, de pères qui furent fils de leurs œuvres, et s'étaient illustrés avant eux, tous deux ont fait faire, dans le cours de ces dernières années, les plus merveilleux progrès aux voies de communication sur terre et sur mer, et ils ont avancé d'autant la civilisation en multipliant la richesse ; tous deux ont été retirés de cette terre dans la maturité de leur âge et de leurs talents.

« La santé de Robert Stephenson avait paru altérée et était devenue délicate depuis environ deux ans, et il se plaignait doucement du déclin sensible de ses forces, même avant son dernier voyage en Norwége », — cette année, 1859, il s'y était rendu sur un yacht qu'il conduisait lui-même, mettant même plus d'importance, dit M. l'ingénieur Ad. Gautier, à sa réputation de premier *chaloupier* de l'Angleterre et à son habileté nautique, qu'à tous ses autres talents. — « C'est dans ce pays qu'il tomba dangereusement malade, et le foie était déjà tellement affecté qu'il dut revenir précipitamment, et quand il arriva au port de Lowestoft, il était si faible qu'il fallut le porter de son yacht au railway, et de là il atteignit sa résidence de *Glocester-square*, à Londres, où sa maladie se développa avec une intensité si rapide, qu'elle ne laissa que bien peu d'espoir ; il n'avait plus assez de forces pour résister au mal, et il s'affaiblit graduellement jusqu'à son dernier moment, hier, 12 octobre 1859. — Sa perte, continue le *Times*, sera douloureusement sentie par tout le corps des Industriels et des Ingénieurs, mais elle est bien plus poignante pour le vaste cercle de ses amis et de ses relations, car R. Stephenson fut aussi bon qu'il a été grand, et on admirait encore plus en lui l'homme que l'ingénieur. Sa bienfaisance était sans bornes, et chaque année il dépensait ainsi des milliers de livres sterling, dont lui seul savait l'emploi: ses soins les plus attentifs à cet égard étaient pour les fils d'anciens amis qui avaient eu des bontés pour lui dans sa jeunesse; il les envoyait aux meilleures écoles et pourvoyait avec la plus parfaite générosité à tout ce qui les concernait.» Nous savons qu'il ne connut pas les douceurs du mariage. « Quant à ses propres élèves, ils regardaient leur maître avec une sorte d'adoration, et le grand nombre d'hommes distingués sortis, pour ainsi dire, de son école, et occupant aujourd'hui les plus hauts rangs dans les diverses branches de leur vocation, témoigne de la manière la plus caractéristique du succès de ses directions et de la puissance de son exemple. Les sentiments de ses collègues et de ses amis ne lui étaient pas moins dévoués : le Conseil des Ingénieurs n'aura jamais un meilleur confrère. D'un jugement aussi solide que d'une probité à toute épreuve, d'un cœur noble joint aux manières les plus réellement distinguées, Robert Stephenson posséda la confiance de tous ceux qui ont eu le bonheur de le connaître, et peut-être n'y avait-il pas dans tout Londres de réunions plus aimables que celles qui se tenaient chez lui, à *Glocester-square,* et dont il était l'âme. Exempt de toute étincelle de jalousie, il se fit chérir de tous ses collègues ingénieurs, et nous ne croyons pas que, même parmi les personnes qui auraient eu le plus d'intérêt à écarter son influence et l'autorité de son avis, comme, par exemple, les promoteurs du canal de Suez, auquel on sait qu'il ne fut point favorable, il y ait eu contre lui aucun mauvais vouloir ou ressentiment, tant il était au-dessus de tout soupçon de partialité personnelle. Il est mort, non plein d'années, mais plein de gloire, après avoir été le créateur de magnifiques ouvrages publics, un bienfaiteur de l'humanité et l'idole de ses amis. »

Quel éloge! mais continuons à traduire :

« Intéressé dans toutes les questions du pays, rappelons seulement qu'il mit son yacht, le *Titania,* si remarquable par la rapidité de sa marche, avec son équipage choisi, de 16 matelots, au service du professeur Piazzi Smyth, qui allait à Ténériffe avec peu de secours, pour y faire des observations scientifiques et astronomiques, et qu'il contribua efficacement au succès de ce savant. — C'est dans le même esprit qu'il acquitta la dette de 3,100 l. st. qu'avait contractée la Société littéraire et scientifique de Newcastle, et qu'il paya de ses deniers cette somme de 77,500 fr. en reconnaissance, dit-il, de ce que la bibliothèque de cette Société lui avait été utile dans sa jeunesse, et dans l'espoir qu'elle pouvait encore l'être à de jeunes ouvriers industriels. Son cœur fut à la hauteur de son génie, et sous une forme ou sous une autre il faisait toujours le bien.»

Enfin voici l'article du *Globe,* et du *Journal des Débats* du 17 octobre 1859, au sujet du petit-fils du vieux Bob, l'ouvrier charbonnier ou mineur, et du fils de Georges Stephenson, et cette dynastie s'est éteinte, elle repose avec Robert II dans l'abbaye de Westminster, car « ce matin, dit le *Globe,* a été adressée à sir Georges Cornwall Lewis, la demande d'une autorisation de déposer les restes de l'illustre ingénieur Stephenson à Westminster-Abbey,» dans cette cathédrale qui sert aussi de sépulture aux souverains et aux héros de la Grande-Bretagne. «Le consentement de sir Georges, celui du doyen et du chapitre ont été accordés, et les restes de Robert Stephenson seront placés dans la nef de l'abbaye, vendredi prochain (21 octobre), à côté des dépouilles mortelles des rois et des plus grands génies de l'Angleterre.»

« *Il s'endormit avec ses pères, puis on l'ensevelit* », dit la Parole.—Voici maintenant quelques détails extraits du *Times,* n° du 22 octobre, sur le convoi lui-même; et si la mort est le lot commun de l'humanité, ne voulons-nous pas nous joindre au cortége qui va rendre les derniers devoirs à un Robert, plus célèbre encore que le fils de Guillaume le Conquérant, ce Robert qui fonda Newcastle, il y a plus de huit cents ans?

« Hier, 21 octobre, les restes mortels de l'éminent ingénieur ont été déposés à Westminster-Abbey, en présence de plusieurs milliers de personnes. La cérémonie a eu tout à fait le caractère d'un deuil public. Le duc de Cambridge et la Reine avaient accordé l'autorisation demandée pour Westminster, en déclarant qu'ils partageaient la douleur de tout le pays et qu'ils ne pouvaient hésiter à donner leur sanction. — A dix heures, six chevaux traînant le char funèbre, et quatorze voitures de deuil, traînées chacune par quatre chevaux, ont ouvert le départ; en tête du convoi marchaient en tenue d'office, toque et robe de cramoisi, le maire de Newcastle-upon-Tyne, le shérif, etc. Dans la première voiture, et comme parents conduisant le deuil, MM. G. R. Stephenson, C. Parker, P. Bidder et R. Stephenson, cousin de son illustre homonyme; dans la voiture suivante, le maire de Cumberland, M. J. Ellis, John Dixon, M. Pease; puis dans les autres, le marquis de Chandos, sir Roderick Muchison, Joseph Locke, enfin Nicolas Wood que nous connaissons bien, sir Joshua Walmsley et un simple ouvrier, qui avait réclamé sa place, ayant été le compagnon intime de Robert pendant plusieurs années, en qualité de chauffeur d'une locomotive, dont R. Stephenson était le mécanicien, sur le chemin de Londres à Birmingham. En quittant Glocester-Square, le cortége entra par Piccadilly dans Hyde-Park, pour se rendre, par Grosvenor-Square et Victoria-Street à l'Abbaye ; la route était bordée des flots du peuple et trois ou quatre mille spectateurs s'étaient réunis dans l'Abbaye, où ils avaient été admis par billets. Au cortége s'étaient joints le Conseil et les principaux officiers de l'Institut des ingénieurs, dont Robert Stephenson avait été le président.

Les coins du drap étaient tenus par le marquis de Chandos, MM. Glyn, Joseph Locke, et John Chapman. Pendant que la procession s'avançait vers la nef, le chœur entonna, de ces belles voies harmonieuses d'hommes, les chants de la liturgie anglicane ; les profondeurs de l'antique église firent retentir ces paroles sacrées : *Christ est la résurrection et la vie...* — *Je sais que mon Rédempteur est vivant....* — *L'homme est de courte durée....* La cérémonie que nous abrégeons, se termina par la bénédiction prononcée par le doyen sur l'assemblée. On remarqua que la musique fut la même que celle qui avait été jouée aux funérailles de Nelson.

Les navires, les bâtiments à vapeur avaient été pavoisés à mi-mât pour s'unir au deuil national ; les cloches sonnaient à toute volée. A Sunderland, à Gateshead, à Shields, à Whitby, toutes les affaires ont été interrompues, les boutiques fermées ; mêmes marques de respect à Newcastle, où un service spécial a eu lieu, et a été religieusement suivi par des milliers d'ouvriers qui s'étaient rendus en habits de deuil à l'église.

Robert Stephenson, entre autres dons, légua par son testament à la ville seule de Newcastle, 25,000 l. st. (625,000 fr.), pour être appliquées à des institutions de patronage pour de jeunes ouvriers, à la Société de la propagation de l'Évangile, et à l'entretien de pasteurs pour de nouvelles localités devenues populeuses.

Ses restes sont tout près de ceux de Telford, et ce rapprochement a eu lieu plus par hasard qu'à dessein. Stephenson avait souvent exprimé le désir de reposer à côté de l'illustre *pontife,* avec qui il avait été lié dans plus d'une entreprise, il renonça à ce souhait qu'il regarda comme vain une fois que Telford eut été enseveli à Westminster, mais ce vœu s'est réalisé et l'homme ne séparera pas ce que Dieu semble avoir voulu unir jusqu'au jour de la résurrection: une simple pierre, de six ou huit pouces carrés de surface, dans le pavé de la magnifique abbaye sépare le nom de *Telford, l'apprenti-maçon* dans son enfance, de celui de *Robert Stephenson, l'ouvrier mineur.* GEORGES STEPHENSON ne devrait-il pas, nous disait M. Aug. Perdonnet, reposer à côté de son fils, dans la cathédrale de l'Angleterre ?

CONCLUSION.

La gloire ne se dispute pas entre un fils et un père comme Georges et Robert Stephenson. Leur nom, l'un et l'autre, est légué à l'avenir; il est inscrit ou gravé dans le cœur de la nation anglaise, et il méritera de grandir à mesure que, par le mélange pacifique des peuples, membres de la même famille humaine, s'accomplira la Révolution sociale dont ils ont été les instruments, et dont nous entrevoyons l'aurore. En effet si les bateaux à vapeur et les chemins de fer servent à l'échange rapide des produits, ne sont-ils pas aussi les agents les plus utiles pour le rapprochement des populations de l'Orient et de l'Occident? et ne transportent-ils pas les missionnaires de l'Évangile, du Nord au Sud, ou des rives de nos lacs et du centre des cités aux bords du Gange et au pied de l'Himalaya? — Enfin la conquête de la nature n'est-elle pas le plan d'après lequel s'accomplit l'existence successive des générations?

Mais les machines à vapeur ont-elles donné tout ce

qu'on pouvait en attendre ; n'offrent-elles nuls dangers, et n'a-t-on pas à se préoccuper d'arriver à convertir en travail toute la chaleur qu'elles dépensent? « L'homme, dit Emerson, porte le monde dans son cerveau, » et la science ne doit se contenter que lorsqu'elle est parvenue à mettre en harmonie les causes et les effets. Les Stephenson n'auraient probablement pas inventé la locomotive, si des savants n'avaient pas mesuré préalablement la force élastique des gaz et des vapeurs : le travail incessant de l'homme n'est pas moins nécessaire à la prospérité du monde que la gravitation à l'équilibre des corps célestes, et rien ne se perd comme rien ne se crée dans la nature. Le calorique de la vapeur se transforme en mouvement.

En mars 1859 le capital employé aux chemins de fer dans le Royaume-Uni montait à 300 millions de livres sterling (7 milliards 500 millions de francs). La France, de son côté, possédait 8,700 kilomètres, qui ont coûté près de 4 milliards, et elle avait encore à construire 6,700 kilomètres pour terminer son réseau prévu. Faut-il s'inquiéter de cette course haletante de l'humanité, et douter que les mines puissent suffire longtemps à une dépense incommensurable de combustible? — Que nos cœurs ne se troublent point, et continuons à souder, de près et au loin, les membres du système des chemins de fer, car Dieu a destiné toutes choses, et les rails et les fils des télégraphes à l'accomplissement des desseins de Sa Providence éternelle.

Nous nous étonnons de cette rapidité de dix et vingt lieues à l'heure; mais il est une autre Locomotive bien autrement puissante, qui emporte mille millions d'hommes en faisant plus de vingt mille lieues à l'heure, et cela dans une région où des milliers de machines semblables se croisent en tous sens; et on sait de plus, puisque le Créateur de la terre l'a déclaré, qu'au moment où l'on s'y attendra le moins, la Machine sautera avec tout ce qu'elle contient. Sur cette Locomotive, où bon gré mal gré nous sommes en voyage, comment ne nous placerions-nous, emportés comme nous le sommes par une autre locomotive qui est notre vie, sous la garde toute-puissante de Celui qui a tracé à la terre son chemin dans l'immensité? sous la protection du *Dieu trois fois saint*, qui maintient les globes, dans les profondeurs de l'Univers, à leurs distances respectives dans leurs révolutions variées, et Qui ne dédaigne pas de prendre soin du plus petit d'entre nous, Ses créatures qu'Il a aimées d'un amour infini, et qu'Il avait douées, en les créant, d'une âme vivante faite à Son image, mais que le péché a obscurcie. Étudions les résultats par lesquels Dieu achève, selon Ses vues, les progrès de la civilisation et du christianisme; mais rappelons-nous que *le jour viendra, où les cieux embrasés seront dissous et passeront avec le bruit d'une effroyable tempête, et où la terre sera consumée.* Et n'est-elle pas, a dit il y a près de quatre mille ans le prophète Job, comme *bouleversée dans ses entrailles par le feu?* — En attendant la trompette de l'Ange qui sonnera partout le réveil, car *la mer* elle-même *rendra ses morts,*

GLOIRE SOIT A DIEU AU PLUS HAUT DES CIEUX,

PAIX SUR LA TERRE

ET BIENVEILLANCE ENVERS LES HOMMES!

TABLE

TABLE DES MATIÈRES.

LA NAVIGATION PAR LA VAPEUR.

(Page 3 à 143.)

CHAPITRE III.

CHAPITRE IV.

CHAPITRE V.

CHAPITRE VI.

GEORGES ET ROBERT STEPHENSON

ou

LA LOCOMOTIVE ET LES CHEMINS DE FER.

(Page 147 à 434.)

INTRODUCTION.

CHAPITRE PREMIER.

CHAPITRE II.

CHAPITRE III.

CHAPITRE IV.